游戏设计与开发
Unity实战完全自学教程

马遥 / 编著

电子工业出版社
Publishing House of Electronics Industry
北京·BEIJING

内 容 简 介

从务实的角度来看，游戏开发是一种实战活动，游戏开发者在掌握了基础知识后，需要不断进行针对性的实战和思考，才能真正掌握游戏开发所需的技术。幸运的是，网络上有很多乐于分享知识的游戏从业者，他们制作了很多入门与进阶的实战教程，而且这些教程中的游戏实例紧贴近年来热门的游戏类型与风格。

本书结合了游戏设计的原则与使用 Unity 开发游戏的方法，精心挑选了受欢迎、有代表性的多个相对独立的游戏实例，在原开发者的协助下进行了重新优化和整理。本书在编排上符合由浅入深的学习顺序，每章有特定的游戏类型与风格，尽最大的努力满足读者学习、实战与参考的需求，帮助读者成为一名更优秀的游戏开发者。

本书适合电子游戏相关专业的学生、游戏开发初学者，以及需要进阶的游戏开发者学习。对于学生与初学者来说，本书是一本实战指南；对于需要进阶的游戏开发者来说，本书可以作为工作中的参考资料。

未经许可，不得以任何方式复制或抄袭本书之部分或全部内容。
版权所有，侵权必究。

图书在版编目（CIP）数据

游戏设计与开发：Unity 实战完全自学教程 / 马遥编著. —北京：电子工业出版社，2021.11
ISBN 978-7-121-42155-6

Ⅰ．①游… Ⅱ．①马… Ⅲ．①游戏程序－程序设计－教材 Ⅳ．①TP317.6

中国版本图书馆 CIP 数据核字（2021）第 201067 号

责任编辑：孔祥飞
印　　刷：北京盛通商印快线网络科技有限公司
装　　订：北京盛通商印快线网络科技有限公司
出版发行：电子工业出版社
　　　　　北京市海淀区万寿路 173 信箱　　　邮编：100036
开　　本：787×1092　1/16　　印张：17　　字数：457 千字
版　　次：2021 年 11 月第 1 版
印　　次：2023 年 1 月第 3 次印刷
定　　价：89.00 元

凡所购买电子工业出版社图书有缺损问题，请向购买书店调换。若书店售缺，请与本社发行部联系，联系及邮购电话：（010）88254888，88258888。

质量投诉请发邮件至 zlts@phei.com.cn，盗版侵权举报请发邮件至 dbqq@phei.com.cn。
本书咨询联系方式：010-51260888-819，faq@phei.com.cn。

前　　言

我们在网上经常会看到这样的问题：想要开发一款游戏，应该从哪里开始呢？

现在的游戏引擎已经相当强大了，开发游戏并不难。简单来讲，开发游戏主要需要两方面的知识：一是了解游戏引擎（比如 Unity）的使用方法，利用游戏引擎搭建出游戏工程；二是掌握一定的编程技术，通过编程实现游戏功能。

游戏开发是一种实战活动，想要掌握游戏开发技术，最好的方法就是在对基础知识有初步了解之后立即动手制作游戏。从简单的小游戏开始，从一知半解的状态进入实战。然后通过实战发现问题，并带着问题寻找答案、补充相关知识。

这种学习方式与传统的学习方式不同，在实战前我们并不知道会遇到哪些问题，也没有完美的标准答案。但无论是学习编程还是学习游戏开发，笔者都建议从实战出发，主动寻找问题、分析问题并解决问题，建立一套自己的"实战→学习→再实战"的学习方式。这种学习方式不仅能够快速提高自身水平，而且会在不知不觉中增强自身创造性解决问题的能力。

当然，大部分初学者在起步阶段还需要一些辅助和引导。本书作为一本使用 Unity 开发游戏的实例大全，将会给读者做出一些示范。初学者可以通过复制或临摹的方式先实现游戏功能，了解游戏开发者的制作思路，再在此基础上去学习与实战相关的游戏功能和知识点，顺利完成起步阶段的学习。

实战中的问题往往不止有一种答案。在阅读本书的过程中，建议读者大胆尝试、勇于创新，尝试对实例的制作方法和脚本的写法提出不同的见解，并测试各种开发思路的优劣。例如，删除可能没有用的代码，换一种更简单的开发思路等。通过对实例的改动还能够进一步加深对游戏逻辑的理解。

本书内容

本书将游戏设计的原则与使用 Unity 开发游戏的方法融入到实例中，能够帮助读者成为一名更优秀的游戏开发者。本书具体内容如下：

第 1 章介绍了一个相对简单的 3D 动作解谜游戏《拉方块》的制作方法。

第 2 章介绍了一个 2D 平台跳跃跑酷游戏《冰火人》的制作方法，内容涉及 2D 关卡设计和 2D 物理系统。

第 3 章介绍了一个"三消"益智游戏《糖果消消乐》的制作方法，讲解了详细的三消算法，以及三消特殊道具的实现原理。

第 4 章介绍了一个相对复杂的 3D 跑酷游戏《套马》的制作方法，不仅讲解了游戏逻辑的实现过程，而且用大量篇幅讲解了 3D 模型动画的导入和设置问题。

第 5 章介绍了一个 2D 经典小游戏《黄金矿工》的制作方法，讲解了完整的游戏流程和游戏界面的实现过程。

第 6 章介绍了一个 3D 动作游戏《割草无双》的制作方法，内容涉及 3D 角色控制、自由视角摄像机、攻击动画、技能系统等，本章是很好的开发动作游戏的参考资料。

第 7 章介绍了集群 AI "鸟群模拟" 的演示方法，讲解了在游戏开发中，如何通过简单的算法实现特定功能的 AI。

第 8 章介绍了生成三维网格的方法，讲解了三维模型的顶点、网格和贴图的图形学的基础知识，本章内容是第 9 章的前置知识。

第 9 章介绍了《方块世界》游戏的制作方法。本章使用 Unity 实现了一个无限大的、由方块模型拼接成的 3D 世界，并且实现了创建和销毁方块等功能，玩家可以动手改造整个游戏世界的样貌。

本书在编排上符合由浅入深的学习顺序，每章有特定的游戏类型与风格。读者可以按顺序一边阅读一边实战，也可以挑选感兴趣的章节进行学习。由于本书的定位和篇幅所限，无法对相关知识点和功能展开详细介绍，建议读者在学习过程中先记录下来有疑问的地方，然后查阅相关书籍或网络资料。

本书特点

讲解细致，易学易用
为游戏初学者量身打造，一步一图，由浅入深，确保读者能轻松、快速地入门。

编排科学，结构合理
解读热门游戏的设计与开发，将核心技术融入大量实例，同时给出优化方案。

内容实用，案例丰富
详细讲解了多个相对独立的游戏实例，使读者在实战中掌握 Unity 的使用方法。

视频教学，学习高效
对重点实例提供了教学视频，可参考价值高，可以帮助读者快速提升技术水平。

致谢

本书的参考实例全部来自"皮皮关"的老师和同学们的创作，这些实例经过笔者的整理、重新编写和加工，得以呈现在读者面前。

本书参考实例的提供者有伍书培、黎大林、沈琰和卢佩媛同学，他们的精彩作品赢得了众多游戏开发者的赞赏。特别感谢卢佩媛同学协助了本书的整理和编写工作。

感谢默默支持我的父母和家人，感谢所有帮助和批评过我的朋友。

由于笔者水平有限，书中的错误和疏漏在所难免，如有任何意见和建议，请读者不吝指正，感激不尽。

读者服务

微信扫码回复：42155

- 获取本书配套素材、源文件、视频
- 加入"游戏行业"读者交流群，与更多同道中人互动
- 获取【百场业界大咖直播合集】（持续更新），仅需 1 元

目　　录

第 1 章　3D 动作解谜游戏——《拉方块》 1

  1.1　游戏的开发背景和功能概述 1
      1.1.1　游戏开发背景简介 1
      1.1.2　游戏功能简介 1
  1.2　游戏的策划和准备工作 2
      1.2.1　游戏的策划 2
      1.2.2　开发游戏前的准备工作 3
  1.3　游戏的架构 3
      1.3.1　游戏场景简介 3
      1.3.2　游戏架构简介 3
  1.4　游戏的开发与实现 4
      1.4.1　游戏场景的搭建及相关设置 4
      1.4.2　脚本编辑及相关设置 8
  1.5　游戏的优化与改进 17

第 2 章　2D 平台跳跃跑酷游戏——《冰火人》 18

  2.1　游戏的开发背景和功能概述 18
      2.1.1　游戏开发背景 18
      2.1.2　游戏功能 18
  2.2　游戏的策划和准备工作 20
      2.2.1　游戏的策划 20
      2.2.2　使用 Unity 开发游戏前的准备工作 20
  2.3　游戏的架构 21
      2.3.1　游戏场景简介 21
      2.3.2　游戏玩法简介 22
  2.4　游戏的开发与实现 22
      2.4.1　场景的搭建及相关设置 23
      2.4.2　脚本编辑及相关设置 35

第 3 章　人见人爱——《糖果消消乐》 47

  3.1　游戏的开发背景和功能概述 47

   3.1.1 游戏开发背景 47
   3.1.2 游戏功能 47
 3.2 游戏的策划和准备工作 48
   3.2.1 游戏的策划 49
   3.2.2 使用 Unity 开发游戏前的准备工作 49
 3.3 游戏的架构 49
   3.3.1 游戏场景简介 50
   3.3.2 游戏架构简介 50
 3.4 游戏的开发与实现 50
   3.4.1 场景的搭建及相关设置 50
   3.4.2 游戏的状态划分和数据结构的设计与实现 53
   3.4.3 棋盘和糖果的生成设计与实现 58
   3.4.4 不同糖果删除效果的设计与实现 61
   3.4.5 洗牌状态的设计与实现 65
   3.4.6 动画状态的设计与实现 70
   3.4.7 糖果掉落状态的设计与实现 71
   3.4.8 等待操作状态的设计与实现 73
   3.4.9 检测状态的设计与实现 79
   3.4.10 删除与生成糖果的设计与实现 91

第 4 章 另类跑酷游戏——《套马》 94

 4.1 游戏的开发背景和功能概述 94
   4.1.1 游戏开发背景 94
   4.1.2 游戏功能 94
 4.2 游戏的策划和准备工作 95
   4.2.1 游戏的策划 96
   4.2.2 使用 Unity 开发游戏前的准备工作 96
 4.3 游戏的架构 98
   4.3.1 游戏场景简介 98
   4.3.2 预制体介绍 98
   4.3.3 游戏玩法和流程 99
 4.4 开始场景的开发 99
   4.4.1 场景的搭建及相关设置 100
   4.4.2 脚本编辑及相关设置 100
 4.5 游戏场景的开发 101
   4.5.1 导入和使用模型素材 101
   4.5.2 创建角色预制体 103
   4.5.3 创建场景预制体 106

         4.5.4   搭建场景 109
         4.5.5   设置游戏物体的层 111
         4.5.6   设置摄像机 112
         4.5.7   创建游戏界面 113
         4.5.8   实现游戏管理器 115
         4.5.9   实现马脚本 117
         4.5.10   实现角色脚本 119
   4.6 游戏的优化与改进 125
         4.6.1   DOTween 插件的使用方法 126
         4.6.2   在该游戏中加入动态效果 132

第 5 章 经典游戏——《黄金矿工》..134

   5.1 游戏的开发背景和功能概述 134
         5.1.1   游戏开发背景 134
         5.1.2   游戏功能 134
   5.2 游戏的策划和准备工作 135
         5.2.1   游戏的策划 136
         5.2.2   使用 Unity 开发游戏前的准备工作 136
   5.3 游戏的架构 137
         5.3.1   游戏场景简介 137
         5.3.2   游戏架构简介 138
   5.4 游戏开始界面场景的开发 139
         5.4.1   场景的搭建及相关设置 139
         5.4.2   脚本编辑及相关设置 141
   5.5 游戏关卡场景的开发 141
         5.5.1   场景的搭建及相关设置 141
         5.5.2   脚本编辑及相关设置 147
   5.6 游戏的优化与改进 158

第 6 章 3D 动作游戏——《割草无双》..159

   6.1 游戏的开发背景和功能概述 159
         6.1.1   游戏开发背景 159
         6.1.2   游戏功能 159
   6.2 游戏的策划和准备工作 162
         6.2.1   游戏的策划 162
         6.2.2   使用 Unity 开发游戏前的准备工作 163
   6.3 游戏的架构 164

	6.3.1	场景简介	164
	6.3.2	游戏架构简介	165
6.4	游戏的开发与实现		165
	6.4.1	场景的搭建及相关设置	166
	6.4.2	控制系统的搭建及相关设置	167
	6.4.3	敌人系统的准备及相关设置	172
	6.4.4	UI 的搭建及相关设置	175
	6.4.5	其他游戏脚本的准备	181
	6.4.6	脚本编辑及相关设置	181

第 7 章 鸟群模拟 198

7.1	鸟群行为模式的理论与实现		198
	7.1.1	鸟群行为模式的分析	198
	7.1.2	创建工程	199
	7.1.3	编辑脚本	201
	7.1.4	编辑控制脚本	204
	7.1.5	完成工程并测试	205
	7.1.6	鸟的其他行为模式	206
7.2	鸟群的调整与完善		207
	7.2.1	调整每只鸟的具体行为	207
	7.2.3	小结和扩展	208

第 8 章 程序建模——三维网格生成 209

8.1	三维网格生成概述		209
	8.1.1	三维网格的原理	209
	8.1.2	与网格有关的 Unity 组件	210
	8.1.3	三维网格技术的应用	211
8.2	用脚本生成三维网格		211
	8.2.1	创建第一个三角面	211
	8.2.2	对三角面程序的解释	213
	8.2.3	常用三维模型举例	214
8.3	三维模型贴图		219
	8.3.1	简单贴图实例	219
	8.3.2	贴图代码详解	222
	8.3.3	立方体贴图	223
8.4	噪声与地形		227
	8.4.1	地形建模	227

  8.4.2 柏林噪声简介 229
  8.4.3 将噪声应用于地形建模 230

第 9 章 三维沙盒游戏——《方块世界》 232

9.1 游戏简介与功能概述 232
  9.1.1 无限大的世界 232
  9.1.2 删除和创建地形方块 233
9.2 无限网格的生成方法 233
  9.2.1 问题分析 233
  9.2.2 创建组块 234
  9.2.3 编辑组块代码 236
  9.2.4 组块贴图 239
  9.2.5 组块与地形 242
9.3 将组块组合成世界 244
9.4 创建游戏角色 248
  9.4.1 添加角色 248
  9.4.2 添加角色控制器组件 250
  9.4.3 编辑角色控制脚本 250
  9.4.4 添加摄像机脚本 252
  9.4.5 添加工具界面 253
9.5 动态改变组块 254
  9.5.1 销毁方块的算法 254
  9.5.2 通过射线定位要销毁的方块 255
  9.5.3 创建方块的算法 257
  9.5.4 编辑角色操作脚本 259
  9.5.5 完善游戏并测试 260

第 1 章 3D 动作解谜游戏——《拉方块》

很多初学者都有这样的困惑：面对内容庞大且功能繁多的 Unity，不知道从哪里学起。

作为本书的第一个实例，本章选取了一个非常简单的游戏项目，通过在短时间内完成一个有特定功能和玩法的小型游戏项目，使初学者能够迅速了解 Unity 常用组件的功能，并且掌握它们的用法。

游戏的开发背景和功能概述

本节将对《拉方块》游戏的开发背景进行详细介绍，并对其功能进行分析和概述。

1.1.1 游戏开发背景简介

《拉方块》是一个简单、休闲的 3D 动作解谜游戏，其玩法如游戏名称，通过控制游戏中的方块来达到游戏通关的条件。

该游戏中有灯柱、方块、机器人三个主要元素。方块会一直朝着下一个灯柱移动，玩家通过控制机器人伸出手臂拉住方块，并在合适的地方将方块推出去，这样可以调整方块的位置，当所有的方块同时在与其颜色相同的灯柱附近时游戏通关。

1.1.2 游戏功能简介

下面对《拉方块》游戏的主要功能进行分析和概述，通过了解这些游戏功能，读者可以对该游戏的操作方法有全面的认识。

（1）运行游戏，进入该游戏唯一的场景，该场景中有四个颜色不同的灯柱和四个颜色不同的方块，以及一个机器人，在游戏界面的右上角有一个小地图，用于显示当前游戏的全景状态，游戏运行界面如图 1-1 所示。

图 1-1

（2）该场景中的四个方块会不断按顺时针方向朝下一个灯柱移动，玩家通过机器人控制方块的位置，当四个方块同时在与其颜色相同的灯柱附近时游戏通关，然后弹出"再来一次"按钮，游戏结束界面如图 1-2 所示。

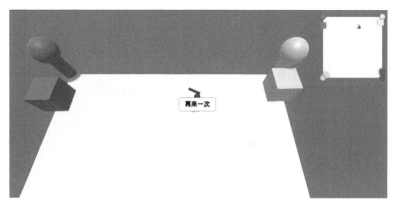

图 1-2

1.2 游戏的策划和准备工作

在开发游戏前，需要做策划和准备工作，以保证开发人员有一个比较顺畅的开发流程。本节主要对《拉方块》游戏的策划和开发前的准备工作进行介绍，可以帮助读者更好地了解该游戏的详细内容，进而更好地理解该游戏的开发过程。

1.2.1 游戏的策划

下面对《拉方块》游戏的具体策划工作进行介绍，读者将对该游戏的开发流程有一个基本了解。在实际的游戏开发过程中，还需要进行更细致、具体、全面的策划。

1. 游戏类型

该游戏为 3D 动作解谜游戏。

2. 运行目标平台

运行该游戏的主要目标平台为 PC 平台，在技术上也兼容网页平台。

3. 目标受众

该游戏操作简单、目标清晰，适合全年龄段的玩家游玩。

4. 操作方式

该游戏在 PC 端通过按"W""S""A""D"键控制机器人向前后左右移动，用鼠标控制机器人的转向和伸手动作。

5. 呈现技术

该游戏不涉及高深的技术，比较适合初学者练习。其画面以 3D 方式展现，但摄像机角度是固定角度的斜向俯视视角。

1.2.2 开发游戏前的准备工作

下面介绍开发游戏前的准备工作，除了准备一张贴图素材，该游戏中所有的游戏元素都是用 Unity 自带的简单模型拼接而成的。

该游戏中所用到的贴图素材存放在项目文件的"Assets\Resources"文件夹中，如表 1-1 所示。

表 1-1

文件名	用途
Image.png	机器人材质花纹

1.3 游戏的架构

本节将介绍《拉方块》游戏的架构，读者可以进一步了解该游戏的开发思路，对整个开发过程会更加熟悉。

1.3.1 游戏场景简介

使用 Unity 时，游戏中的主要功能都是在各个场景中实现的，每个场景包含了多个游戏物体，其中，某些游戏物体会挂载特定功能的脚本。《拉方块》游戏只有一个场景，下面对该场景中的游戏物体及其挂载的脚本进行介绍。

该场景中有一块地板、四个灯柱、四个方块、一个机器人、一个小地图 UI。除此之外，还有主摄像机。该场景的游戏物体及其挂载的脚本如表 1-2 所示。

表 1-2

游戏物体	脚本	备注
主摄像机	CameraFollow.cs	控制摄像机跟随角色脚本
小地图摄像机	无	
地板	无	
机器人	PlayerCharacter.cs	机器人设置脚本
	PlayerController.cs	机器人控制脚本
四个灯柱	Lampstandard.cs	灯柱设置脚本
四个灯柱的父物体	LightManage.cs	灯柱管理脚本
四个方块	Box.cs	方块设置脚本
小地图 UI	无	
"再来一次"按钮	ButtonEvent.cs	按钮触发事件脚本

1.3.2 游戏架构简介

下面按照该游戏运行的顺序介绍其整体架构，具体操作步骤如下。

（1）运行游戏，可以看到设计好的关卡场景。

（2）该场景中的四个方块会随机决定一个灯柱作为第一个寻路目标，并朝着该灯柱移动。

（3）当方块到达目标灯柱时，将寻路目标更新为下一个灯柱，继续寻路。

（4）玩家通过按"W""S""A""D"键控制机器人向前后左右移动，同时机器人身上的圆球也会同步转动。

（5）玩家通过单击鼠标左键拉伸机器人的手臂。

（6）当机器人的手臂伸到最长长度且没有触碰到方块时，收回手臂。

（7）当机器人的手臂在拉伸过程中触碰到方块时，机器人将持有该方块并收回手臂。

（8）当机器人持有一个方块时，单击鼠标左键不再拉伸手臂。

（9）当机器人持有一个方块时，单击鼠标右键释放方块。

（10）当方块被机器人持有时，暂停寻路。

（11）当方块被机器人释放时，恢复之前的寻路状态。

（12）当方块在与其颜色相同的灯柱附近时，灯柱亮起。

（13）当场景内所有的灯柱亮起时，游戏通关。

1.4 游戏的开发与实现

本节将介绍《拉方块》游戏的场景开发，具体涉及场景的搭建、相关设置和场景中游戏物体的脚本编写。读者可以通过本节了解该游戏的具体实现过程。

1.4.1 游戏场景的搭建及相关设置

下面介绍如何创建游戏项目并搭建游戏场景，读者可以通过这些操作步骤对使用 Unity 开发游戏有一些基本认识。具体操作步骤如下。

（1）打开 Unity Hub，单击"新建"按钮，打开"创建新项目"窗口，然后创建并打开一个 Unity 3D 项目，如图 1-3 所示。

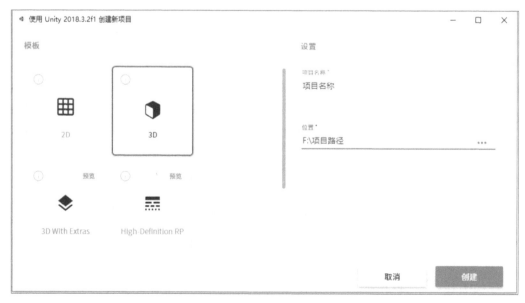

图 1-3

（2）导入素材，将该游戏所要用到的素材复制到新建项目的"Assets"文件夹中，素材来源及文件路径详情参见 1.2.2 节的相关内容。

（3）在工程窗口（Project）的空白处单击鼠标右键，在弹出的右键菜单中执行"Create->Scene"命令，新建场景文件"Scene"，然后双击打开 Scene 场景。当前项目只使用了这个场景文件。

（4）布置场景地面。在层级窗口（Hierarchy）的空白处单击鼠标右键，在弹出的右键菜单中执行"3D Object->Cube"命令，新建一个长方体，将其命名为"Ground"。在检视窗口（Inspector）中将 Transform 的缩放（Scale）设为(20, 1, 20)，并单击"Add Component"按钮，添加 Box Collider 组件，将 Box Collider 的尺寸（Size）设为(5, 1, 5)。

（5）布置机器人模型。在层级窗口（Hierarchy）中单击鼠标右键，在弹出的右键菜单中执行"3D Object->Sphere"命令，新建一个球体，将其命名为"Player"，也就是玩家控制的机器人。选中 Player 并单击鼠标右键，在弹出的右键菜单中执行"3D Object->Capsule"命令，新建一个胶囊体，将其命名为"Body"，作为 Player 的子物体。选中 Body 并单击鼠标右键，在弹出的右键菜单中执行"Create Empty"命令，新建一个空游戏物体，将其命名为"Hands"，在 Hands 下新建两个长方体（LeftHand 和 RightHand）作为机器人的左右手。机器人的模型组装层级如图 1-4 所示，机器人的组装效果如图 1-5 所示。

图 1-4

图 1-5

（6）为机器人添加组件。选中 Player，在检视窗口（Inspector）中单击"Add Component"按钮，搜索并添加 Sphere Collider 和 Rigidbody 两个组件。分别选中机器人的两个手臂，添加 Box Collider 组件，并分别勾选 Box Collider 组件上的"Is Trigger"复选框。

（7）布置灯柱。在场景中新建一个空游戏物体，并将其命名为"LightManage"，在 LightManage 下新建一个圆柱体，作为灯柱的柱子，再新建一个球体，作为柱子的子物体，灯柱的组合效果如图 1-6 所示。

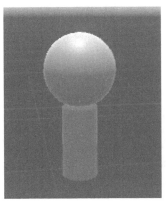

图 1-6

（8）为灯柱添加组件。在每个灯柱上添加一个 Capsule Collider 组件，调整碰撞体的大小，将半径（Radius）设为 2。

（9）将灯柱复制三次，将这四个灯柱放置到地板的四个角落。

（10）新建四个立方体，作为移动的方块，为每个方块添加 Box Collider 组件和 Rigidbody 组件，如图 1-7 所示。

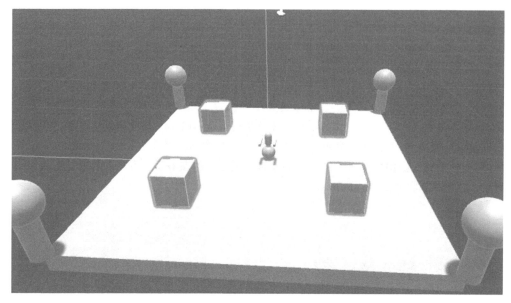

图 1-7

（11）调整场景中的主摄像机（Main Camera），将其沿 X 轴旋转 60 度，将画面设为斜向俯视视角，主摄像机的角度和位置如图 1-8 所示。

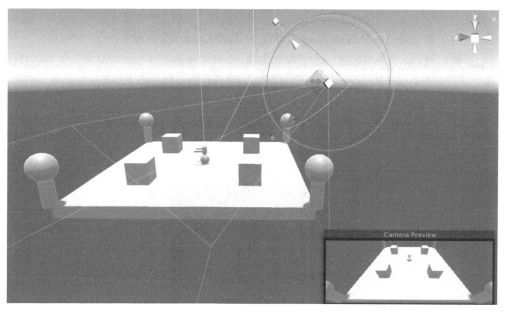

图 1-8

（12）新建一个实时渲染贴图，用于实现小地图功能。在工程窗口（Project）的空白处单击鼠标右键，在弹出的右键菜单中执行"Create->Render Texture"命令，新建一个实时渲染贴图，将其命名为"Map Render Texture"。

（13）在层级窗口（Hierarchy）下单击鼠标右键，在弹出的右键菜单中执行"Camera"命令，新建一个摄像机，将其命名为"Map Camera"，调整 Map Camera 的角度和位置，使该摄像机正好垂直于前文布置的场景。该摄像机专门用来拍摄小地图画面，小地图摄像机的角度和位置如图 1-9 所示。

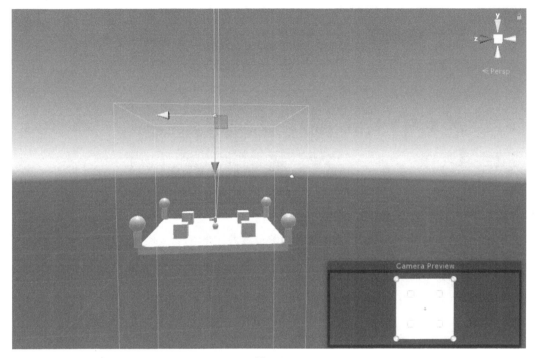

图 1-9

（14）设置 Map Camera 的属性。将清除标记（Clear Flags）设为 Solid Color，投影矩阵（Projection）设为 Orthographic，尺寸（Size）设为 12，目标材质（Target Texture）设为 Map Render Texture。其中，Map Render Texture 是步骤（12）创建的实时渲染贴图。

（15）在层级窗口（Hierarchy）中单击鼠标右键，在弹出的右键菜单中执行"UI->Raw Image"命令，新建一个 UI 图片，Unity 会自动新建画布（Canvas）和事件系统（EventSystem）的两个游戏物体。

（16）将 UI 图片的位置设在画面的右上角，将其贴图（Texture）属性设为 Map Render Texture，小地图的位置如图 1-10 所示。

（17）对画布单击鼠标右键，在弹出的右键菜单中执行"UI->Button"命令，新建一个按钮，将其命名为"AgainButton"。将 AgainButton 按钮调整为合适大小，选中其子物体 Text，将 Text 设为"再来一次"。具体效果可以参考图 1-2。

（18）单击 AgainButton 按钮，勾选检视窗口（Inspector）左上角的复选框，将 AgainButton 按钮隐藏。

至此，就完成了《拉方块》游戏的场景搭建与设置。

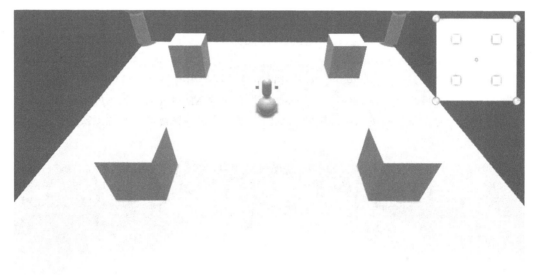

图 1-10

1.4.2 脚本编辑及相关设置

下面对该游戏的所有功能的脚本编辑及相关设置进行介绍，涉及游戏玩法和游戏效果的实现。具体操作步骤如下。

（1）选中工程窗口（Project）下的"Assets"文件夹，在其右侧空白处单击鼠标右键，在弹出的右键菜单中执行"Create->Folder"命令，新建一个文件夹"Scripts"，用于存放该游戏用到的所有脚本。

（2）在"Scripts"文件夹中单击鼠标右键，在弹出的右键菜单中执行"Create->Scripts"命令，新建脚本"PlayerCharacter"，它是实现机器人的行为和属性的脚本。

（3）双击打开 PlayerCharacter.cs 脚本并进行编辑。首先在 Start 方法中设置机器人的形象，也就是材质球贴图，以及获得一些必要的引用。脚本代码如下。

代码位置：见源代码目录下 Assets\Scripts\PlayerCharacter.cs。

```
Rigidbody rigid; //刚体组件
Transform body; //身体
Transform hand; //手臂
private void Start()
{
    rigid = GetComponent<Rigidbody>(); //获取刚体组件
    Texture image = Resources.Load<Texture>("Image");//加载图片素材
    GetComponent<MeshRenderer>().material.mainTexture = image;//设置机器人纹理
    body = transform.Find("Body"); //根据名称获取机器人的身体
    Material bodyMaterial = body.GetComponent<MeshRenderer>().material;
    bodyMaterial.color = Color.black;//将机器人的身体颜色设为黑色
    hand = body.Find("Hands");//根据名称获取双臂
    BoxCollider[] hands = hand.GetComponentsInChildren<BoxCollider>();
    //将两个手臂都设置成黑色
    foreach (var hand in hands) {
```

```
         hand.GetComponent<MeshRenderer>().material.color = Color.black;
    }
}
```

（4）对机器人进行贴图后的效果应该是上身为黑色，下身为白底黑斑，如图1-11所示。

图 1-11

（5）接下来介绍机器人移动和转向的实现方法，脚本代码如下。

代码位置：见源代码目录下 Assets\Scripts\PlayerCharacter.cs。

```
public float moveSpeed;//机器人的移动速度
//移动方法
public void Move(float x, float z)
{
    x *= Time.deltaTime * moveSpeed;
    z *= Time.deltaTime * moveSpeed;
    rigid.velocity = new Vector3(x, rigid.velocity.y, z);
}
public float limit_x, limit_z;  //限制X和Z轴上的最大移动距离
//移动位置限制方法
public void PosLimit()
{
    Vector3 pos = transform.position;
    if (pos.x < -limit_x)
        pos.x = -limit_x;
    else if (pos.x > limit_x)
        pos.x = limit_x;
    if (pos.z < -limit_z)
        pos.z = -limit_z;
    else if (pos.z > limit_z)
        pos.z = limit_z;
    transform.position = pos;
}
public LayerMask layer;  //声明一个射线照射层，让射线只能照射到地面
//机器人上身控制方法
public void BodyCharacter()
{
    body.position = transform.position + Vector3.up;//与机器人下身位置对齐
    Quaternion rota = new Quaternion(0, body.rotation.y, 0, body.rotation.w);
```

```
    body.rotation = rota;//锁定 X 和 Z 轴的旋转
    //从摄像机的鼠标光标位置发射射线,得到射线与地面碰撞的位置,使机器人的身体朝向鼠标光标方向
    Ray ray = Camera.main.ScreenPointToRay(Input.mousePosition);
    RaycastHit hit; //声明照射点
    if (Physics.Raycast(ray, out hit, 100, layer)) {
        Debug.DrawLine(Camera.main.transform.position, hit.point, Color.red);
        Vector3 lookTarget = new Vector3(hit.point.x, body.position.y, hit.point.z);//获取碰撞点正上方的坐标,高度同机器人的身体一样,让其身体朝向该坐标
        body.LookAt(lookTarget);
    }
}
```

（6）其中，DrawLine 方法用于从摄像机向射线碰撞点绘制一条直线，该直线只有在 Scene 场景中才可以显示，在 Game 场景中不会显示，仅在开发游戏时作为参考。Scene 场景中的 DrawLine 效果如图 1-12 所示。

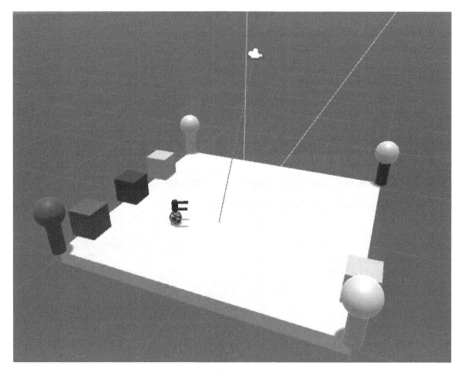

图 1-12

（7）下面介绍机器人伸缩手臂的方法和持有方块、释放方块的方法。其中，需要用到子物体（两个"手臂"游戏物体）上的触发器来进入事件。脚本代码如下。

代码位置：见源代码目录下 Assets\Scripts\PlayerCharacter.cs。

```
public bool stretching = false; //伸缩技能是否激活
bool stretch = true; //判断伸缩方向,初始为伸展方向
public float maxLength; //最大伸缩距离
public float pullSpeed; //伸缩速度
//手臂伸缩方法
public void Pull()
{
```

```
        if (stretching) {
            //激活伸缩技能后,手臂伸长,达到最大长度时缩回
            Vector3 scale = hand.localScale;
            if (stretch)
                scale.z += Time.deltaTime * pullSpeed;
            else
                scale.z -= Time.deltaTime * pullSpeed;
            //手臂缩回至原有长度,恢复原样,停止伸缩技能
            if (scale.z <= 1) {
                scale.z = 1;
                stretching = false;
            }
            //手臂从初始状态往前伸长,达到最大长度时缩回
            if (scale.z == 1)
                stretch = true;
            else if (scale.z >= maxLength)
                stretch = false;
            hand.localScale = scale;
        }
    }
    Transform box; //声明变量获取箱子(方块)
    //有物体进入触发器
    void OnTriggerEnter(Collider other)
    {
        //如果空着手伸长手臂时碰到的是箱子,则获取它
        //之后我们将创建一个box的脚本并将其挂载在箱子上
        //所以这里根据物体上是否有box脚本来判断该物体是否为箱子
        if (!box && stretching && other.GetComponent<Box>())
            box = other.transform;
    }
    //拿起(持有)箱子方法
    public void PickUp() {
        //如果获取了箱子,则手臂立刻缩回,让箱子上的子物体跟随手臂移动
        if (box) {
            stretch = false;
            box.parent = body;
            //让被拿取的箱子来到机器人的身体前方,并和其保持同一方向
            Vector3 pos = body.position + body.forward * 2;
            box.position = Vector3.MoveTowards(box.position, pos, Time.deltaTime * pullSpeed);
            box.rotation = Quaternion.Lerp(box.rotation, body.rotation, Time.deltaTime * 5);
        }
    }
    //放下(释放)箱子方法
    public void PutDown()
    {
        //如果机器人手上有箱子,则解除父子关系,让box为空
        if (box) {
            box.SetParent(null);
            box = null;
        }
    }
```

(8)回到 Unity,选中 Player 游戏物体,将 PlayerCharacter.cs 脚本拖动到检视窗口(Inspector)的空白处,也可以在检视窗口(Inspector)中单击"Add Component"按钮,搜索并添加 PlayerCharacter.cs 脚本。然后将 Move Speed 设为 300,Limit_x 设为 9,Limit_z 设为 9,Layer 设为 Ground,Max Length 设为 6,Pull Speed 设为 30,取消勾选"Stretching"复选框,如图 1-13 所示。

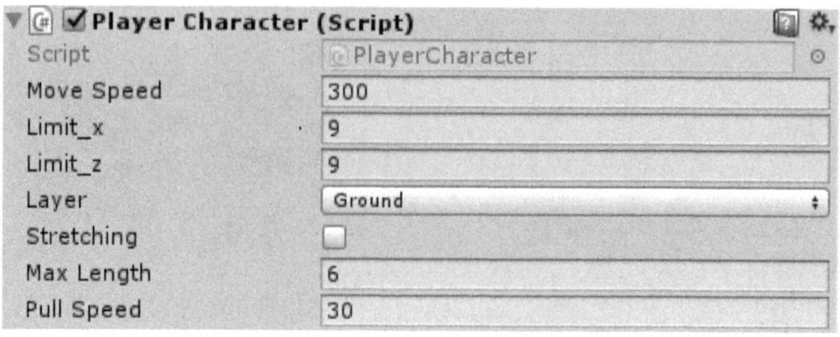

图1-13

（9）在"Script"文件夹中新建脚本"PlayerController.cs"，双击打开并编写脚本。该脚本用于控制机器人的行为，需要将其挂载到游戏物体Player上。脚本代码如下。

代码位置： 见源代码目录下 Assets\Scripts\PlayerController.cs。

```csharp
public class PlayerController : MonoBehaviour
{
    PlayerCharacter character; //声明角色设置脚本对象
    void Start()
    {
        character = GetComponent<PlayerCharacter>(); //获取角色设置脚本
    }
    void Update()
    {
        //获取水平和垂直轴输入来进行移动，并调用位置限制和机器人上身控制的方法
        character.Move(Input.GetAxis("Horizontal"), Input.GetAxis("Vertical"));
        character.PosLimit();
        character.BodyCharacter();
        //单击鼠标左键激活伸缩技能
        if (Input.GetMouseButtonDown(0))
            character.stretching = true;
        character.Pull(); //拉伸
        character.PickUp(); //拿起
        //单击鼠标右键放下箱子
        if (Input.GetMouseButtonDown(1))
            character.PutDown();
    }
}
```

（10）在"Script"文件夹中新建脚本"CameraFollow.cs"，将其挂载到Main Camera（主摄像机）上，双击打开并编写脚本，该脚本用于处理摄像机跟随逻辑。脚本代码如下。

代码位置： 见源代码目录下 Assets\Scripts\CameraFollow.cs。

```csharp
public class CameraFollow : MonoBehaviour
{
    Transform player; //声明角色
    public float height, distance; //角色在Y轴及Z轴上的距离
    void Start()
    {
        player = GameObject.Find("Player").transform;//根据名字获取角色
    }
    void Update()
    {
        Quaternion dir = Quaternion.LookRotation(player.position - transform.position);
        transform.rotation = Quaternion.Lerp(transform.rotation, dir, Time.deltaTime);
```

```
//摄像机始终向着角色
        transform.position = player.position + Vector3.up * height + Vector3.back
* distance;//始终在角色身后偏上方位置
    }
}
```

(11) 回到 Unity, 将 Camera Follow (Script) 的 Height 设为 12, Distance 设为 6, 如图 1-14 所示。

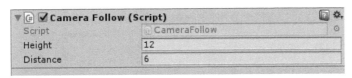

图 1-14

(12) 至此，角色系统的所有功能的脚本及相关设置已经介绍完毕，接下来介绍方块与灯柱系统，该系统需要实现一个颜色管理器，用于统一管理所有的颜色。在"Script"文件夹中新建脚本"ColorManage.cs"。该脚本不继承 MonoBehaviour，也不需要将其挂载到游戏物体上。双击打开并编写脚本，脚本代码如下。

代码位置：见源代码目录下 Assets\Scripts\ColorManage.cs。

```
public class ColorManage
{
    //设置自身颜色
    public static Color SetColor(int para)
    {
        //根据不同参数设置不同颜色
        switch (para)
        {
            case 0:
                return Color.red;
            case 1:
                return Color.yellow;
            case 2:
                return Color.blue;
            default:
                return Color.green;
        }
    }
}
```

(13) 在"Script"文件夹中新建脚本"Lampstandard.cs"，双击打开并编写脚本，控制灯柱的材质颜色。脚本代码如下。

代码位置：见源代码目录下 Assets\Scripts\Lampstandard.cs。

```
public class Lampstandard : MonoBehaviour
{
    [Range(0, 3)] public int para;  //颜色判断参数,范围限定在0~3
    Color color;  //灯柱的颜色
    Material material;  //声明子物体材质组件
    public bool isBright;  //判断灯柱是否亮起
    void Start()
```

```
        {
            //获取初始化颜色并将灯柱的颜色设为该颜色
            //持有灯泡的材质(也就是灯柱的子物体)
            color = ColorManage.SetColor(para);
            GetComponent<MeshRenderer>().material.color = color;
            material = transform.GetChild(0).GetComponent<MeshRenderer>().material;
        }
        //触发器进入事件
        void OnTriggerEnter(Collider other)
        {
            //如果进入的方块的颜色和灯柱自身拥有的颜色相同,则亮灯
            if (other.GetComponent<MeshRenderer>().material.color == color)
            {
                isBright = true;
                material.color = color;
            }
        }
        //触发器离开事件
        void OnTriggerExit(Collider other)
        {
            //如果离开的方块的颜色和灯柱自身拥有的颜色相同,则关灯
            if (other.GetComponent<MeshRenderer>().material.color == color)
            {
                isBright = false;
                material.color = Color.white;
            }
        }
    }
```

(14)回到 Unity,将 Lampstandard.cs 脚本分别挂载到四个灯柱上,并分别设置参数"Para"的值,并且分别对应四个灯柱的颜色。如图 1-15 所示为红色灯柱的 Lampstandard(Script)参数设置。

图 1-15

(15)在"Script"文件夹中新建脚本"LightManage.cs",将其挂载到四个灯柱的父物体 LightManage 上,双击打开并编写脚本。脚本代码如下。

代码位置:见源代码目录下 Assets\Scripts\LightManage.cs。

```
public class LightManage : MonoBehaviour
{
    public Lampstandard[] lights; //声明所有灯柱
    public GameObject againButton; //声明"再来一次"按钮
    void Awake()
    {
        lights = transform.GetComponentsInChildren<Lampstandard>();//获取所有灯柱
        Time.timeScale = 1; //初始时游戏事件为正常值
    }
    void Update()
    {
        //所有灯柱都亮了,调用游戏通关方法,并暂停游戏
        if (AllLightIsBright())
```

```
            {
                againButton.SetActive(true);
                Time.timeScale = 0;
            }
        }
        //判断是否所有的灯柱都亮了
        bool AllLightIsBright()
        {
            //发现一个灯柱没亮,立刻返回false,如果发现所有的灯柱都亮了,则返回true
            foreach (var light in lights)
            {
                if (!light.isBright)
                    return false;
            }
            return true;
        }
    }
```

（16）回到Unity，将之前创建好的"AgainButton"按钮拖动到Light Manage的Again Button属性上并进行赋值。Light Manage（Script）的参值设置如图1-16所示。

图 1-16

（17）在"Script"文件夹中新建脚本"Box.cs"，将其挂载到四个方块上，双击打开并编写脚本。该脚本能够控制方块的行为逻辑和颜色设置，脚本代码如下。

代码位置：见源代码目录下 Assets\Scripts\Box.cs。

```
public class Box : MonoBehaviour
{
    [Range(0, 3)] public int para;  //颜色判断参数
    Rigidbody rigid;  //刚体组件
    LightManage lightManage;  //灯柱管理器
    int index;  //索引
    void Start()
    {
        //初始化颜色
        GetComponent<MeshRenderer>().material.color = ColorManage.SetColor(para);
        //对各个字段赋值
        rigid = GetComponent<Rigidbody>();
        lightManage = FindObjectOfType<LightManage>();
        index = Random.Range(0, lightManage.lights.Length);//随机选择第一个目标灯柱
    }
    Transform parent;  //声明父物体
    void Update()
    {
        //获取父物体,判断其是否被拿起,为空则寻路,不为空取消物理影响
        parent = transform.parent;
        if (!parent)
        {
            Wayfinding();
            rigid.isKinematic = false;
        }
```

```
        else
            rigid.isKinematic = true;
    }
    public float moveSpeed; //寻路速度
    public float rotateSpeed; //转身速度
    //寻路方法
    void Wayfinding()
    {
        //获取随机一个灯的位置和方向,使方块面向该方向前进
        Vector3 pos = lightManage.lights[index].transform.position;
        Quaternion dir = Quaternion.LookRotation(pos - transform.position);
        transform.rotation = Quaternion.RotateTowards(transform.rotation, dir, rotateSpeed * Time.deltaTime);
        transform.Translate(0, 0, moveSpeed * Time.deltaTime);
        //接近目标索引+1,使方块往下一个灯柱前进,如果索引超出则为0
        if (Vector3.Distance(transform.position, pos) <= 2)
            index++;
        if (index == lightManage.lights.Length)
            index = 0;
    }
}
```

（18）回到 Unity，分别设置四个方块的参数 Para 的值，以及 Move Speed 与 Rotate Speed 的值。如图 1-17 所示为红色方块的 Box（Script）参数设置。

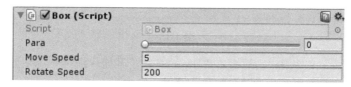

图 1-17

（19）在"Script"文件夹中新建脚本"ButtonEvent.cs"，将其挂载到"AgainButton"按钮上，双击打开并编写脚本。该脚本声明了"AgainButton"按钮的单击触发方法，内容是重新加载当前场景。脚本代码如下。

代码位置：见源代码目录下 Assets\Scripts\ButtonEvent.cs。

```
using UnityEngine;
using UnityEngine.SceneManagement;
public class ButtonEvent: MonoBehaviour
{
    //再来一次
    public void Again()
    {
        SceneManager.LoadScene(SceneManager.GetActiveScene().buildIndex);
    }
}
```

（20）回到 Unity，选中"AgainButton"按钮，在检视窗口（Inspector）下 Button 组件的 On Click ()下单击第二行的小圆点，选中"EventSystem"。再在第一行右边的下拉菜单选择"ButtonEvent.Again"，如图 1-18 所示。

（21）至此，《拉方块》游戏的制作过程介绍完毕。单击 Unity 上方的"播放"按钮运行游戏，可以查看游戏的运行效果。

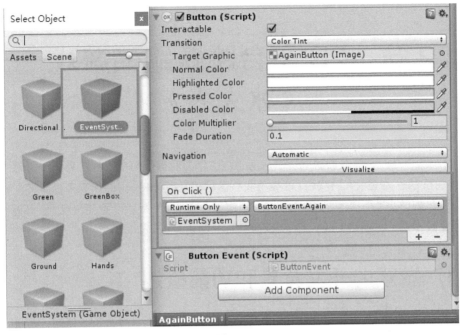

图 1-18

1.5 游戏的优化与改进

至此,该游戏的开发部分已经介绍完毕。作为本书的第一个实例,《拉方块》游戏的内容设计非常简单,也不包含复杂的美术素材,非常适合作为 Unity 初学者的练习项目。等读者掌握了后文更多游戏的制作方法后,还可以回到本章对该游戏进行改进。值得改进的地方主要有以下两点:

(1) 更多的美术效果

本实例中的游戏物体使用了简单的几何体来搭建,如果有更好的美术素材,则效果会更好。

(2) 更多的关卡元素

本实例的玩法属于益智解谜的玩法,可以尝试添加更多的关卡元素,比如设计更复杂的地形或地图来提高游戏难度。

第 2 章　2D 平台跳跃跑酷游戏——《冰火人》

"平台跳跃"是一种经典的游戏玩法，而"跑酷"游戏操作简单，玩法爽快，因此"平台跳跃+跑酷"的玩法也大受玩家的欢迎。这类游戏不仅玩起来简单爽快，制作起来也非常直观明了。本章模仿了休闲游戏《森林冰火人》的形象，制作了一个 2D 平台跳跃跑酷游戏——《冰火人》。读者可以通过本章，对使用 Unity 制作 2D 游戏有一个初步认识。

2.1 游戏的开发背景和功能概述

本节将对《冰火人》游戏的开发背景进行介绍，并对其功能进行分析和概述。通过对本节的学习，读者将会对该游戏有一个整体的了解，明确其开发思路，了解该游戏所要实现的功能和需要达到的效果。

2.1.1　游戏开发背景

"跑酷"游戏普遍非常简单，但简单不代表简陋，"跑酷"是最能体现"麻雀虽小，五脏俱全"的游戏类型。在游戏制作过程中，游戏开发者可以充分展示自己的设计才能，无论是奇思妙想的关卡设计，还是灵光一现的功能创意，使玩家很容易获得充足且高频的正反馈，而这一切都建立在这样一个门槛较低的游戏类型上。

该游戏是一个简单有趣的 2D 平台跳跃跑酷游戏，玩家通过将角色进行变大和缩小来控制其质量，而质量不同又会使其跳跃能力和奔跑速度产生相应变化，最终利用这些特性使角色通过重重障碍，顺利到达终点。

2.1.2　游戏功能

下面对《冰火人》游戏的主要功能进行介绍，读者可以了解该游戏的实现目标，对其游戏规则有简单的认识。

（1）运行游戏，可以看到游戏界面左上角有一个"红心数量"UI，火人向右奔跑，收集场景中的红心，并通过障碍物。玩家可以按空格键使火人往上跳，按"A"键使火人缩小，按"D"键使火人变大。游戏界面如图 2-1 所示。

（2）在火人碰到场景中的红心后，红心会往游戏界面左上角的"红心数量"UI 的方向飞去，并增加持有红心的数量。通过缩小火人来降低其质量，使其能够跳过高的火焰，游戏界面如图 2-2 所示。

（3）如果火人没有及时跳过火焰，或者掉落到地下，都会使游戏结束，游戏界面会显示"游戏结束"字样，单击"再试一次"按钮可以再次开始游戏，游戏结束界面如图 2-3 所示。

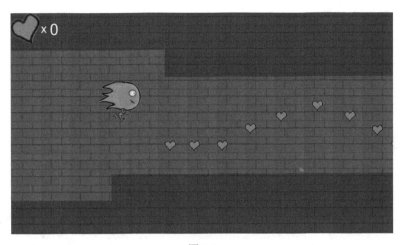

图 2-1

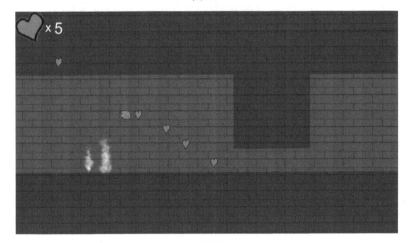

图 2-2

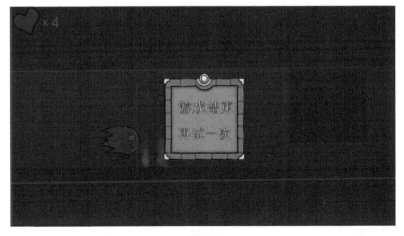

图 2-3

（4）如果火人成功到达地图的出口则游戏通关，则可以通往后续的关卡。游戏通关界面如图 2-4 所示，游戏会弹出提示窗口，窗口上显示"继续"按钮。

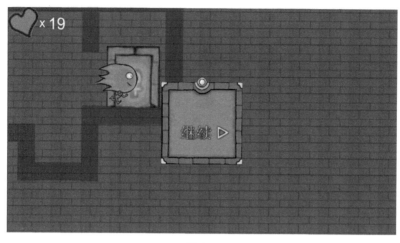

图 2-4

2.2 游戏的策划和准备工作

本节主要对《冰火人》游戏的策划和开发前的准备工作进行介绍，读者可以在本节了解到详细的内容，做好该游戏的规划工作。

2.2.1 游戏的策划

下面对《冰火人》游戏的具体策划工作进行介绍，读者将对该游戏的基本开发流程和方法有一个基本了解。在实际的游戏开发过程中，还要进行更细致、具体、全面的策划。

1. 游戏类型

该游戏是平台跳跃跑酷游戏。

2. 运行目标平台

运行该游戏的主要目标平台为 PC 平台，也兼容网页与手机平台。

3. 目标受众

该游戏适合全年龄段的玩家游玩。

4. 操作方式

该游戏的操作方式有两种：一种是控制角色跳跃，另一种是控制角色变大或缩小。按空格键控制角色向上跳跃，按 "A" 键使角色缩小，按 "D" 键使角色变大。

5. 呈现技术

该游戏画面以 2D 方式呈现，使用了多种 Unity 的基本 2D 组件，适合初学者学习。

2.2.2 使用Unity开发游戏前的准备工作

下面介绍一些使用 Unity 开发游戏前的准备工作，主要对贴图和粒子特效等资源进行介绍，这里将所有的资源整合到了列表中，方便读者查阅。

下面介绍的是《冰火人》游戏中所用到的贴图资源，游戏物体的图像文件存放在"Assets\ArtRes"文件夹中。该游戏中的贴图资源如表 2-1 所示，表中的文件并不在同一子文件夹中，详情请参考本书的配套资源。

表 2-1

文件名	用途
1.png	火人奔跑贴图
2.png	火人变冰人道具贴图
3.png	地板天花板贴图
4.png	冰人跑步贴图
5.png	磁吸道具贴图
6.png	红心道具贴图
7.png	蓝心道具贴图
8.png	通关出口贴图
9.png	墙贴图
10.png	漂浮板贴图
11.png	冰墙贴图
17.png	提示窗口的背景贴图
18.png	"游戏结束"文字贴图
19.png	"再试一次"按钮文字贴图
20.png	"继续"按钮文字贴图

在该游戏中还需要用到一些粒子特效，这些特效不需要你从头制作。该游戏中的粒子特效资源如表 2-2 所示。

表 2-2

文件名	路径	用途
fx_fire_m.prefab	Assets\FX_Kandol_Pack\FX_effect_sprite_image02\Prefabs\fx_fire	火焰粒子特效
Flames_08.prefab	Assets\UETools\Magic_Particle_Effects\Effects	陷阱粒子特效

2.3 游戏的架构

本节将介绍《冰火人》游戏的架构，读者可以进一步了解该游戏的开发思路，对整个游戏开发过程会更加熟悉。

2.3.1 游戏场景简介

使用 Unity 时，场景开发是开发游戏的主要工作。该游戏中的主要功能都是在各个场景中实现的。每个场景包含了多个游戏物体，其中，某些游戏物体被挂载了特定功能的脚本。

《冰火人》游戏用到了一个场景，在该场景中进行当前关卡的设计，游戏物体及脚本如表 2-3 所示。

表 2-3

游戏物体	脚本	备注
主摄像机	CameraFollow.cs	控制摄像机跟随角色脚本
天花板若干	无	关卡中的天花板
移动板若干	GroundMove.cs	关卡中会循环移动的地板
地板若干	无	关卡中的固定地板
冰墙	无	关卡中的障碍，只有冰人可以通过
陷阱地板	无	角色碰到会死亡的陷阱
背景	BackgroundFollow.cs	关卡背景，会随时间向后移动
红心道具若干	Coin.cs	游戏的收集要素
游戏角色	PlayerMove.cs	玩家所控制的游戏角色
冰人道具	RainbowMove.cs	触碰后可以变成冰人的道具
红心计数 UI	无	用于显示当前收集到的红心
磁吸时间条	无	用于显示当前磁吸效果的剩余时间
重新开始游戏 UI	FailPanel.cs	重新开始游戏的功能面板
继续游戏 UI	SuccessPanel.cs	继续游戏的功能面板
磁吸道具	Magnet.cs MagnetFollow.cs	可以自动收集前方红心的道具
火焰粒子特效若干	无	关卡障碍的具象
地底碰撞体	无	用于判断角色是否掉落到地下
门	无	通关出口

2.3.2　游戏玩法简介

下面介绍《冰火人》游戏的流程和玩法，会按照游戏运行的顺序介绍其整体框架，具体操作步骤如下。

（1）显示游戏场景，火人位于起点位置。
（2）开始游戏，火人向右不断移动。
（3）玩家按"A"键使火人缩小，按"D"键使火人变大，按空格键使火人跳跃。
（4）如果火人碰到冰人道具，则会变成冰人（其操作方式与火人一样）。
（5）如果火人或者冰人碰到红心，则可以收集红心。
（6）如果火人或者冰人碰到磁吸道具，则可以自动收集周围的红心。
（7）如果火人或者冰人碰到门，则游戏通关。
（8）如果火人或者冰人碰到障碍物或者掉落到地下，则游戏结束。

2.4　游戏的开发与实现

本节将介绍《冰火人》游戏的场景开发流程。具体涉及场景搭建、参数设置和场景中游戏物体的脚本编辑。读者可以通过本节了解该游戏的具体实现过程。

2.4.1 场景的搭建及相关设置

首先对新建项目及场景搭建进行介绍，读者可以通过一些基本操作对使用 Unity 开发游戏有一些基本认识。具体操作步骤如下。

（1）打开 Unity Hub，单击"新建"按钮，打开"创建新项目"窗口，新建并打开一个 Unity 2D 项目，如图 2-5 所示。

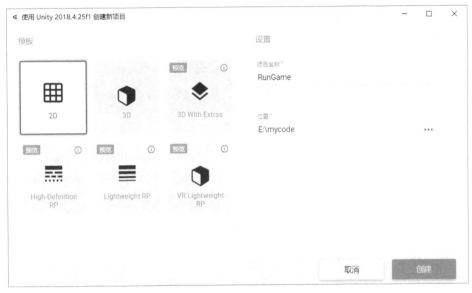

图 2-5

（2）在工程窗口（Project）中单击鼠标右键，在弹出的右键菜单中执行"Create->Folder"命令，新建文件夹"Scenes"和"Scripts"。

（3）导入资源文件，将该游戏所要用到的资源复制到前文新建项目的"Assets"文件夹中，资源文件及其路径详情参见 2.2.2 节的相关内容。

（4）创建关卡场景。在工程窗口（Project）中单击鼠标右键，在弹出的右键菜单中执行"Create->Scene"命令，新建场景"RunGame"，双击打开 RunGame 场景。当前项目只使用了这一个场景文件。

（5）创建摄像机脚本。在工程窗口（Project）中单击鼠标右键，在弹出的右键菜单中执行"Create->C# Script"命令，新建一个脚本，将其命名为"CameraFollow"，并将其拖动到主摄像机（Main Camera）的游戏物体上。

（6）创建天花板的父物体。在层级窗口（Hierarchy）中单击鼠标右键，在弹出的右键菜单中执行"生成空游戏物体（Create Empty）"命令，将其命名为"Ceiling"，用于存放游戏关卡的天花板。将游戏物体 Ceiling 的层（Layer）设为"ceiling"，如图 2-6 所示。

图 2-6

（7）创建天花板。在游戏物体 Ceiling 下单击鼠标右键，在弹出的右键菜单中执行"2D Object->Sprite"命令，新建一个 2D 图片精灵游戏物体，将该游戏物体的精灵贴图组件（Sprite Renderer）的参数 Sprite 设为 3.png（见表 2-1），并且在检视窗口（Inspector）中单击"Add Component"按钮，添加 2D 碰撞体组件（Box Collider 2D），将它的层（Layer）设为"ceiling"。选中该游戏物体，按"Ctrl+D"组合键复制若干个游戏物体，将这些游戏物体在场景中进行布局，作为场景天花板，效果如图 2-7 所示。

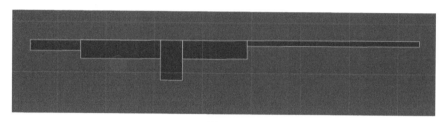

图 2-7

（8）创建地板。新建一个空游戏物体，将其命名为"Ground"，并将它的层设为"ground"，用于存放所有的地板。在 Ground 游戏物体下新建一个 2D 图片精灵子物体，将该游戏物体的精灵贴图组件的参数 Sprite 设为 3.png（见表 2-1），添加 2D 碰撞体组件，并将它的层设为"ground"。复制若干个该游戏物体，将这些游戏物体在场景中进行布局，作为场景地板，效果如图 2-8 所示。

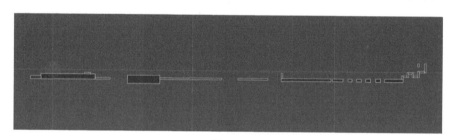

图 2-8

（9）创建活动地板脚本。新建一个空游戏物体，将其命名为"MoveGround"，用于存放所有的移动地板。由于三个移动地板的活动逻辑不同，所以需要新建三个空白脚本，分别将其命名为"GroundMove"、"Ground7LeftMove"和"Ground8LeftMove"，用于控制不同种类的移动地板。

（10）创建活动地板。在 MoveGround 下新建一个 2D 图片精灵游戏物体，作为活动地板，并设为 ground 层。将该游戏物体的精灵贴图组件的参数 Sprite 设为 10.png（见表 2-1），参数 Color 设为灰色半透明，再添加 2D 碰撞体组件，如图 2-9 所示。

（11）装饰活动地板。单击活动地板，新建两个 2D 图片精灵游戏物体，用于装饰活动地板，如图 2-10 所示。将一个 2D 图片精灵游戏物体调整至比活动地板小一点，再将另一个 2D 图片精灵游戏物体调整成一条粗线，并设置不同的颜色。

（12）设置活动地板。将步骤（10）中新建的活动地板复制两份，并将其分别放到合适的位置，三个活动地板的位置如图 2-11 所示。为这三个活动地板分别挂载三个不同的地板活动脚本，按图从左到右分别是 GroundMove.cs、Ground7LeftMove.cs 和 Ground8LeftMove.cs。

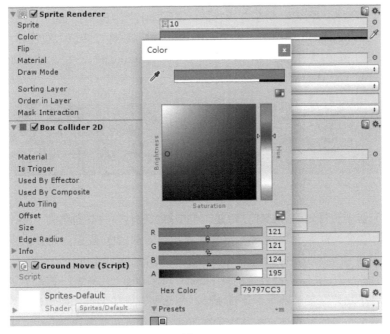

图 2-9

图 2-10

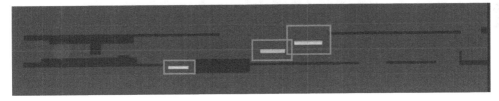

图 2-11

（13）创建障碍物——冰墙。新建一个 2D 图片精灵游戏物体，将其命名为"RainbowWall"，作为冰墙，并添加 2D 碰撞体组件，将冰墙调整至合适的大小，如图 2-12 所示。

图 2-12

（14）创建陷阱地板。新建一个空游戏物体，将其命名为"Fireground"，用于存放游戏关卡中的陷阱地板。在 Fireground 中添加一个 2D 图片精灵游戏物体，将该游戏物体的精灵贴图组件的参数 Sprite 设为 3.png（见表 2-1），将它的层设为"fireground"，为该游戏物体添加 2D 碰撞体组件，并调整到如图 2-13 所示的位置和大小。

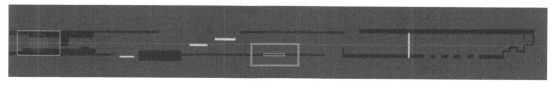

图 2-13

（15）创建陷阱地板特效的父物体。新建一个空游戏物体，将其命名为"Special effect"，用于存放陷阱地板的粒子特效游戏物体。为该游戏物体添加 2D 碰撞体组件，并将其调整到与 Fireground 同样的位置和大小，将该游戏物体的标签（tag）设为"fire"。

（16）添加陷阱特效。将陷阱特效预制体 Flames_08.prefab（见表 2-2）拖动到游戏物体 Special effect 下，作为其子物体，复制若干份该预制体，用这些预制体装饰陷阱地板。

（17）创建火焰特效的父物体。新建一个空游戏物体，将其命名为"fire"，用于存放关卡中所有火焰粒子特效游戏物体。将该游戏物体的标签设为"fire"。

（18）添加火焰特效。将特效预制体 fx_fire_m.prefab（见表 2-2）拖动到游戏物体 fire 下，作为 Special effect 的子物体，为该游戏物体添加 2D 碰撞体组件，并复制若干份该预制体，将这些预制体放到如图 2-14 所示的位置。

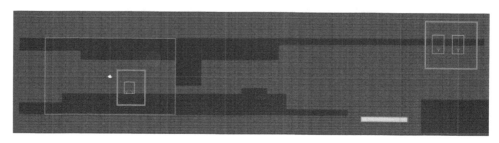

图 2-14

（19）创建天花板下落陷阱。新建一个空脚本"Firedown"，分别给图 2-14 右边两个在天花板下的火焰粒子特效游戏物体添加脚本组件 Firedown，用于控制火焰往下掉落这一行为。

（20）创建背景物体。新建一个空游戏物体，将其命名为"Background"。新建一个空脚本，将其命名为"BackgroundFollow"。

（21）添加背景图片。在游戏物体 Background 下新建一个 2D 图片精灵游戏物体，将该游戏物体的精灵贴图组件的参数 Sprite 设为 9.png（见表 2-1），参数 Draw Mode 设为 Tiled 平铺模式，参数 Size 的宽（Width）设为 500、高（Height）设为 40，并为该游戏物体添加 BackgroundFollow 脚本。背景图片精灵游戏物体设置如图 2-15 所示。

（22）创建红心道具。新建一个空游戏物体，将其命名为"Coin"，用于存放所有的红心道具。新建一个空脚本，将其命名为"Coin"，用于编辑红心道具的脚本逻辑。将 Coin 的标签（Tag）设为"coin"，将它的层（Layer）也设为"coin"，如图 2-16 所示。

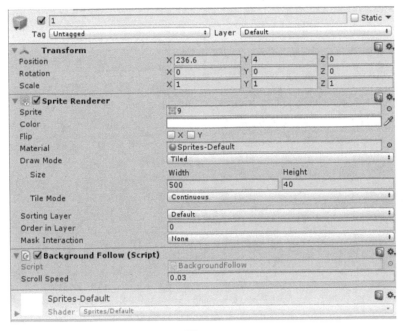

图 2-15

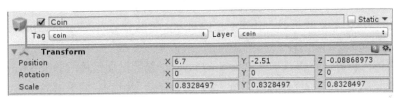

图 2-16

（23）设置红心道具的图片。在 Coin 下新建一个 2D 图片精灵游戏物体，将该游戏物体的精灵贴图组件的参数 Sprite 设为 6.png（见表 2-1），为该游戏物体添加 2D 碰撞体组件和 Coin 脚本组件，并将该游戏物体的标签设为"coin"，将它的层设为"coin"。

（24）复制更多红心道具。将步骤（22）新建的游戏物体复制若干，并将其布局到需要的位置，如图 2-17 所示。

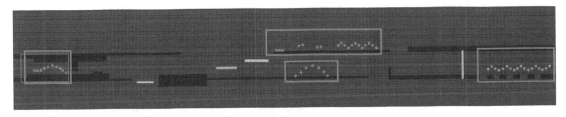

图 2-17

（25）创建角色。新建一个 2D 图片精灵游戏物体，将其命名为"Player"，它是玩家控制的角色。新建一个空脚本，将其命名为"PlayerMove"，并将其挂载到游戏物体 Player 上。

（26）设置角色。将游戏物体 Player 的标签设为"Player"，将它的层设为"Player"，精灵贴图组件的参数 Sprite 设为 1.png（见表 2-1），参数 Order in Layer 设为 1，并添加 2D 刚体（Rigidbody

2D）和 2D 碰撞体组件。将游戏物体 Player 放到关卡场景的左侧，角色在场景中的位置如图 2-18 所示。

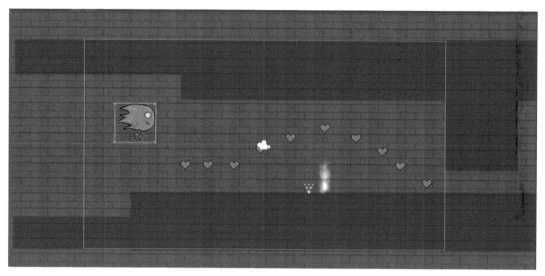

图 2-18

（27）创建冰人道具。新建一个 2D 图片精灵游戏物体，将其命名为"RainbowPlayer"，该游戏物体是火人变冰人的游戏道具。新建一个空脚本，将其命名为"RainbowMove"，并将其挂载到游戏物体 RainbowPlayer 上。

（28）设置冰人道具。将游戏物体 RainbowPlayer 的精灵贴图组件的参数 Sprite 设为 2.png，并添加 2D 碰撞体组件，勾选 2D 碰撞体组件上的"Is Trigger"复选框。调整游戏物体 RainbowPlayer 的位置，将该游戏物体放置于关卡中段的天花板的上方，冰人道具的位置如图 2-19 所示。

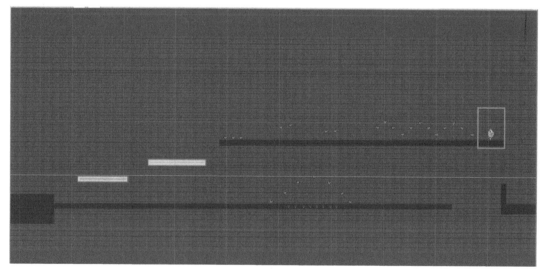

图 2-19

（29）创建磁吸道具。新建一个空游戏物体，将其命名为"MagnetBox"。新建一个空脚本，将其命名为"MagnetFollow"。

（30）设置磁吸道具的组件。为游戏物体 MagnetBox 添加 2D 多边形碰撞体组件（Polygon Collider 2D）、2D 刚体组件和 MagnetFollow 脚本组件，单击 2D 多边形碰撞体组件上的"编辑碰撞体（Edit Collider）"按钮，将多边形碰撞体的碰撞框调整为如图 2-20 所示的梯形形状，图中方框的位置是磁吸道具的贴图位置。

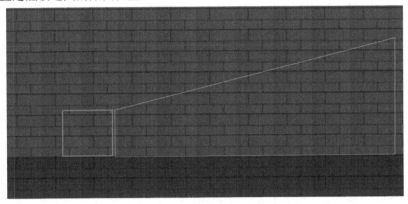

图 2-20

（31）设置磁吸道具贴图。在游戏物体 MagnetBox 下新建一个 2D 图片精灵游戏物体，将该游戏物体的精灵贴图组件的参数 Sprite 设为 5.png（见表 2-1），并添加 2D 碰撞体组件。新建脚本"Magnet"，将其挂载到该游戏物体上。将该游戏物体放置于如图 2-20 所示的红框位置，磁吸道具的结构如图 2-21 所示。

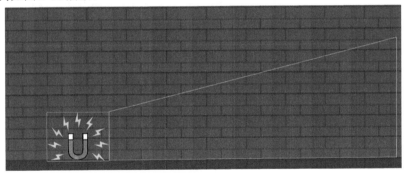

图 2-21

（32）创建检测掉落的碰撞体。新建一个空游戏物体，将其命名为"Failground"，用于判断角色是否掉落到地下。需要在该游戏物体上添加 2D 碰撞体组件，并将碰撞体调整大小和位置，使碰撞体覆盖整个场景的地底范围，如图 2-22 所示。

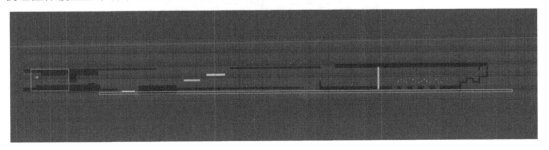

图 2-22

（33）创建过关的门。新建一个 2D 图片精灵游戏物体，将其命名为"door"。将该游戏物体作为关卡出口。新建一个 2D 碰撞体组件，将其放置于场景最右边。考虑到游戏效果，需要将碰撞体和贴图进行一定偏移，让碰撞体只包住门的右半边即可。通关的门和碰撞体如图 2-23 所示。

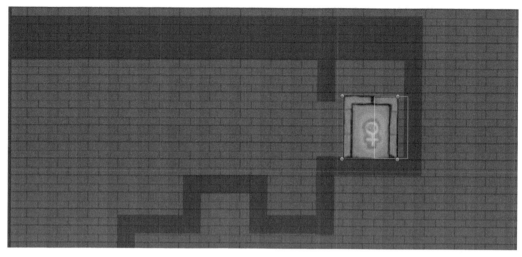

图 2-23

（34）创建 UI 画布。接下来，新建项目中所需要的 UI 游戏物体。在层级窗口（Hierarchy）中单击鼠标右键，在弹出的右键菜单中执行"UI->Canvas"命令，新建一个画布，同时 Unity 会自动生成事件系统（Event System）。在使用 UGUI 时这两个游戏物体是必需的，该游戏中的 UI 只需要一个画布。

（35）创建红心数量 UI。在画布下新建一个空游戏物体，将其命名为"CoinPanel"，用于存放显示玩家收集到的红心数量的 UI。

（36）完善红心数量 UI。在层级窗口（Hierarchy）中选中游戏物体 CoinPanel，然后进行如下操作：单击鼠标右键，在弹出的右键菜单中执行"UI->Image"命令，新建一个 UI 图片，将其命名为"allcoin"。将 allcoin 上的 Image 组件的参数 Source Image 设为 6.png（见表 2-1）。单击鼠标右键，在弹出的右键菜单中执行"UI->Text"命令，新建一个 UI Text 游戏物体，将其命名为"Text1"，将游戏物体 Text1 中 Text 组件的内容设为"×"。再新建一个 UI Text 游戏物体，将其命名为"coincount"。将这三个游戏物体放到游戏界面的左上角，红心数量 UI 的排列效果如图 2-24 所示。

图 2-24

（37）创建磁铁图标和其他图标。在画布下新建一个空游戏物体，将其命名为"MagnetHp"，用于存放和显示与磁吸效果剩余时间的进度条相关的 UI 游戏物体。

（38）创建进度条 UI。在 MagnetHp 下新建一个 UI 图片，将其命名为"Background"。将其调整成长条状，再将该 UI 图片复制一份，并将其命名为"Hp"。将 Hp 上的 Image 组件的参数 Color 设为绿色，将 Hp 上的 Rect Transform 组件的参数 Pivot 设为（0,1），将游戏物体 MagnetHp 的锚点设置如图 2-25 所示。游戏物体 MagnetHp 的最终效果如图 2-26 所示。

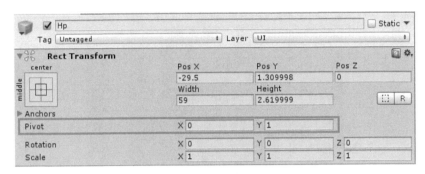

图 2-25

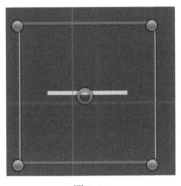

图 2-26

（39）调整进度条位置。将游戏物体 MagnetHp 调整到画面的左边偏下的位置，使磁吸时间条在磁吸状态下放置于角色头顶。游戏物体 MagnetHp 的坐标如图 2-27 所示，可以作为参考。

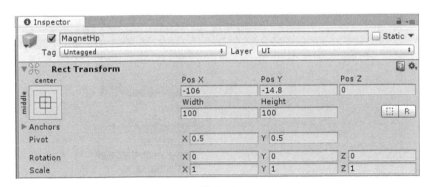

图 2-27

（40）创建遮挡背景图。在画布下新建一个 UI 图片，将其命名为"black"，当游戏结束时（角色死亡或者通关都会结束游戏），显示该 UI，用于遮挡整个场景，所以需要将该 UI 图片设为横纵拉伸模式。单击检视窗口（Inspector）中的 Rect Transform 左上角的大方格，按住"Alt"

键并选择最后一行的最后一个按钮,将该UI图片的对齐方式设为横纵拉伸模式,如图2-28所示。

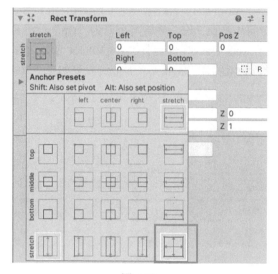

图 2-28

将游戏物体black上的Image组件的参数Color设为半透明黑色,如图2-29所示。这样当游戏暂停时就有一个半透明幕布遮挡的效果。

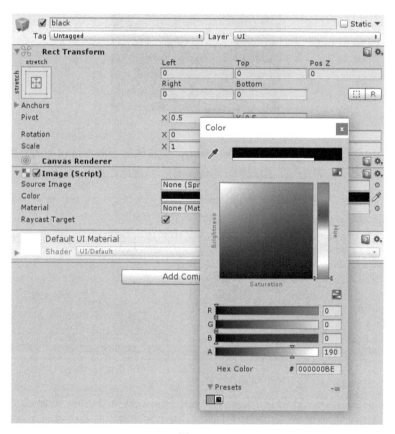

图 2-29

（41）创建"游戏结束"窗口。在画布下新建一个 UI 图片，将其命名为"FailPanel"，这是游戏失败时显示"游戏结束"的 UI。将 FailPanel 的 Image 组件的参数 Source Image 设为 17.png（见表 2-1）。新建脚本"FailPanel"，并将其挂载到 FailPanel 上。将 FailPanel 放置于游戏界面中央，其位置和脚本组件设置如图 2-30 所示。

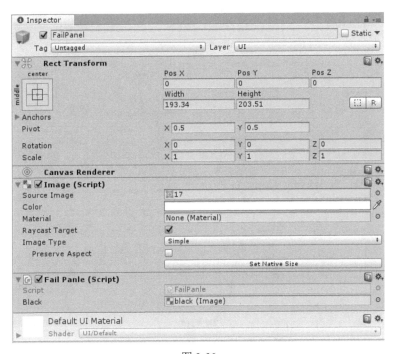

图 2-30

（42）完善"游戏结束"窗口。在 FailPanel 下新建一个 UI 图片，将 UI 图片上 Image 组件的参数 Source Image 设为 18.png（见表 2-1）。在 FailPanel 下单击鼠标右键，在弹出的右键菜单中执行"UI->Button"命令，新建一个按钮，将其命名为"beginbtn"，将"beginbtn"按钮下的游戏物体 Text 删除，将"beginbtn"按钮的 Image 组件的参数 Source Image 设为 19.png（见表 2-1）。"游戏结束"窗口的效果如图 2-31 所示。

图 2-31

（43）创建"游戏通关"窗口。在画布下新建一个 UI 图片，将其命名为"SuccessPanel"，游戏通关时将会显示该窗口,与 FailPanel 类似。将 SuccessPanel 的 Image 组件的参数 Source Image 设为 17.png（见表 2-1）。新建脚本,将其命名为"SuccessPanel",并将其挂载到 SuccessPanel 上。将 SuccessPanel 放置于游戏界面中央,其位置和脚本组件设置如图 2-32 所示。

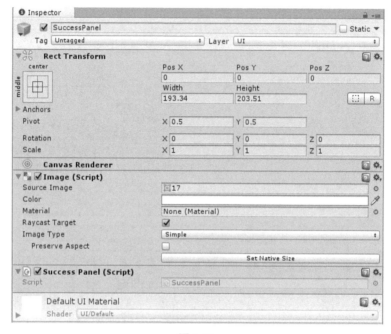

图 2-32

（44）完善"游戏通关"窗口。在 SuccessPanel 下新建一个按钮,将该按钮下的游戏物体 Text 删除,并且将该按钮的 Image 组件上的参数 Source Image 设为 20.png（见表 2-1）。"游戏通关"窗口的效果如图 2-33 所示。

图 2-33

（45）至此,完成《冰火人》游戏的场景搭建与设置。

> 注意：本节中的关卡设计仅供参考,读者在练习时可以按照自己的喜好创建一个更简单的小型关卡,以便调整和测试。

2.4.2 脚本编辑及相关设置

下面对《冰火人》游戏的所有功能的脚本编辑及相关设置进行介绍，读者可以看到游戏功能的具体实现方法。

《冰火人》游戏中所有需要挂载在游戏物体上的脚本已经在 2.4.1 节中介绍了，接下来会按照 2.4.1 节提到脚本的顺序逐一进行讲解。

（1）首先是摄像机跟随脚本。在该游戏中，摄像机需要一直和角色保持一定的角度和距离，才能使角色一直在游戏界面的某个位置，所以需要编辑摄像机的跟随逻辑。双击打开 CameraFollow.cs 脚本，编辑脚本，脚本代码如下。

代码位置：见源代码目录下 Assets\Scripts\CameraFollow.cs。

```
public class CameraFollow : MonoBehaviour
{
    public GameObject player;//获取到游戏中的角色游戏物体
    void Update ()
    {
//角色在这个范围内有上下跳跃的情况，所以让摄像机在 Y 轴上跟着移动
        if(player.transform.position.x>60 && player.transform.position.x < 170) {
            transform.position = new Vector3(player.transform.position.x + 5,
player.transform.position.y + 2, transform.position.z);
        }
        else {
            //让摄像机跟着角色移动，Y 轴不动
            transform.position = new Vector3(player.transform.position.x + 5, 0 ,
transform.position.z);
        }
    }
}
```

回到 Unity 编辑器，选中主摄像机，将游戏物体 Player 拖动到检视窗口（Inspector）的 Camera Follow（Script）的参数 Player 旁边的输入框中，对所需的参数进行赋值，如图 2-34 所示。

图 2-34

（2）该游戏有三个活动地板，每个活动地板的活动路径都不一样，第一个活动地板的活动路径为上下移动。双击打开 GroundMove.cs 脚本，编辑脚本，脚本代码如下。

代码位置：见源代码目录下 Assets\Scripts\GroundMove.cs。

```
//活动地板控制脚本
public class GroundMove : MonoBehaviour
{
    bool IsChange = false;//标志位，用于标记移动方向
    void Update ()
    {
        //判断游戏物体的高度，如果大于 0 则向下移动，如果小于-6 则向上移动
        if (transform.position.y > 0)
```

```
        IsChange = false;
    }
    if (transform.position.y < -6) {
        IsChange = true;
    }
    if (IsChange == false) {
        //在世界坐标向下移动
        transform.Translate(0, -4 * Time.deltaTime, 0, Space.World);
    }
    else {
        //在世界坐标向上移动
        transform.Translate(0, 4 * Time.deltaTime, 0, Space.World);
    }
  }
}
```

第二个活动地板为左右移动,双击打开 Ground7LeftMove.cs 脚本,编辑脚本,脚本代码如下。

代码位置:见源代码目录下 Assets\Scripts\Ground7LeftMove.cs。

```
public class Ground7LeftMove : MonoBehaviour
{
    bool IsChange = false;//标志位,用于标记移动方向
    float nowx;//初始的 x 值
    void Start ()
    {
        nowx = transform.position.x;//获取初始 x 值
    }
    void Update ()
    {
        //通过比较游戏物体相对初始位置偏移的距离来判断移动的方向
        if (transform.position.x < nowx - 7) {
            IsChange = true;
        }
        if (transform.position.x > nowx + 7) {
            IsChange = false;
        }
        //如果标志位为 T 则向右移动,否则向左移动
        if (IsChange == false) {
            transform.Translate(-6 * Time.deltaTime, 0, 0, Space.World);
        }
        else {
            transform.Translate(6 * Time.deltaTime, 0, 0, Space.World);
        }
    }
}
```

第三个活动地板为左右移动,但是它与第二个活动地板的移动范围不同。双击打开 Ground8LeftMove.cs 脚本,编辑脚本,脚本代码如下。

代码位置:见源代码目录下 Assets\Scripts\Ground8LeftMove.cs。

```
public class Ground8LeftMove : MonoBehaviour
{
    bool IsChange = false;//标志位,用于标记移动方向
```

```csharp
float nowx;//初始的 X 值
void Start ()
{
    nowx = transform.position.x;//获取初始 X 值
}
void Update ()
{
    //通过比较游戏物体相对初始位置偏移的距离来判断移动的方向
    if (transform.position.x < nowx - 8) {
        IsChange = true;
    }
    if (transform.position.x > nowx + 8) {
        IsChange = false;
    }
    //如果标志位为 T 则向右移动，否则向左移动
    if (IsChange == false) {
        transform.Translate(-6 * Time.deltaTime, 0, 0, Space.World);
    }
    else {
        transform.Translate(6 * Time.deltaTime, 0, 0, Space.World);
    }
}
```

（3）场景中有几处陷阱。其中，一个陷阱是当角色靠近到一定距离时开始下落的，玩家需要及时调整角色前进的速度。双击打开 Firedown.cs 脚本，编辑脚本，脚本代码如下。

代码位置： 见源代码目录下 Assets\Scripts\Firedown.cs。

```csharp
//掉落陷阱
public class Firedown : MonoBehaviour
{
    public bool isRun = true;//标志当前陷阱是否可以被触发
    public GameObject player;//持有角色游戏物体
    void Update ()
    {
        if (isRun==true) {
            //角色靠近绝对值距离小于 4 时火焰下落
            if (Mathf.Abs(player.transform.position.x-transform.position.x)<4) {
                transform.Translate(0, -9 * Time.deltaTime, 0, Space.World);
            }
        }
    }
    public void OnTriggerEnter2D(Collider2D coll)
    {
        //如果碰到地板，则不再下落
        if (coll.gameObject.CompareTag("ground")) {
            isRun = false;
        }
    }
}
```

运行效果如图 2-35 所示，当角色前进到火焰下方时，火焰向下运动并攻击角色。

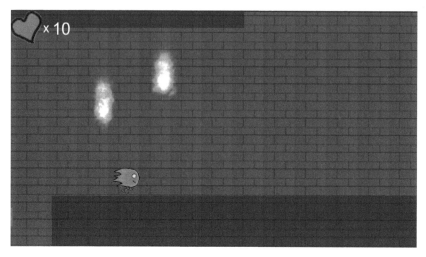

图 2-35

在平台跳跃游戏中,为了使场景中的前、中、后景有明显的差异表现,有一种较简单的处理方法,就是使每个层次的贴图和镜头移动的相对速度不一致,从而模拟出一种有纵深感的效果。双击打开 BackgroundFollow.cs 脚本,编辑脚本,脚本代码如下。具体效果可以查看工程源文件。

代码位置: 见源代码目录下 Assets\Scripts\BackgroundFollow.cs。

```
//背景纹理偏移
public class BackgroundFollow : MonoBehaviour
{
    public float scrollSpeed = 0.03f;//向左移动的速度
    void Update ()
    {
        transform.position = new Vector3(transform.position.x- scrollSpeed,
transform.position.y,transform.position.z);//每帧向左移动
    }
}
```

(4)在该游戏中,红心是场景中散落的收集要素,和很多 2D 游戏里的金币一样,当角色靠近时会被收集。双击打开 Coin.cs 脚本,编辑脚本,脚本代码如下。

代码位置: 见源代码目录下 Assets\Scripts\Coin.cs。

```
public class Coin : MonoBehaviour
{
    public GameObject player;//找到角色
    public GameObject AllCoin;//找到红心移动到的目标点
    public GameObject magnet;//磁铁
    public bool IsRun=false;//是否跟着移动
    public Vector3 UIcoin;//获取目标点的世界坐标
    void Update ()
    {
        //当角色没有触发收集时,红心游戏物体在原地旋转
        //当角色碰撞或者持有磁吸道具的磁吸碰撞体碰撞到红心时会使标志位变成 true
        //当标志位为 true 时,调用红心向红心收集 UI 方向移动的方法
        transform.Rotate(Vector3.up * 4, Space.World);
        if (IsRun == true) {
            CoinMove();
```

```
        }
    //当有游戏物体进入触发器时运行
    public void OnTriggerEnter2D(Collider2D coll)
    {
        //如果进入的游戏物体是角色,则将标志位设为true
        if (coll.gameObject.CompareTag("Player")) {
            IsRun = true;
        }
    }
    //红心向目标点移动
    public void CoinMove()
    {
        //UI 坐标转换成世界坐标
        UIcoin = Camera.main.ScreenToWorldPoint(AllCoin.transform.position);
        //当前游戏物体向某一个游戏物体移动
        transform.position = Vector3.MoveTowards(transform.position, UIcoin +
Vector3.forward, 25 * Time.deltaTime);
        //两个坐标相减是方向,用sqrMagnitude 获取方向的距离
        //如果这个距离小于0.1,则视为已经到达,则记录红心增加,并删除当前红心游戏物体
        if ((transform.position - (UIcoin + Vector3.forward)).sqrMagnitude < 0.1f) {
            player.GetComponent<PlayerMove>().money++;
            player.GetComponent<PlayerMove>().SetMoney();
            Destroy(gameObject);
        }
    }
}
```

同样地,需要回到 Unity 对 Coin 脚本的参数进行赋值,如图 2-36 所示。将与字段同名的游戏物体分别拖动到对应的字段上,Is Run 和 U Icoin 两个参数保留默认值即可。

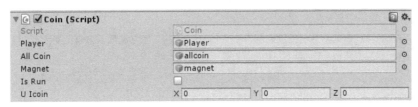

图 2-36

(5)角色的行为控制可以说是该游戏最复杂的脚本,其中包含了很多不同的功能方法。

首先是角色的移动控制,玩家控制的角色在游戏过程中(未通关之前)会一直向屏幕的右边前进,当玩家按下空格键时角色会向上跳起,当玩家按下"A"键时角色会缩小,当玩家按下"D"键时角色会变大。双击打开 PlayerMove.cs 脚本,编辑脚本,脚本代码如下。

代码位置:见源代码目录下 Assets\Scripts\PlayerMove.cs。

```
public class PlayerMove : MonoBehaviour
{
    Rigidbody2D myRigidbody;//角色的物理组件
    public float speed = 5;//角色的移动速度
    public float upspeed = 6;//角色向上跳的力的基础值
    public bool IsStop = false;//标志角色是否停止行动
    void Start ()
    {
        myRigidbody = this.GetComponent<Rigidbody2D>();//获取角色的物理组件
```

```
        }
        void Update ()
        {
            if (IsStop==false) {
                //如果游戏没有结束，则角色一直向右运动
                myRigidbody.transform.Translate(speed * Time.deltaTime, 0, 0);
            }
            //按下空格键可以使角色跳跃
            //首先获取碰撞盒的高度
            //当玩家按下空格键时，从角色的位置向下打出一条射线
            //如果射线击中天花板或者地板，则都可以向上跳
            //通过为游戏物体施加向上力的方式使角色向上移动
            float hight = GetComponent<BoxCollider2D>().bounds.size.y;
            if (Input.GetKeyDown(KeyCode.Space)) {
                if (Physics2D.Raycast(transform.position, Vector2.down,hight, LayerMask.GetMask("ground"))) {
                    myRigidbody.AddForce(Vector3.up * upspeed, ForceMode2D.Impulse);
                }
                if (Physics2D.Raycast(transform.position, Vector2.down, hight, LayerMask.GetMask("ceiling"))) {
                    myRigidbody.AddForce(Vector3.up * upspeed, ForceMode2D.Impulse);
                }
            }
            //当角色的缩放比例大于或等于30%时，按下"A"键可以缩小角色
            //当角色缩小时，角色的移动速度和跳跃力度随之增大
            if (transform.localScale.x>0.3) {
                if (Input.GetKey(KeyCode.A)) {
                    transform.localScale = new Vector3(transform.localScale.x - 0.01f, transform.localScale.y - 0.01f, transform.localScale.z - 0.01f);
                    speed = speed + 0.05f;
                    upspeed = upspeed + 0.05f;
                }
            }
            //当玩家控制的角色的缩放比例小于100%时，按下"D"键可以将角色变大
            //当角色变大时，角色的移动速度和跳跃力度随之减小
            if(transform.localScale.x <=1) {
                //
                if (Input.GetKey(KeyCode.D)) {
                    //检测到角色上面是天花板则不能变大
                    if (Physics2D.Raycast(transform.position, Vector2.up, 0.5f*hight, LayerMask.GetMask("ceiling"))) {

                    }
                    else {
                        transform.localScale = new Vector3(transform.localScale.x + 0.01f, transform.localScale.y + 0.01f, transform.localScale.z + 0.01f);
                        speed = speed - 0.05f;
                        upspeed = upspeed - 0.05f;
                    }
                }
            }
        }
```

　　角色的碰撞盒需要检测一些触发事件，当角色碰到障碍物时游戏结束，当角色碰到关卡出口的碰撞体时游戏通关。双击打开 PlayerMove.cs 脚本，编辑脚本。在脚本中通过判断进入触发器的游戏物体的 Tag 区分不同的碰撞情况，关于不同游戏物体的 Tag，在 2.4.1 节新建游戏物体时

已经进行相关设置，脚本代码如下。

代码位置：见源代码目录下 Assets\Scripts\PlayerMove.cs。

```
public class PlayerMove : MonoBehaviour
{
    public bool IsStop = false;//标志角色是否停止行动
    //碰到火焰或者地底碰撞器说明游戏失败，显示"游戏结束"窗口并暂停游戏
    //碰到关卡出口碰撞器说明游戏通关，显示"游戏通关"窗口并使角色暂停移动
    public void OnTriggerEnter2D(Collider2D coll)
    {
        if (coll.gameObject.CompareTag("fire")) {
            FailPanel.instance.gameObject.SetActive(true);
            FailPanel.instance.black.gameObject.SetActive(true);
            Time.timeScale = 0;                              //游戏暂停 3是游戏加速
        }
        if (coll.gameObject.CompareTag("failground")) {
            FailPanel.instance.gameObject.SetActive(true);
            FailPanel.instance.black.gameObject.SetActive(true);
            Time.timeScale = 0;
        }
        if (coll.gameObject.CompareTag("success")) {
            SuccessPanel.instance.gameObject.SetActive(true);
            IsStop = true;
        }
    }
}
```

下面介绍角色和场景中的道具互动的相关逻辑。该游戏目前有收集红心用的道具、火人变冰人道具，以及磁吸红心效果的磁吸道具。双击打开 PlayerMove.cs 脚本，编辑脚本。在当前脚本对相关的游戏物体进行初始设置，可以在步骤（5）看到在红心控制的脚本中调用了当前脚本的 Money 字段和 SetMoney 方法，而磁吸时间条的显示则由脚本 Magnet 触发。具体脚本代码如下。

代码位置：见源代码目录下 Assets\Scripts\PlayerMove.cs。

```
public class PlayerMove : MonoBehaviour
{
    public Text MoneyText;//显示玩家收集到的红心数量UI的数字文本
    public int money;//玩家收集到红心的数量
    public GameObject Hp;//显示磁吸效果剩余时间的时间条UI
    void Start ()
    {
        money = 0;//初始化持有红心的数量
        SetMoney();//更新UI显示
        Hp.gameObject.SetActive(false);//隐藏磁吸时间条UI
    }
    //改变金币数量
    public void SetMoney()
    {
        MoneyText.text = money.ToString();
    }
}
```

回到 Unity 编辑器，对游戏物体 Player 的 Player Move 脚本组件的字段 Money Text 和 HP 进行拖动并赋值，将游戏物体拖动到对应的输入框中，方法参考步骤（1）。缩小角色，使其跳跃力变大来通过原本过不去的火焰并且收集到红心，如图 2-37 所示。

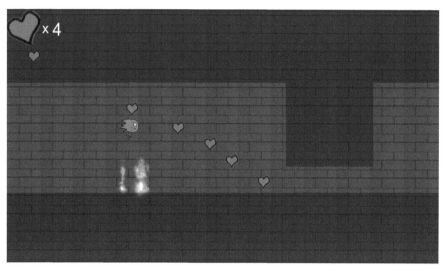

图 2-37

（6）在该游戏中有一个障碍物——冰墙，这个障碍物需要玩家拿到火人变冰人的道具，让火人变成冰人后就可以通过冰墙了。该道具在原地旋转，当玩家控制的角色踏入该道具的触发器内则可获得该道具，使角色变成冰人，场景中的冰墙变成可以通过的触发器状态，将该道具的游戏物体设为不显示，相当于删除道具，但实际上，场景中还存在该游戏物体。双击打开 RainbowMove.cs 脚本，编辑脚本，脚本代码如下。

代码位置：见源代码目录下 Assets\Scripts\RainbowMove.cs。

```csharp
public class RainbowMove : MonoBehaviour
{
    public GameObject player;//持有角色游戏物体
    public Sprite tupian;//冰人贴图文件
    public GameObject rainbowwall;//冰墙游戏物体
    void Update ()
    {
        transform.Rotate(Vector3.up * 4,Space.World);//控制当前游戏物体原地旋转
    }
    public void OnTriggerEnter2D(Collider2D coll)
    {
        //如果当前碰到触发器的游戏物体是角色
        //则隐藏当前游戏物体
        //将角色贴图改为冰人贴图
        //将冰墙的触发器标志位设为 True
        if (coll.gameObject.CompareTag("Player")) {
            this.gameObject.SetActive(false);
            player.GetComponent<SpriteRenderer>().sprite = tupian;
            rainbowwall.GetComponent<BoxCollider2D>().isTrigger = true;
        }
    }
}
```

回到 Unity，对游戏物体 RainbowPlayer 的 RainbowMove（Script）上的参数进行拖动并赋值，方法参考步骤（1），将游戏物体和贴图拖动到对应的位置，对 Tupian 的参数进行设置，如图 2-38 所示。

图 2-38

(7) 前文提到了当前游戏中一共有三个道具,已经介绍了其中两个道具的开发过程,接下来介绍磁吸道具的开发过程。2.4.1 节提到磁吸道具的相关脚本有两个,首先是磁吸道具的父物体的脚本 MagnetFollow.cs,该脚本控制的是梯形磁吸范围的游戏物体。双击打开 MagnetFollow.cs 脚本,编辑脚本,脚本代码如下。

代码位置:见源代码目录下 Assets\Scripts\MagnetFollow.cs。

```
public class MagnetFollow : MonoBehaviour
{
    public GameObject AllCoin;//找到红心移动到的目标点
    public GameObject player;//找到角色
    public bool IsFollow = false;//是否跟着角色移动
    void Update ()
    {
        if (IsFollow == true) {
            //跟着角色移动
            transform.position = new Vector3(player.transform.position.x - 0.5f,
player.transform.position.y + 1, transform.position.z);
        }
    }
    public void OnTriggerEnter2D(Collider2D coll)
    {
        if(coll.gameObject.CompareTag("coin")) {
            coll.GetComponent<Coin>().IsRun = true;
        }
        if (coll.gameObject.CompareTag("Player")) {
            IsFollow = true;
        }
    }
}
```

回到 Unity,选中游戏物体 MagnetBox,在检视窗口(Inspector)中对 Magnet Follow(Script)上的参数进行拖动并赋值,方法参考步骤(1),将游戏物体和贴图拖动到对应的位置,如图 2-39 所示。

图 2-39

(8) 磁吸道具的另一个脚本用于控制子物体的行为,当角色进入该子物体的触发器后,整个磁吸道具会跟随角色,并且开始显示与磁吸效果剩余时间的时间条相关的 UI。当磁吸效果剩余时间小于 0 时,则将相关游戏物体都销毁。双击打开 Magnet.cs 脚本,编辑脚本,脚本代码如下。

代码位置：见源代码目录下 Assets\Scripts\Magnet.cs。

```csharp
public class Magnet : MonoBehaviour
{
    public GameObject player;//找到角色
    public GameObject MagnetHp;//找到时间条
    public Image HpPhoto;//找到Hp的UI
    public float Hp;//Hp数值
    public bool IsFollow = false;//是否移动
    void Start ()
    {
        Hp = HpPhoto.rectTransform.localScale.x;//设置初始值
    }
    void Update ()
    {
        //如果开始跟随则进行倒计时，如果没有开始跟随则在原地旋转
        //开始跟随后需要：
        //1.矫正游戏物体的旋转角度
        //2.将游戏物体缩小
        //3.使游戏物体跟随角色
        //4.将Hp的UI显示并更新剩余时间
        if (IsFollow==true) {
            transform.eulerAngles = new Vector3(0,0,0);
            transform.localScale = new Vector3(0.17f, 0.17f, transform.localScale.z);
            transform.position = new Vector3(player.transform.position.x-0.5f, player.transform.position.y+1, transform.position.z);
            player.GetComponent<PlayerMove>().Hp.gameObject.SetActive(true);
            Hp = Hp - 0.002f;
            //如果剩余时间小于0，则说明这个磁吸道具已经失效
            //需要销毁相关游戏物体，销毁后将不会再运行对应的脚本逻辑
            if(Hp<0) {
                Hp = 0;
                Destroy(transform.parent.gameObject);      //销毁磁铁
                Destroy(MagnetHp);        //销毁时间条
            }
            //实时更新窗口上的Hp数值
            HpPhoto.rectTransform.localScale = new Vector3(Hp, HpPhoto.rectTransform.localScale.y, HpPhoto.rectTransform.localScale.z);
        }
        else {
            transform.Rotate(Vector3.up * 3, Space.World);    //世界坐标原地旋转
        }
    }
    //如果碰到了角色，则开始跟随
    public void OnTriggerEnter2D(Collider2D coll)
    {
        if (coll.gameObject.CompareTag("Player")) {
            IsFollow = true;
        }
    }
}
```

回到 Unity，对游戏物体 magnet 的 Magnet（Script）上的参数进行拖动并赋值，方法参考步骤（1），将游戏物体和贴图拖动到对应的位置，该道具在游戏中的使用效果如图 2-40 所示。

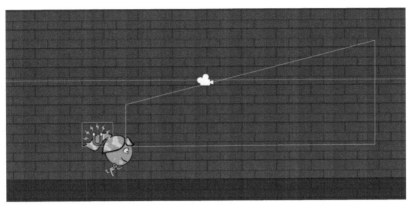

图 2-40

（9）目前已经把游戏中大部分游戏物体的逻辑实现了，最后还有两个需要显示和隐藏的 UI 组，一个是游戏失败时显示的 UI，另一个是游戏通关时显示的 UI。首先是游戏失败时显示的相关 UI 管理脚本，双击打开 FailPanel.cs 脚本，编辑脚本。该脚本采用单例模式，其他脚本可以通过调用这个单例来控制 FailPanel 和半透明幕布的显示和隐藏，该脚本还注册了"再试一次"按钮的监听事件。脚本代码如下。

代码位置：见源代码目录下 Assets\Scripts\FailPanel.cs。

```csharp
public class FailPanel : MonoBehaviour
{
    public static FailPanel instance;//单例模式的静态字段
    public Image black;//用于遮挡整个场景的半透明幕布
    void Start ()
    {
        instance = this;//注册这个单例
        this.gameObject.SetActive(false);//隐藏当前游戏物体
        black.gameObject.SetActive(false);//隐藏幕布
        this.transform.Find("beginbtn").GetComponent<Button>().onClick.AddListener(BeginGame);//监听注册，当按下该钮时调用 BeginGame 方法
    }
    //重新开始游戏
    public void BeginGame()
    {
        SceneManager.LoadScene("RunGame");//加载该场景，其实就是重新加载当前场景
        Time.timeScale = 1;      //正常速度开始游戏
    }
}
```

（10）然后是游戏通关时显示的相关 UI 管理脚本，和 FailPanel.cs 一样作为单例，并且将"游戏通关"窗口隐藏，"继续"按钮需要像"再试一次"按钮一样注册一个跳转场景的方法，这里并没有制作下一个关卡，所以没有可以注册的方法。双击打开 SuccessPanel.cs 脚本，编辑脚本，脚本代码如下。

代码位置：见源代码目录下 Assets\Scripts\SuccessPanel.cs。

```csharp
//"游戏通关"窗口控制脚本
public class SuccessPanel : MonoBehaviour
{
```

```
public static SuccessPanel instance;//单例模式的静态字段
void Start ()
{
    instance = this;//注册这个单例
    this.gameObject.SetActive(false);//隐藏当前游戏物体
}
}
```

（11）单击 Unity 上方的"播放"按钮运行游戏，可以查看游戏运行效果。至此，本章的实例制作过程介绍完毕。

第 3 章　人见人爱——《糖果消消乐》

"三消"游戏已经是一个家喻户晓的游戏类型,从《宝石迷阵》开始,市场上从来不缺各式各样的"三消"游戏,而且一直深受广大玩家的喜爱。

本章将带领读者制作一个经典的"三消"游戏——《糖果消消乐》,主要侧重讲解该游戏的核心算法实现。读者可以学习到三消算法及缓动动画的基本使用方法,并且能够制作出属于自己的"三消"游戏。

3.1　游戏的开发背景和功能概述

本节将对《糖果消消乐》游戏的开发背景进行介绍,并对其功能进行分析和概述。通过对本节的学习,读者将会对该游戏有一个整体的了解,明确该游戏的开发思路。

3.1.1　游戏开发背景

《糖果消消乐》是一个简单的休闲游戏,目前流行的"三消"游戏都是关卡制的,每个关卡有不同的通关目标和棋盘布局。

当棋盘上出现三个或三个以上连续排列且相同的糖果时,系统会将这些糖果删除。玩家通过选中相邻的两个糖果,然后交换其位置,使棋盘上糖果的位置发生变化。如果该变化使棋盘上的糖果被删除,则保留此次交换,否则将此次交换撤回。

如果玩家删除了超过三个连续排列且相同的糖果,会合成以下不同的特殊糖果。

（1）如果存在横向连续且相同的四个糖果,删除这些糖果,会合成一个纵向删除糖果。

（2）如果存在纵向连续且相同的四个糖果,删除这些糖果,会合成一个横向删除糖果。

（3）如果在一条直线上存在连续五个相同的糖果（五个以上也可看作连续五个）,删除这些糖果,会合成一个全部删除糖果。

（4）如果存在某种糖果在横向与纵向都有连续三个以上与其相同的糖果,并且这两个连续有一处是重合的(例如,横向三个连续糖果和纵向三个连续糖果在横向连续糖果的中间位置重合),删除这些糖果,会合成一个菱形删除糖果。

如果玩家交换的是两个特殊糖果,交换不同的特殊糖果会有不同的效果。

3.1.2　游戏功能

"三消"游戏的程序逻辑较为复杂,为了突出重点,在该游戏中不做复杂的棋盘布局,也不做通关条件判定,但是代码结构是支持这些功能扩展的。下面介绍《糖果消消乐》游戏的实现目标,使读者对其游戏规则有明确的认识。

（1）运行游戏,进入该游戏唯一的一个场景,该场景中有一个棋盘。一开始棋盘是空的,糖果会从棋盘上方落下,分布在棋盘的格子中,等待玩家操作。游戏运行界面如图 3-1 所示。

（2）玩家通过鼠标交换两个糖果的位置，变成三个连续排列且相同的糖果，效果如图 3-2 所示。

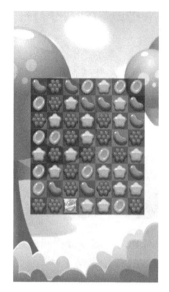

图 3-1

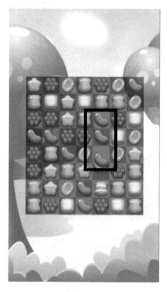

图 3-2

（3）当棋盘上的糖果被删除时，棋盘上方的糖果会朝下方掉落，形成新的棋局，等待玩家进行新的操作，如图 3-3 所示。

图 3-3

3.2 游戏的策划和准备工作

本节主要对《糖果消消乐》游戏的策划和开发前的准备工作进行介绍，读者可以了解到该游戏的详细内容，进而更好地理解其开发过程。

3.2.1 游戏的策划

下面对该游戏的具体策划工作进行介绍，读者将对该游戏的设计流程有一个基本了解。在实际的游戏开发过程中，还需要进行更细致、具体、全面的策划。

1. 游戏类型

该游戏属于"三消"休闲类型游戏。

2. 运行目标平台

运行该游戏的目标平台有手机和 PC 平台，并且可以较容易地移植到其他平台。

3. 目标受众

该游戏适合全年龄段的玩家游玩。

4. 操作方式

该游戏在计算机上可以通过鼠标操作，在手机上可以通过触屏操作。

5. 呈现技术

该游戏以 2D 的方式呈现，动画部分用到了缓动动画插件 DOTween，其核心部分是三消算法的实现。

3.2.2 使用Unity开发游戏前的准备工作

下面介绍使用 Unity 开发游戏前的准备工作，主要是对贴图和音频等资源进行介绍，这里将所有的资源整合到列表中，方便读者查阅。

下面介绍的是该游戏中所用到的贴图资源，贴图资源存放在项目文件中的"Assets\Resources\Textures"文件夹中。该游戏中的贴图资源如表 3-1 所示，表中的文件并不在同一子文件夹中，部分相似的贴图的文件名会以某一文件名作为范例进行说明。

表 3-1

文件名	用途
Backgrounds_01.png	游戏背景
square1.png、square2.png	棋盘格贴图
candy10_choco.png	全部删除糖果的贴图
item_01.png	同格式文件名图片为普通糖果贴图
item_01_extra.png	同格式文件名图片为菱形删除糖果贴图
item_01_stripes_horiz.png	同格式文件名图片为横向删除糖果贴图
item_01_stripes_vert.png	同格式文件名图片为纵向删除糖果贴图
explosion-of-yellow-candy-1.png	同格式文件名图片为糖果删除动画效果贴图

3.3 游戏的架构

本节将介绍《糖果消消乐》游戏的架构，读者可以进一步了解该游戏的开发思路，对整个开发过程会更加熟悉。

3.3.1 游戏场景简介

该游戏包含一个场景，该场景中需要一个背景和一个用于标记棋盘位置的空游戏物体，以及一些必需的游戏物体，例如主摄像机。游戏对象及脚本如表 3-2 所示。

表 3-2

游戏对象	脚本	备注
主摄像机	GameManager.cs	游戏整体逻辑控制
背景图 UI	无	
棋盘位置游戏物体	无	

3.3.2 游戏架构简介

下面将按照程序运行的顺序介绍该游戏的整体框架，具体顺序如下。

（1）打开游戏，在场景中生成棋盘，然后生成糖果并使其从上往下掉落到棋盘。

（2）棋盘中如果有三个以上连续排列且相同的糖果，则将其删除并合成对应的特殊糖果。如果棋盘中没有可以删除的糖果，则等待玩家操作。

（3）玩家操作后，检查是否产生了可删除糖果的情况。如果有，则进入删除糖果的状态；如果没有，则恢复棋盘并再次等待玩家操作。

（4）当棋盘上有糖果被删除时，在被删除糖果的格子上方生成新的糖果并使其掉落到格子中，以填充空缺位置。

（5）当棋盘最上方的一行格子中有格子为空时，则在该格子上方随机生成一个糖果并使其掉落。

（6）当棋盘被糖果填满时，再次等待玩家操作。

3.4 游戏的开发与实现

从本节开始将介绍《糖果消消乐》游戏的场景开发，包括场景的搭建、相关设置和所有游戏对象的脚本编辑。读者可以通过本节了解到一种简单实用的三消算法，以及具体的实现过程。

3.4.1 场景的搭建及相关设置

首先对新建项目及搭建场景进行介绍，具体操作步骤如下。

（1）打开 Unity Hub，单击"新建"按钮，打开"创建新项目"窗口，新建并打开一个 Unity 3D 项目，如图 3-4 所示。

（2）在工程窗口（Project）中单击鼠标右键，在弹出的右键菜单中执行"Create->Folder"命令，新建当前项目需要的文件夹"Anima"、"Resources"、"Scenes"和"Scripts"。在"Resources"文件夹下新建"Prefabs"和"Textures"文件夹。

（3）导入资源文件，将该游戏所要用到的资源复制到前文新建项目的"Assets"文件夹中，资源文件及其路径详情参见 3.2.2 节的相关内容。

第 3 章　人见人爱——《糖果消消乐》　51

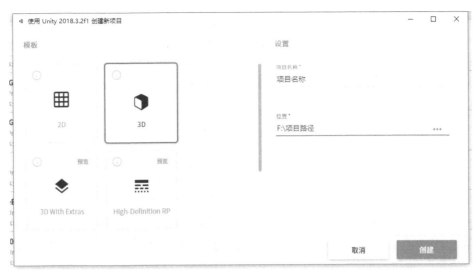

图 3-4

（4）在工程窗口（Project）中单击鼠标右键，在弹出的右键菜单中执行"Create->Scene"命令，新建场景"Demo01"，双击打开 Demo01 场景。该游戏只使用了这个场景。

（5）单击主摄像机的游戏物体 Main Camera，在检视窗口（Inspector）中的 Camera 组件上修改透视类型（Projection）为正交透视（Orthographic），如图 3-5 所示。

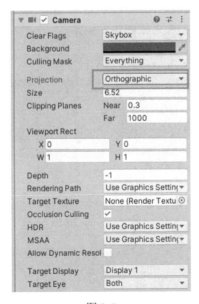

图 3-5

（6）在工程窗口（Project）中单击鼠标右键，在弹出的右键菜单中执行"Create->C# Script"命令，新建一个脚本，将其命名为"Game Manager"，并将其拖动到主摄像机的游戏物体上。

（7）在层级窗口（Hierarchy）中单击鼠标右键，在弹出的右键菜单中执行"UI->Image"命令，新建一个 UI 图片。选中该 UI 图片的游戏物体，将 Backgrounds_01.png 拖动到检视窗口（Inspector）中的 Image 组件的 Source Image 右边的矩形上，为 UI 图片赋值，如图 3-6 所示。

（8）在步骤（4）新建 UI 图片的游戏物体时 Unity 会同时新建画布（Canvas）和事件系统（Event System）两个游戏物体。注意，在使用 UGUI 系统的过程中，这两个游戏物体是必须存在的。

（9）单击画布，在检视窗口（Inspector）调整画布的参数，将 Render Mode 设为"Screen Space-Camera"，将 UI Scale Mode 设为 Scale With Screen Size，将 Reference Resolution 设为（1080,1920），如图 3-7 所示。

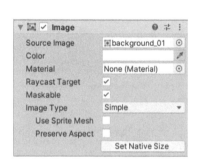

图 3-6

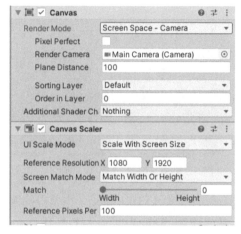

图 3-7

（10）在层级窗口（Hierarchy）选中游戏物体 Image，在检视窗口（Inspector）单击 Rect Transform 组件面板中左上角的大方块，并在打开的面板中按下"Shift+Alt"组合键，用鼠标选中该面板右下角的按钮，使背景图平铺整个画布，如图 3-8 所示。

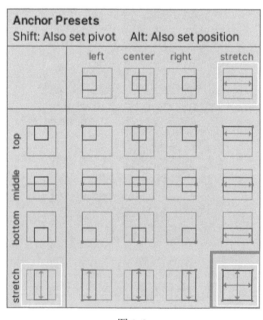

图 3-8

（11）在层级窗口（Hierarchy）上单击鼠标右键，在弹出的右键菜单中执行"生成空游戏物体（Create Empty）"命令，新建一个空游戏物体，将其命名为"GameField"作为标记棋盘位置

（12）在层级窗口（Hierarchy）单击鼠标右键，在弹出的右键菜单中执行"2D Object->Sprite"命令，新建一个 2D 图片精灵游戏物体，将其命名为"Square"。然后新建一个脚本，将其命名为"Square"，并将其拖动到该游戏物体上。再将该游戏物体拖动到"Prefabs"文件夹中，生成预制体，并删除场景中的 Square。

（13）在层级窗口（Hierarchy）单击鼠标右键，在弹出的右键菜单中执行"2D Object->Sprite"命令，新建一个 2D 图片精灵游戏物体，将其命名为"Candy"。然后新建一个脚本，将其命名为"CandyControl"，并将其拖动到该游戏物体上。再将该游戏物体拖动到"Prefabs"文件夹中，生成预制体，并删除场景中的 Candy。

（14）选中 explosion-of-yellow-candy-1.png 到 explosion-of-yellow-candy-4.png 四张图片，并将其拖动到场景面板中。此时，Unity 将会弹出一个窗口，提示用户选择一个保存路径，此外将动画保存在"Anima"文件夹中，保存后场景中会出现一个动画特效游戏物体，并将其命名为"Effect01"。再将该游戏物体拖动到"Prefabs"文件夹中，生成预制体，并删除场景中的 Effect01。

（15）依照步骤（14）的做法，将其他五个特效动画图片制作成动画特效游戏物体。

（16）新建一个脚本，将其命名为"Explosion Effect"，并将其挂载到每一个动画特效的游戏物体上。

（17）打开"Asset Store"窗口，在搜索栏搜索"DOTween"，找到当前项目需要用到的动画插件，单击窗口右边的"下载"按钮导入 DOTween 插件，如图 3-9 所示。

图 3-9

（18）至此，完成了该游戏场景的搭建与设置。

3.4.2 游戏的状态划分和数据结构的设计与实现

只要有数据就有数据结构，该游戏的数据结构相对比较复杂，需要进行额外说明。另外，有限状态机思想能让代码逻辑更加清晰，并且便于管理，很多游戏都会使用状态机来管理游戏在不同情况下的运行逻辑，这是学习游戏开发必须掌握的技能。

下面对该游戏的状态划分和数据结构的设计与实现进行介绍,并利用它们最终实现该项目的核心玩法和动态效果。

1. 游戏的状态转换

该游戏被划分为 7 个状态,分别为:

① 糖果掉落状态(Down)。当棋盘中存在空位时,糖果自然掉落。
② 检测状态(Match)。检测是否存在可删除的糖果组合。
③ 删除糖果状态(Clear)。对满足条件的连续糖果进行删除。
④ 合成特殊糖果状态(CreateMatchCandy)。满足某些条件时(例如四连、五连等),合成特殊糖果。
⑤ 等待操作状态(Play)。等待玩家操作的状态。
⑥ 洗牌状态(Shuffle)。当发现玩家无论交换哪两个糖果都无法删除糖果时,则进入洗牌状态。
⑦ 动画状态(Anima)。用来做动画表现的状态,稍后进行说明。

游戏的状态转换如图 3-10 所示。可以看到图中绘制了不同状态之间的跳转关系,在主线之外有一个额外的状态:Anima。

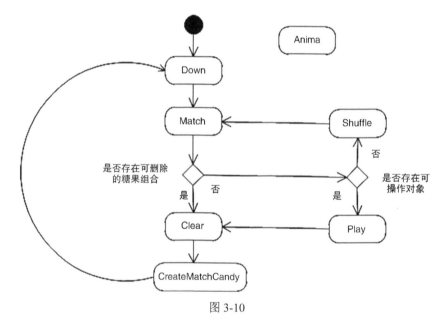

图 3-10

Anima 是动画状态,该状态作为一个中转状态,由动画之前的一个状态决定动画结束后进入的状态。具体地说,就是在每次需要播放动画时插入动画状态,并设置好动画播放完后进入哪个状态。

一般来讲,开始游戏后由于棋盘上面没有糖果(也就是整个棋盘都是空的),所以先进入糖果掉落状态(Down)让糖果铺满整个棋盘,然后进入检测状态(Match),检测是否存在可删除的糖果组合。

如果检测结果为存在可删除的糖果组合,则进入删除糖果状态(Clear),将所有需要删除的糖果进行删除处理,最后再看看是否需要合成特殊糖果。合成特殊糖果的操作独立为一个状态——合成特殊糖果状态（CreateMatchCandy）。

由于删除糖果的操作会使棋盘产生空缺，此时需要再次回到糖果掉落状态（Down）重新填满棋盘，并重复以上步骤，直到检测不到可以删除的糖果组合。

如果检测结果不存在可删除的糖果组合，则需要判断是否存在可操作对象（即通过一次交换实现删除糖果），如果存在，则进入等待操作状态（Play），否则进入洗牌状态（Shuffle）。

游戏在这几个状态之间来回切换、不断循环，通过简单的状态机模式在 Unity 中实现这部分功能。在编写代码时，先利用枚举值区分不同的状态，再针对不同状态编写相应的方法，在 Update 生命周期中根据当前的游戏状态调用对应的状态方法，具体代码如下。

代码位置： 见源代码目录下 Assets\Scripts\GameManager.cs。

```csharp
//游戏的状态枚举
public enum GameState
{
    Play,    //等待操作状态
    Match,   //检测状态
    Clear,   //删除糖果状态
    CreateMatchCandy, //合成特殊糖果状态
    Down,    //糖果掉落状态
    Shuffle,//洗牌状态
    Anima,   //动画状态
}
//Update 会在游戏中每帧调用，执行当前状态的方法
void Update()
{
    switch (gameState)
    {
        case GameState.Play:
            Play();
            break;
        case GameState.Match:
            Match();
            break;
        case GameState.Clear:
            Clear();
            break;
        case GameState.CreateMatchCandy:
            CreateMatchCandy();
            break;
        case GameState.Down:
            Down();
            break;
        case GameState.Shuffle:
            Shuffle();
            break;
        case GameState.Anima:
            Anima();
            break;
        default:
            break;
    }
}
```

2. 游戏的数据结构

该游戏的主要数据结构有棋盘数据结构、糖果数据结构、合成特殊糖果数据结构、删除糖果

数据结构。其中，用到了多种不同类型、不同作用的二维数组，下面统一将二维数组的数组访问操作符"array[i,j]"中的 i 表示为棋盘在 Y 轴上的坐标（行），j 表示为棋盘的 X 轴上的坐标（列）。也就是说，"array[i,j]"这一数据项表示了棋盘上 X 值为"j"、Y 值为"i"的坐标的数据。具体数据结构设计如下。

（1）棋盘数据结构

在棋盘数据结构中有 3 个二维数组，这 3 个二维数组分别记录了棋盘上的数据信息、糖果引用和横纵连续相同糖果的数据。这 3 个二维数组的大小相同，其数据是和游戏中的棋盘格一一对应的。

第一个是 int 类型的二维数组，字段名是"candyColorInBoard"。该二维数组用于记录棋盘的数据信息，数据和状态对照如表 3-3 所示。数组数据 n 的值表示当前棋盘对应格子的状态：n 小于 0 表示该格子不可操作；n 的值在[0,糖果颜色总数)范围内表示该格子上是对应颜色的糖果；当 n 的值为 int 类型的最大值时，表示该格子为空，可以被填充糖果；当 n 的值为糖果颜色总数时，代表该格子存在一个全部删除糖果。

表 3-3

数据	状态
$n < 0$	不可操作（可能是挖空或者有可清理的障碍物）
$n = $ [0,糖果颜色总数)	存在 n 种颜色的糖果
$n = $ int.MaxValue	可以被填充糖果
$n = $ 糖果颜色总数	存在一个全部删除糖果

该游戏中使用的棋盘是无障碍物的，所以没有出现 n 小于 0 的情况，在示例代码中也不会做相应的操作，读者可以自行扩展。

第二个是 CandyControl 类型的二维数组，字段名是"candiesInBoard"。在 3.4.1 节的步骤（13）创建的糖果预制体都挂载了 CandyControl 脚本，由于二维数组的数据和游戏中的棋盘格是一一对应的，用二维数组 candiesInBoard 引用 CandyControl 对象可以在删除糖果时通过坐标信息在 candiesInBoard 上快速找到对应的糖果，并进行所需要的操作。

二维数组的下标和游戏物体的对应关系如图 3-11 所示，图中举例了假设需要删除 1 行 0 列格子上的糖果，通过引用找到游戏物体"糖果 4"并进行操作。

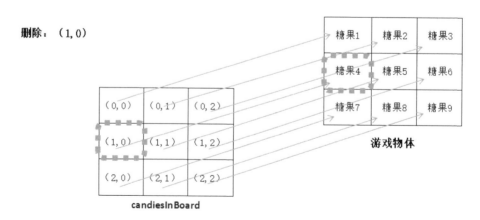

图 3-11

第三个是 Vector2Int 类型的二维数组，字段名是"tempVec2Int"。该二维数组用于记录棋盘上的糖果在横向和纵向上连续且相同的个数，Vector2Int 是由两个 int 类型的数据组成的数据结构，该二维数组上的每个元素具有(m, n)两个值，m 表示对应的格子在横向上有 m 个连续且相同的糖果，n 表示对应的格子在纵向上有 n 个连续且相同的糖果。

tempVec2Int 数组内容要通过扫描棋盘得到，可以先扫描每一行，再扫描每一列。发现一行内有连续出现的相同糖果时，就增加 m 的值，发现一列内有连续出现的相同糖果时，就增加 n 的值。通过后文介绍的扫描算法，就能得到 tempVec2Int 数组中每个格子对应的值。扫描示例如图 3-12 所示，通过扫描下面左图的棋盘，就能得到下面右图的扫描结果。

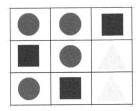

棋盘　　　　　　　　　　　扫描结果

图 3-12

（2）糖果数据结构

糖果数据结构分为糖果颜色和糖果类型。糖果颜色用数字表示，从 0 开始依次编号。糖果类型用一个枚举类型的数据表示，该枚举类型列举了所有的糖果类型，分别为 Ordinary（普通糖果）、Diamond（菱形删除糖果）、Vertical（纵向删除糖果）、Horizontal（横向删除糖果）、AllIn（全部删除糖果）。

代码位置：见源代码目录下 Assets\Scripts\CandyControl.cs。

```
public enum CandyType
{
    Ordinary,//普通糖果
    Diamond,//菱形删除糖果
    Vertical,//纵向删除糖果
    Horizontal,//横向删除糖果
    AllIn,//全部删除糖果
}
```

（3）合成特殊糖果数据结构

检测棋盘上的糖果信息，筛选出可以删除的组合后，如果有可以合成的特殊糖果，则需要记下这个糖果的颜色、坐标、糖果类型等信息，以便在合成特殊糖果状态中使用。为了实现此功能，需要声明一个结构体"CandyInfo"，通过一个 CandyInfo 类型的列表管理合成特殊糖果的各种信息。声明 CandyInfo 的代码如下。

代码位置：见源代码目录下 Assets\Scripts\GameManager.cs。

```
public struct CandyInfo
{
    public int color;
    public Vector2Int index;
    public CandyType candyType;
```

```
    public CandyInfo(int color, Vector2Int index, CandyType candyType)
    {
        this.color = color;
        this.index = index;
        this.candyType = candyType;
    }
}
```

（4）删除糖果数据结构

检测棋盘上的糖果信息并筛选出所有需要删除的糖果后，需要将这些糖果的信息传递到删除糖果状态，所以需要一个 Vector2Int 类型的列表存放所有需要删除糖果的坐标数据。

因为在删除糖果的过程中，如果删除的是特殊糖果，就会产生新的需要删除的糖果，所以这里需要两个 Vector2Int 类型的列表，一个用于存储等待删除的糖果坐标数据，另一个用于存储正在删除的糖果坐标数据。

糖果删除流程如图 3-13 所示，当游戏进入删除糖果状态时，会将等待删除糖果列表中的糖果复制到正在删除糖果的坐标列表，并且将等待删除糖果列表清空。而在删除糖果时有可能产生新的需要删除的糖果，将这些糖果的坐标添加到等待删除糖果的坐标列表中，直到没有新的需要删除的糖果为止。换一种说法就是：由于删除糖果时会产生新的需要删除的糖果，所以这里可能需要交替反复使用这两个列表。

图 3-13

至此，该游戏的主要数据结构介绍完毕，除此之外，还有一些其他数据结构，将在实现具体功能时进行介绍，读者可以查阅本游戏的源代码。

3.4.3 棋盘和糖果的生成设计与实现

前文描述了棋盘和糖果的游戏物体和数据结构设计，下面介绍如何编写相关的脚本。

1. 生成棋盘

在游戏场景中铺设预制体 Square，从而在游戏场景中形成一个大棋盘。每个预制体 Square 除了起到画面表现方面的作用，还需要接受由鼠标位置发射的射线检测，以确定玩家单击的格子的坐标，所以每个预制体 Square 的脚本需要存储格子的坐标。新建 Square.cs 脚本的代码如下。

代码位置：见源代码目录下 Assets\Scripts\Square.cs。

```
public class Square : MonoBehaviour
{
    public Vector2Int index;//格子的坐标
    //初始化格子所需要记录的数据
```

```csharp
    public void Initialization(int row, int column)
    {
        index = new Vector2Int(row, column);
    }
}
```

在游戏管理器脚本 GameManager.cs 中控制棋盘的生成，并对生成的每个预制体 Square 标记对应的坐标，具体代码如下。为了使棋盘界限清晰，这里用了两张不同的贴图（见表 3-1）交替生成不同贴图的格子。

代码位置：见源代码目录下 Assets\Scripts\GameManager.cs。

```csharp
public float widthDistance = 1.2f;       //两个格子中心点横向距离
public float heightDistance = 1.2f;      //两个格子中心点纵向距离
//生成新的棋盘
void CreatePad()
{
    Sprite square1 = Resources.Load<Sprite>("Textures/Blocks/square1");
    Sprite square2 = Resources.Load<Sprite>("Textures/Blocks/square2");
    for (int i = 0; i < boardHeight; i++) {
        for (int j = 0; j < boardWidth; j++) {
            //生成格子
            GameObject squareGO = Instantiate(squarePrefab, squareparent.position
 + new Vector3(j * widthDistance, -i * heightDistance), Quaternion.identity);
            squareGO.GetComponent<Square>().Initialization(i, j);
            if ((i * boardWidth + j) % 2 == 0)
                squareGO.GetComponent<SpriteRenderer>().sprite = square1;
            else
                squareGO.GetComponent<SpriteRenderer>().sprite = square2;
            squareGO.transform.parent = squareparent;
        }
    }
}
```

2. 糖果生成

所有的糖果预制体上都挂载了 CandyControl.cs 脚本，该脚本负责记录糖果的类型和颜色，为了区分糖果的类型，这里声明了一个糖果类型枚举，并声明了一些方法，管理器可以通过调用这些方法修改当前糖果的类型和颜色，脚本代码如下。

代码位置：见源代码目录下 Assets\Scripts\CandyControl.cs。

```csharp
public class CandyControl : MonoBehaviour
{
    public CandyType candyType;//糖果类型
    GameManager GM;//游戏管理器
    public int color;//糖果颜色
    private void Awake()
    {
        GM = GameManager.instance;//获取游戏管理器
    }
    //修改糖果类型
    public void SetCandyType(CandyType candyType)
```

```csharp
        {
            this.candyType = candyType;
            GetComponent<SpriteRenderer>().sprite = GM.GetCandyTexture(color, candyType); ;
        }
    //初始化糖果数据
        public void Initialization(Sprite candySprite,CandyType candyType,int color)
        {
            this.candyType = candyType;
            this.color = color;
            GetComponent<SpriteRenderer>().sprite = candySprite;
        }
    //删除糖果
        public void Delete()
        {
            Destroy(gameObject);
        }
    }
```

在游戏管理器脚本 GameManager.cs 中编写控制生成糖果的具体操作方法 "CreateCandy" 的步骤是：根据输入的参数生成糖果预制体，并调用糖果预制体上的初始化方法对糖果的贴图和内部数据进行初始化。由于在其他地方也需要根据糖果类型和糖果颜色获取对应的贴图精灵的方法，所以可以将这部分功能提取出来单独作为一个方法 "GetCandyTexture"。具体代码如下。

代码位置：见源代码目录下 Assets\Scripts\GameManager.cs。

```csharp
    //生成新的糖果
    public void CreateCandy(int y, int x, int color, CandyType candyType)
    {
        GameObject candyGO = Instantiate(candyPrefab, squareparent.position + new Vector3(x * widthDistance, -y * heightDistance), Quaternion.identity);
        candyGO.transform.parent = squareparent;
        CandyControl candy = candyGO.GetComponent<CandyControl>();
        Sprite candySprite = GetCandyTexture(color, candyType);
        candy.Initialization(candySprite, candyType, color);
        candyColorInBoard[y, x] = color;
        candiesInBoard[y, x] = candy;
    }
    //获取糖果贴图,根据不同类型和颜色有不同的名称格式
    public Sprite GetCandyTexture(int color, CandyType candyType)
    {
        Sprite candySprite;
        string s;
        switch (candyType)
        {
            case CandyType.Ordinary:
                candySprite = ordinaryCandySprites[color];
                break;
            case CandyType.Diamond:
                s = candySpritesPath + (color + 1) + candyDiamondSuffix;
                candySprite = Resources.Load<Sprite>(s);
                break;
            case CandyType.Vertical:
                s = candySpritesPath + (color + 1) + candyVerticalSuffix;
                candySprite = Resources.Load<Sprite>(s);
```

```
                break;
            case CandyType.Horizontal:
                s = candySpritesPath + (color + 1) + candyHorizontalSuffix;
                candySprite = Resources.Load<Sprite>(s);
                break;
            case CandyType.AllIn:
                candySprite = Resources.Load<Sprite>(candyAllInPath);
                break;
            default:
                candySprite = null;
                break;
        }
        return candySprite;
    }
}
```

至此，游戏中的棋盘和糖果的生成设计与实现介绍完毕，以上是游戏的准备阶段，只有将游戏所需要的材料都准备好，才能进行下一步操作。

3.4.4　不同糖果删除效果的设计与实现

由前文的糖果数据结构设计可知，糖果有不同的颜色和类型，不同糖果有不同的删除效果，该游戏中一共有五种不同类型的糖果，其删除效果如下。

1. 普通糖果

删除普通糖果时没有附带的效果，直接删除即可。

2. 纵向删除糖果

删除纵向删除糖果时，需要将与该糖果同一列的糖果全部删除，假设如图 3-14 所示圆形的位置是一个纵向删除糖果。

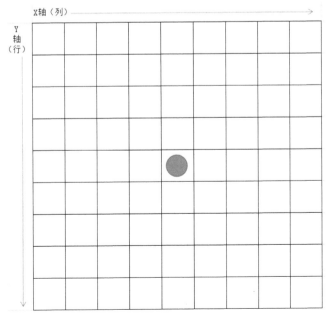

图 3-14

将图 3-14 中的糖果删除时，需要同时删除这一列所有的糖果，纵向删除糖果的删除效果如图 3-15 所示。

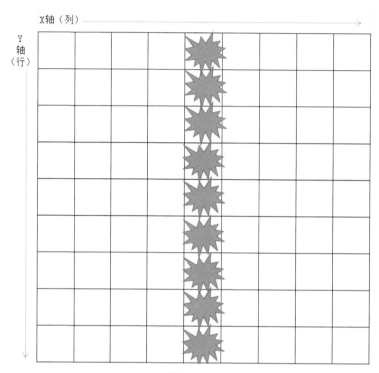

图 3-15

在该游戏中，除了普通糖果，删除其他类型的糖果都要制作出单独的删除效果，以方便在不同的地方复用。实现纵向删除糖果的删除效果非常简单，需要输入需要删除的列号，再将整个列的坐标都放入等待删除列表，具体代码如下。

代码位置：见源代码目录下 Assets\Scripts\GameManager.cs。

```
//实现纵向删除糖果的删除效果，将某列糖果坐标全部放入等待删除列表中
void VerticalDestroy(int X)
{
    for (int i = 0; i < boardHeight; i++)
        AddDelPositionList(new Vector2Int(i, X));//将 X 列上的 i 行放入等待删除列表
}
```

3. 横向删除糖果

删除横向删除糖果和删除纵向删除糖果是相对的，需要将与该糖果同一行的糖果全部删除，假设同样在图 3-14 所示的位置删除一个横向删除糖果，那么横向删除糖果的删除效果如图 3-16 所示。

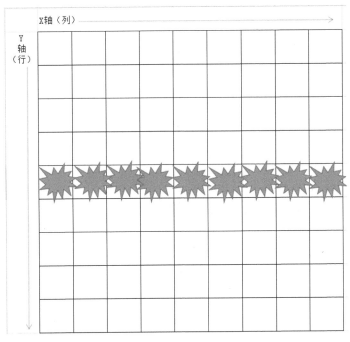

图 3-16

实现横向删除糖果的删除效果也和实现纵向删除糖果的删除效果相似,因为实际上只是行列上的差异,操作思路是一样的。具体代码如下。

代码位置:见源代码目录下 Assets\Scripts\GameManager.cs。

```
//实现横向删除糖果的删除效果,将某行糖果坐标全部放入等待删除列表中
void HorizontalDestroy(int Y)
{
    for (int i = 0; i < boardWidth; i++)
        AddDelPositionList(new Vector2Int(Y, i));//将Y行上的i列放入等待删除列表
}
```

4. 菱形删除糖果

删除菱形删除糖果需要以该糖果为中心,把以某个数值为半径的菱形区域内所有的糖果删除。在如图 3-14 所示的位置删除一个菱形删除糖果,将其半径假设为 2,菱形删除糖果的删除效果如图 3-17 所示。

删除菱形删除糖果相对来说复杂一点,需要一个中心坐标和一个半径值,这里将坐标拆分为两个 int 类型的数值,半径也是 int 类型的数值。通过将菱形分为三个部分处理,找到该菱形对应的所有坐标,将其放入等待删除列表中。这三个部分的划分如图 3-18 所示。

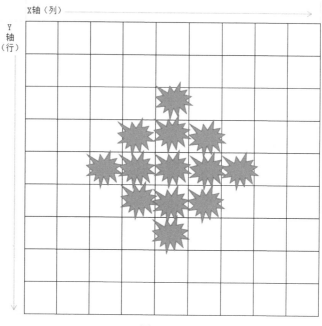

图 3-17

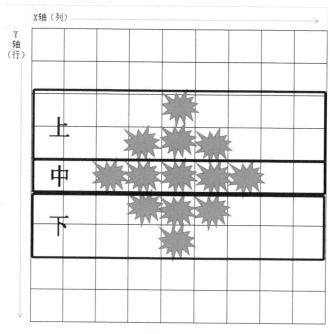

图 3-18

具体代码如下。

代码位置：见源代码目录下 Assets\Scripts\GameManager.cs。

```
//实现菱形删除糖果的删除效果,将坐标为中心的菱形区域中所有的糖果坐标放入等待删除列表中
void DiamondDestroy(int Y, int X, int diamondRadius)
{
```

```
//菱形上半部分和下半部分的长度是一样的，所以可以在同一个循环里
for (int h = 0; h < diamondRadius; h++) {
    //添加菱形上部分的坐标
    for (int w = 0; w <= h * 2; w++) {
        int dy = Y - diamondRadius + h;
        int dx = X - h + w;
        AddDelPositionList(new Vector2Int(dy, dx));
    }
    //添加菱形下部分的坐标
    for (int w = 0; w <= h * 2; w++) {
        int dy = Y + diamondRadius - h;
        int dx = X - h + w;
        AddDelPositionList(new Vector2Int(dy, dx));
    }
}
//添加菱形中部分的坐标
for (int i = 0; i <= diamondRadius * 2; i++) {
    int dx = X - diamondRadius + i;
    AddDelPositionList(new Vector2Int(Y, dx));
}
```

5. 全部删除糖果

全部删除糖果是一个很特殊的糖果，在"三消"游戏中由玩家操作直接触发的删除，一般是通过交换两个特殊糖果才能产生。而全部删除糖果即便与普通糖果交换，也会有特殊删除效果产生，特殊糖果交换的效果会在后文细说，这里先描述全部删除糖果的删除效果。

该删除效果适用于玩家将全部删除糖果与普通糖果交换的情况，也适用于系统删除糖果时触发全部删除糖果的情况。由于是系统删除，而非玩家操作，所以没有指向某个颜色的糖果，需要在调用时随机指定一个颜色值并传入代码中，具体代码如下。

代码位置：见源代码目录下 Assets\Scripts\GameManager.cs。

```
//实现删除全部删除糖果的删除效果，将所有对应颜色的糖果都放入等待删除列表中
void AllInDestroy(int color)
{
    //遍历整个棋盘，判断是否为寻找的颜色的糖果，如果是，则将其放入等待删除队列
    for (int y = 0; y < boardHeight; y++) {
        for (int x = 0; x < boardWidth; x++) {
            if (candyColorInBoard[y, x] == color)
                AddDelPositionList(new Vector2Int(y, x));
        }
    }
}
```

至此，删除不同糖果的效果设计与实现介绍完毕，以上代码省略了部分声明字段和对字段赋值的代码，如有需要，请读者自行翻阅本实例的源代码。

3.4.5 洗牌状态的设计与实现

当游戏准备进入等待操作状态时发现没有可以操作的对象，即棋盘上不存在最小可合成的糖果组合，才会进入洗牌（Shuffle）状态。与其相关的算法有两个：最小可合成组合算法和洗牌算法。

1. 最小可合成组合算法

最小可合成组合算法的内容是对每个需要检测的形状在棋盘上做比对，遍历整个棋盘，判断是否存在符合条件的组合。如图 3-19 所示，若该棋盘状态正好符合所检测的形状，则说明存在可操作的糖果。否则如图 3-20 所示，表示该棋盘不符合所检测的形状。

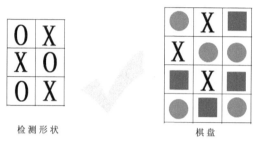

图 3-19

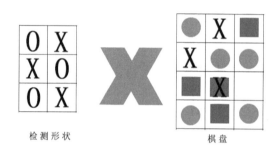

图 3-20

该游戏将这部分的功能都集中到一个单独的类中，该类不继承 MonoBehaviour。新建一个空白脚本，将其命名为"PatternCheck"，双击打开该脚本，将继承的代码删除，做成一个独立的类。接下来在该类中实现最小可合成组合算法相关的内容。

为了实现这一算法，首先需要定义检测的形状，对同一形状的检测需要每个方向都检测一次，即每旋转 90 度检测一次。最后有一个用于返回检测结果的方法，其分为两部分，分别为：检测形状初始化方法和全盘扫描检测方法。

（1）检测形状初始化方法

检测形状初始化方法需要使用一个添加形状的接口，通过在 GameManager.cs 脚本中调用这个接口来实现形状的添加初始化。通过在二维数组中填写"0"和"1"来表示形状的组成，填写"1"的部分表示相同的颜色，填写"0"的部分表示任意颜色。具体代码如下。

代码位置：见源代码目录下 Assets\Scripts\PatternCheck.cs。

```
List<byte[,]> patternList = new List<byte[,]>();
// 用二维数组表示需要检测的形状
// 0 表示任意，1 表示相同
// 不需要添加旋转后的同样形状
public void Add(byte[,] patterArray)
{
    patternList.Add(patterArray);
}
```

在 GameManager.cs 脚本中通过调用 Add 方法来添加初始形状，其代码如下。

代码位置：见源代码目录下 Assets\Scripts\GameManager.cs。

```
patternCheck.Add(new byte[,] {
        {0,1,0 },
        {1,0,1 },
});
```

在棋盘中查找某种形状时，需要对每个格子进行比较。具体做法是：
① 先把匹配图放在棋盘左下角或者左上角，比较形状是否匹配。
② 往右移动一格，再比较一次。
③ 不断把形状往右移动一格，尝试匹配，直到遇到右边界时往回移动到下一行最左边，再次重复上述操作。

思考并理解这一过程，我们可以定义一个概念"偏移量"来表示形状在棋盘上的位置，偏移量从(0,0)开始，到棋盘边界结束，不断将棋盘上的糖果与形状进行比较。最终找到可以通过操作删除的形状。

为了用程序实现这一思路，还需要设计一个嵌套的数据类型，用于保存所有的形状。此数据类型可以设计为 List<Vector2Int[]>，一系列形状的数据结构如表 3-4 所示。从表 3-4 可以看出，外层数据类型中包含了多个形状的数据，每个形状又是由多个坐标值构成的。

表 3-4

外层数据类型	中层数据类型	内层数据类型
List<Vector2Int[]>	Vector2Int[]	Vector2Int
		Vector2Int
		Vector2Int
	Vector2Int[]	Vector2Int
		Vector2Int
		Vector2Int
	Vector2Int[]	Vector2Int
		Vector2Int
		Vector2Int
	Vector2Int[]	Vector2Int
		Vector2Int
		Vector2Int

这些数据需要在获取到初始形状后进行设置，在该游戏中，是在 GameManager.cs 脚本中添加初始形状后调用 SetPosition 方法进行设置的，相关代码如下。

代码位置：见源代码目录下 Assets\Scripts\PatternCheck.cs。

```
//添加形状之后统一缓存需要比较的坐标点
//将每一个形状本身及三次旋转90度的结果进行存储
public void SetPosition()
{
```

```
    positionArrList = new List<Vector2Int[]>();
    foreach (var item in patternList) {
        positionArrList.Add(GetPositionArr(item));
        positionArrList.Add(GetPositionArr(RotateArray(item)));
        positionArrList.Add(GetPositionArr(RotateArray(item)));
        positionArrList.Add(GetPositionArr(RotateArray(item)));
    }
}
//提取值为1的坐标点,将所有值为1的位置信息返回
Vector2Int[] GetPositionArr(byte[,] pattern)
{
    List<Vector2Int> tempList = new List<Vector2Int>();
    for (int y = 0; y < pattern.GetLength(0); y++) {
        for (int x = 0; x < pattern.GetLength(1); x++) {
            if (pattern[y, x] == 1)
                tempList.Add(new Vector2Int(y, x));
        }
    }
    return tempList.ToArray();
}
//旋转二维数组并返回旋转结果
byte[,] RotateArray(byte[,] pattern)
{
    byte[,] temp = new byte[pattern.GetLength(1), pattern.GetLength(0)];
    for (int y = 0; y < pattern.GetLength(0); y++) {
        for (int x = 0; x < pattern.GetLength(1); x++) {
            temp[x, pattern.GetLength(0) - 1 - y] = pattern[y, x];
        }
    }
    return temp;
}
```

> **注意**：不仅要保存每个形状，还需要保存该形状旋转 90 度、180 度、270 度以后的形状。

（2）全盘扫描检测方法

有了前文代码中的图形列表，才能检测棋盘是否存在可操作的行为，该方法名为"CheckPatternByPosition"（全盘扫描检测），该方法及相关代码如下。

代码位置：见源代码目录下 Assets\Scripts\PatternCheck.cs。

```
//遍历整个棋盘,以每个点为起坐标点判断以该点为起点是否存在符合形状匹配结果的组合
public bool CheckPatternByPosition(int[,] map)
{
    //将棋盘上的所有点按从左到右、从上到下的顺序输入形状检测方法
    //如果检测到匹配的形状,则直接返回true
    //如果整个棋盘都没有检测到匹配的形状,则说明棋盘当前不存在可操作性行为
    for (int y = 0; y < map.GetLength(0); y++) {
        for (int x = 0; x < map.GetLength(1); x++) {
            if (CheckPattern(map, y, x))
                return true;
        }
    }
    return false;
}
//输入当前棋盘数据内容 map,以及对比坐标起点 (my,mx)
```

```csharp
//遍历检测形状坐标数组列表中的形状坐标数组（每一形状信息）检测是否可以匹配
bool CheckPattern(int[,] map, int mY, int mX)
{
    bool flag0 = false;
    foreach (var item in positionArrList) {
        //如果形状匹配结果为可匹配，则将flag设为true，并跳出循环
        if (Check(map, item, mY, mX)) {
            flag0 = true;
            break;
        }
    }
    return flag0;//返回该坐标是否和形状池中的某一形状匹配
}
//对比形状，如果其中一个颜色不符合，则返回false，否则为true
bool Check(int[,] map, Vector2Int[] posArry, int mY, int mX)
{
    bool flag = true;//检测标志位，当检测到不符合的颜色则改为false
    int indexColor, Y, X;//需要用到的字段
    Y = posArry[0].x + mY;//第一个坐标偏移后在棋盘上的Y坐标
    X = posArry[0].y + mX;//第一个坐标偏移后在棋盘上的X坐标
    //删除超出棋盘坐标的情况，如果偏移后的坐标不在棋盘上，则直接将标志位设为false
    if (Y >= 0 && X >= 0 && Y < map.GetLength(0) && X < map.GetLength(1)) {
        indexColor = map[Y, X];//设置比较颜色为形状坐标数组中的第一个坐标
        //从下标1开始，遍历整个形状坐标数组，检测对应棋盘的位置上的值是否和indexColor相等
        for (int i = 1; i < posArry.Length; i++) {
            Y = posArry[i].x + mY;
            X = posArry[i].y + mX;
            //删除超出棋盘坐标的情况，如果偏移后的坐标不在棋盘上，则直接将标志位设为false
            if (Y >= 0 && X >= 0 && Y < map.GetLength(0) && X < map.GetLength(1)) {
                //如果检测到某个位置的颜色不同，则将标志位设为false，并跳出循环
                if (map[Y, X] != indexColor) {
                    flag = false;
                    break;
                }
            }
            else {
                flag = false;
                break;
            }
        }
    }
    else {
        flag = false;
    }
    return flag;//返回map上对应坐标（my,mx）为起点的形状对比配对结果
}
```

2. 洗牌算法

洗牌算法的内容是从左到右、从上到下遍历整个棋盘，并把每个格子的糖果和该格子之后某个格子中的糖果交换。相关代码如下。

代码位置：见源代码目录下 Assets\Scripts\GameManager.cs。

```csharp
void Shuffle()
{
    int H = candyColorInBoard.GetLength(0);//棋盘的高度
```

```
        int W = candyColorInBoard.GetLength(1);//棋盘的宽度
        for (int y = 0; y < H; y++) {
            for (int x = 0; x < W; x++) {
                int rand = Random.Range(y * W + x, W * H);//随机选择一个当前格子之后的格子
                //交换这两个格子中的糖果
                int temp = candyColorInBoard[y, x];
                candyColorInBoard[y, x] = candyColorInBoard[rand / W, rand % W];
                candyColorInBoard[rand / W, rand % W] = temp;
                Vector3 tempVec = candiesInBoard[y, x].transform.position;
                candiesInBoard[y, x].transform.position = candiesInBoard[rand / W, rand % W].transform.position;
                candiesInBoard[rand / W, rand % W].transform.position = tempVec;
                CandyControl tempCC = candiesInBoard[y, x];
                candiesInBoard[y, x] = candiesInBoard[rand / W, rand % W];
                candiesInBoard[rand / W, rand % W] = tempCC;
            }
        }
        gameState = GameState.Match;//洗牌结束跳转到检测状态
    }
```

至此,洗牌状态相关的代码实现已经全部讲解完毕。因篇幅有限,无法展示所有的细节内容,有不清楚的地方请读者翻阅本实例的源代码。

3.4.6 动画状态的设计与实现

动画状态(Anima)作为一个中转状态,有一个前置状态和一个后置状态。若在前置状态进入动画状态之前先设置好后置状态(在脚本中声明一个后置状态字段),则当动画播放结束时,游戏会跳转到后置状态。

游戏进入动画状态时可能有多个动画在播放,为了使游戏在最后一个动画播放结束时进入后置状态,需要一个计数器。该计数器的值在其他状态开始播放动画时将加 1,当动画播放结束时,会调用 AnimaPlayEnd 方法使计数器的值减小;当计数器的值为 0 时,说明所有动画播放结束,可以跳转到后置状态。相关代码如下。

代码位置:见源代码目录下 Assets\Scripts\GameManager.cs。

```
    void Anima()
    {
        if (animaCounter == 0)
            gameState = gameStateNext;
    }
    public void AnimaPlayEnd()
    {
        animaCounter--;
    }
```

在该游戏中,使用了两种动画:一种是 Unity 自带的帧动画,另一种是 DOTween 缓动动画。要使动画播放结束时调用 AnimaPlayEnd 方法,需要注册对应的事件。

Unity 自带的帧动画需要在动画窗口(Animation)中设置对应的帧事件。该游戏需要在所有删除糖果动画预制体(游戏物体 Effect01~Effect06)的动画中添加帧事件。

(1)在菜单栏中执行"Window->Animation->Animation"命令,打开动画窗口(Animation),然后打开删除糖果的动画预制体,选中最后一个动画帧,添加帧事件,如图 3-21 所示。

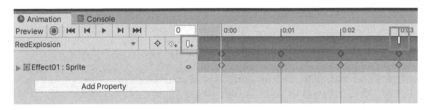

图 3-21

（2）单击动画帧上的帧事件节点，在检视窗口（Inspector）中将 Function 设为 End()，如图 3-22 所示。

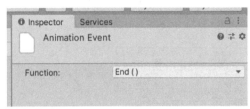

图 3-22

DOTween 动画需要在动画代码中添加动画结束触发事件，下列代码是该项目中使用这一操作的例子。

代码位置：见源代码目录下 Assets\Scripts\GameManager.cs。

```
    s1.Append(candiesInBoard[swapIndex0.x, swapIndex0.y].transform.DOMove(vec0, 0.5f));//注册动画
    s1.OnComplete(() => { AnimaPlayEnd(); });//注册动画结束触发事件
```

本节简单介绍了动画状态的设计与实现，后文中仍然会出现与动画状态相关的内容。上面的代码省略了声明字段和对字段赋值的代码，如有需要请读者自行翻阅本实例的源代码。

3.4.7 糖果掉落状态的设计与实现

当游戏开始棋盘为空时，或者删除糖果使棋盘上出现了空格子时，会进入糖果掉落状态。

糖果掉落状态的主要功能由 Fall 方法实现，该方法将棋盘划分为顶行和顶行以下的所有格子两部分，下面分别对这两部分做不同的操作。

（1）遍历顶行所有格子。当检测到顶行有空格子时，则生成新的糖果并注册动画。

（2）遍历顶行以下所有格子。如果发现当前格子有糖果，但当前格子下方的格子为空时，则注册从当前格子往其下方格子掉落糖果的动画和回调事件。具体代码如下。

代码位置：见源代码目录下 Assets\Scripts\GameManager.cs。

```
//计算掉落并生成新的糖果
bool Fall()
{
    bool isFall = false;
    //遍历第 0 行，如果检测到空格子，则随机选择一种糖果并生成新的糖果
    //并注册从格子上方掉落糖果的动画，注册回调事件
    for (int i = 0; i < boardWidth; i++) {
        if (candyColorInBoard[0, i] == int.MaxValue) {
```

```csharp
                    int color = Random.Range(0, ordinaryCandySprites.Count);
                    GameObject candyGO = Instantiate(candyPrefab, squareparent.position +
new Vector3(i * widthDistance, 1 * heightDistance), Quaternion.identity);
                    candyGO.transform.parent = squareparent;
                    CandyControl candy = candyGO.GetComponent<CandyControl>();
                    Sprite candySprite = GetCandyTexture(color, CandyType.Ordinary);
                    candy.Initialization(candySprite, CandyType.Ordinary, color);
                    int theX = i;
                    Tweener tweener = candyGO.transform.DOMove(squareparent.position + new
Vector3(i * widthDistance, 0), 0.1f);
                    //回调事件，动画结束后设置对应格子的数据
                    tweener.OnComplete(() => {
                        candyColorInBoard[0, theX] = color;
                        candiesInBoard[0, theX] = candy;
                        AnimaPlayEnd();
                    });
                    animaCounter++;//动画状态的动画计数加1
                    isFall = true;//标记产生了掉落
                }
            }
            //遍历下方的其他格子
            for (int y = 0; y < boardHeight - 1; y++) {
                for (int x = 0; x < boardWidth; x++) {
        //如果当前格子有糖果并且当前格子的下一个格子没有糖果，则注册掉落糖果的动画和回调事件
                    if (IsCandy(y, x) && candyColorInBoard[y + 1, x] == int.MaxValue) {
                        int theY = y;
                        int theX = x;
                        Tweener tweener = candiesInBoard[y,
x].transform.DOMove(squareparent.position + new Vector3(x * widthDistance, -(y + 1)
* heightDistance), 0.1f); //注册动画
        //动画结束触发事件：
        //将当前格子的数据标记（糖果颜色）传递到下一个格子
        //可以填充当前标记为空的格子
        //将下一个格子的引用指向当前格子的糖果
        //将当前格子的糖果的引用设为空
        //调用动画结束方法
                        tweener.OnComplete(() => {
                            candyColorInBoard[theY + 1, theX] = candyColorInBoard[theY,
theX];
                            candyColorInBoard[theY, theX] = int.MaxValue;
                            candiesInBoard[theY + 1, theX] = candiesInBoard[theY, theX];
                            candiesInBoard[theY, theX] = null;
                            AnimaPlayEnd();
                        });
                        animaCounter++;//动画状态的动画计数加1
                        isFall = true;//标记产生了掉落
                    }
                }
            }
            return isFall;
        }
```

根据上文的代码可知，在 Fall 方法的返回值为 true 的情况下，一定有注册动画和事件，当动画播放结束之后，各数据表才会更新数据，所以需要先跳转到动画状态，等待动画播放结束，再回到掉落状态。由此可知，有三种情况会进入掉落状态，分别为游戏开始时、删除糖果后、掉落动画结束后。而跳出掉落状态的条件是"已经没有掉落的糖果"。也就是说，在最近一次调用 Fall 方法的返回值为 false 时，将跳出掉落状态，进入结算状态。

具体实现方法为：首先需要调用 Fall 方法，如果调用结果为 true，则需要跳转到动画状态并将下一状态设为掉落状态。等待动画播放完毕后回到掉落状态又会再次调用 Fall 方法，直到 Fall 方法返回 false，进入检测状态。代码如下。

代码位置：见源代码目录下 Assets\Scripts\GameManager.cs。

```
void Down()
{
    if (Fall()) {
        gameState = GameState.Anima;
        gameStateNext = GameState.Down;
    }
    else {
        gameState = GameState.Match;
    }
}
```

至此，糖果掉落状态的设计与实现介绍完毕，本节省略了部分声明字段和对字段赋值的代码，如有需要请读者自行翻阅本实例的源代码。

3.4.8 等待操作状态的设计与实现

当游戏进入等待操作状态时，系统需要检测玩家的操作，并计算玩家操作的结果是否让棋盘上出现了可删除的糖果组合。如果出现了，则保留这次操作并进入删除状态；如果没有出现，则回退这一操作。

首先系统会监听玩家的鼠标操作，通过发射射线检测玩家单击的是哪一个格子，再通过鼠标偏移量判断玩家将这个格子的糖果和其"上、下、左、右"的哪一个格子进行交换，最后判断这个交换是否成立。

当玩家按下鼠标左键（或触摸屏幕）时，系统从单击的位置发射一条射线，如果这个射线击中了格子，则会击中前面提到过的游戏物体 Square，该游戏物体上挂载了碰撞体和记录格子坐标的脚本组件 Square，通过该脚本组件就可以获取到玩家单击的格子坐标。

从玩家按下鼠标左键到松开鼠标左键这段时间内，脚本中的变量 isDrag 都是 true，当这个标志位为 true 时计算鼠标的偏移量，就可以知道玩家的鼠标是向哪一个方向移动的，进而得到被交换的糖果坐标。

而糖果的交换动画和回退动画都是用注册 DOTween 动画的方式实现的。如果交换成立则只需要注册交换动画，如果交换不成立则需要先注册交换动画再注册回退动画，以便给玩家"操作失败"的反馈。在注册对应的动画后，还要注册动画播放结束后应进入的状态。具体代码如下。

代码位置：见源代码目录下 Assets\Scripts\GameManager.cs。

```
void Play()
{
    //当玩家按下鼠标左键，从屏幕上鼠标的位置发射一条射线，检测碰撞到的是否所需要的游戏物体
    if (Input.GetMouseButtonDown(0)) {
        hit = Physics2D.Raycast(Camera.main.ScreenToWorldPoint
(Input.mousePosition), Vector2.zero);
        if (hit.transform != null && hit.transform.GetComponent<Square>()) {
            swapIndex0 = hit.transform.GetComponent<Square>().index;
            if (IsCandy(swapIndex0.x, swapIndex0.y)) {
                isDrag = true;//如果这个位置是糖果，则表示开始拖动
```

```
                    startPos = Camera.main.ScreenToWorldPoint(Input.mousePosition);
                }
            }
        }
        else if (Input.GetMouseButtonUp(0)) {
            isDrag = false;//如果抬起鼠标,则表示拖动结束
        }
        //在鼠标拖动期间,计算鼠标移动的方向
        if (isDrag) {
            //计算鼠标偏移量,根据偏移量计算拖动方向
            deltaPos = startPos - Camera.main.ScreenToWorldPoint(Input.mousePosition);
            if (Vector3.Magnitude(deltaPos) > 0.1f) {
                if (Mathf.Abs(deltaPos.x) > Mathf.Abs(deltaPos.y) && deltaPos.x > 0)    //和左边的交换
                    swapIndex1 = new Vector2Int(swapIndex0.x, swapIndex0.y - 1);
                else if (Mathf.Abs(deltaPos.x) > Mathf.Abs(deltaPos.y) && deltaPos.x < 0)//和右边的交换
                    swapIndex1 = new Vector2Int(swapIndex0.x, swapIndex0.y + 1);
                else if (Mathf.Abs(deltaPos.x) < Mathf.Abs(deltaPos.y) && deltaPos.y > 0)//和下面的交换
                    swapIndex1 = new Vector2Int(swapIndex0.x + 1, swapIndex0.y);
                else if (Mathf.Abs(deltaPos.x) < Mathf.Abs(deltaPos.y) && deltaPos.y < 0)//和上面的交换
                    swapIndex1 = new Vector2Int(swapIndex0.x - 1, swapIndex0.y);
                isDrag = false;//标记位更新
                //如果交换目标格子中是可以被交换的糖果,则进行交换操作
                if (IsCandy(swapIndex1.x, swapIndex1.y)) {
                    Sequence s1 = DOTween.Sequence();
                    Sequence s2 = DOTween.Sequence();
                    //数据记录更新交换
                    int tempColor;
                    tempColor = candyColorInBoard[swapIndex0.x, swapIndex0.y];
                    candyColorInBoard[swapIndex0.x, swapIndex0.y] = candyColorInBoard[swapIndex1.x, swapIndex1.y];
                    candyColorInBoard[swapIndex1.x, swapIndex1.y] = tempColor;
                    //形状引用更新
                    CandyControl tempCandy;
                    tempCandy = candiesInBoard[swapIndex0.x, swapIndex0.y];
                    candiesInBoard[swapIndex0.x, swapIndex0.y] = candiesInBoard[swapIndex1.x, swapIndex1.y];
                    candiesInBoard[swapIndex1.x, swapIndex1.y] = tempCandy;
                    Vector2 vec0 = candiesInBoard[swapIndex0.x, swapIndex0.y].transform.position;
                    Vector2 vec1 = candiesInBoard[swapIndex1.x, swapIndex1.y].transform.position;
                    //匹配场上的元素,如果交换成立,则进入删除状态,否则复位
                    if (Swap()) {
                        //生成对应的DOtween动画交换
                        s1.Append(candiesInBoard[swapIndex0.x, swapIndex0.y].transform.DOMove(vec1, 0.5f));
                        s1.OnComplete(() => { AnimaPlayEnd(); });
                        s2.Append(candiesInBoard[swapIndex1.x, swapIndex1.y].transform.DOMove(vec0, 0.5f));
                        s2.OnComplete(() => { AnimaPlayEnd(); });
                        animaCounter += 2;
                        gameState = GameState.Anima;
                        gameStateNext = GameState.Clear;
                    }
```

```
                        else {
                            //生成对应的DOTween动画交换，再复位
                            s1.Append(candiesInBoard[swapIndex0.x,
swapIndex0.y].transform.DOMove(vec1, 0.5f));
                            s1.Append(candiesInBoard[swapIndex0.x,
swapIndex0.y].transform.DOMove(vec0, 0.5f));
                            s1.OnComplete(() => { AnimaPlayEnd(); });
                            s2.Append(candiesInBoard[swapIndex1.x,
swapIndex1.y].transform.DOMove(vec0, 0.5f));
                            s2.Append(candiesInBoard[swapIndex1.x,
swapIndex1.y].transform.DOMove(vec1, 0.5f));
                            s2.OnComplete(() => { AnimaPlayEnd(); });
                            animaCounter += 2;
                            //数据复位
                            tempColor = candyColorInBoard[swapIndex0.x, swapIndex0.y];
                            candyColorInBoard[swapIndex0.x, swapIndex0.y] =
candyColorInBoard[swapIndex1.x, swapIndex1.y];
                            candyColorInBoard[swapIndex1.x, swapIndex1.y] = tempColor;
                            //形状引用更新
                            tempCandy = candiesInBoard[swapIndex0.x, swapIndex0.y];
                            candiesInBoard[swapIndex0.x, swapIndex0.y] =
candiesInBoard[swapIndex1.x, swapIndex1.y];
                            candiesInBoard[swapIndex1.x, swapIndex1.y] = tempCandy;
                            gameState = GameState.Anima;
                            gameStateNext = GameState.Play;
                        }
                    }
                }
            }
        }
```

检测交换是否成立的方法 Swap 是本状态中的核心方法，根据前文可知，游戏中存在 5 种不同类型的糖果，不同的糖果类型有不同的删除方法。而玩家选择交换的两个糖果可能是普通糖果也可能是特殊糖果，不同类型糖果交换之后触发的效果如表 3-5 所示。

表 3-5

糖果1 糖果0	普通糖果	菱形删除糖果	纵向删除糖果	横向删除糖果	全部删除糖果
普通糖果	-	-	-	-	将与糖果 1 同色的所有糖果删除
菱形删除糖果	-	双倍半径菱形删除	以菱形删除糖果的宽度 n 纵向删除 n 列	以菱形删除糖果的宽度 n 横向删除 n 行	将与糖果 1 同色的所有糖果改为菱形删除糖果并删除这些糖果
纵向删除糖果	-	以菱形删除糖果的宽度 n 纵向删除 n 列	以鼠标最后的位置为中心做十字形删除	以鼠标最后的位置为中心做十字形删除	将与糖果 1 同色的所有糖果随机改为纵向删除糖果或者横向删除糖果，并删除这些糖果
横向删除糖果	-	以菱形删除糖果的宽度 n 横向删除 n 行	以鼠标最后的位置为中心十字形删除	以鼠标最后的位置为中心十字形删除	将与糖果 1 同色的所有糖果随机改为纵向删除糖果或者横向删除糖果，并删除这些糖果

续表

糖果1 糖果0	普通糖果	菱形删除糖果	纵向删除糖果	横向删除糖果	全部删除糖果
全部删除糖果	将与糖果0同色的所有糖果删除	将与糖果0同色的所有糖果改为菱形删除糖果，并删除这些糖果	将与糖果0同色的所有糖果随机改为纵向删除糖果或者横向删除糖果，并删除这些糖果	将与糖果0同色的所有糖果随机改为纵向删除糖果或者横向删除糖果，并删除这些糖果	将整个棋盘的糖果全部删除

表 3-5 中填写为"-"的交换情况是对整个棋盘扫描并判断是否可以进行合成的操作，而其他交换情况则不需要进行全盘扫描，当中又有细微差别，这就导致需要考虑判断的优先级。下面的代码调用了前文描述的不同类型糖果的删除方法，最后的全盘扫描方法"HaveMatch"是检测状态的核心方法，也是整个游戏的核心方法之一，在 3.4.9 节会做进一步讲解。

代码位置：见源代码目录下 Assets\Scripts\GameManager.cs。

```
bool Swap()
{
    /*
     * 由于全部删除糖果和所有类型糖果结合都需要单独处理
     * 所以第一层条件判断为：
     * 先检查 candy0 是全部删除糖果，candy1 是任何糖果类型的情况
     * 再检查 candy1 是全部删除糖果，candy0 是其他糖果类型的情况（已知 candy0 不是全部删除糖果）
     * 排除以上条件之后，再处理其他两个都是特殊糖果的情况
     * 最后处理剩下两个糖果不都是普通糖果的情况（可能一个是特殊糖果，也可能都不是特殊糖果）
     */
    bool found = false;
    //被交换的两个糖果
    CandyControl candy0 = candiesInBoard[swapIndex0.x, swapIndex0.y];
    CandyControl candy1 = candiesInBoard[swapIndex1.x, swapIndex1.y];
    //如果第一个糖果是全部删除糖果，则判断另一个糖果是什么类型，分别做处理
    if (candy0.candyType == CandyType.AllIn)
    {
        DestroyCandyClassified(swapIndex0);//先删除自己
        //如果另一个糖果也是全部删除糖果
        //则组合结果为：将整个棋盘上的糖果全部删除
        if (candy1.candyType == CandyType.AllIn) {
            DestroyCandyClassified(swapIndex1);
            for (int y = 0; y < boardHeight; y++) {
                for (int x = 0; x < boardWidth; x++) {
                    AddDelPositionList(new Vector2Int(y, x));
                }
            }
        }
        //如果另一个糖果是普通糖果
        //则组合结果为：将棋盘上和另一个糖果相同的糖果全部删除
        else if (candy1.candyType == CandyType.Ordinary) {
            AllInDestroy(candyColorInBoard[swapIndex1.x, swapIndex1.y]);
        }
        //如果另一个糖果是菱形删除糖果
        //则组合结果为：将棋盘上和另一个糖果相同的糖果都变成菱形删除糖果，并删除这些糖果
        else if (candy1.candyType == CandyType.Diamond) {
            for (int y = 0; y < boardHeight; y++) {
                for (int x = 0; x < boardWidth; x++) {
                    if (candyColorInBoard[y, x] == candyColorInBoard[swapIndex1.x,
```

```csharp
swapIndex1.y]) {
                            candiesInBoard[y, x].SetCandyType(CandyType.Diamond);
                            AddDelPositionList(new Vector2Int(y, x));
                        }
                    }
                }
            }
            //如果另一个糖果是横向删除糖果或者纵向删除糖果
            //则组合结果为：将棋盘上所有和另一个糖果相同的糖果随机变成横向删除糖果或纵向删除糖果，并删除这些糖果
            else {
                for (int y = 0; y < boardHeight; y++) {
                    for (int x = 0; x < boardWidth; x++) {
                        if (candyColorInBoard[y, x] == candyColorInBoard[swapIndex1.x, swapIndex1.y]) {
                            candiesInBoard[y, x].SetCandyType((CandyType)Random.Range(2, 4));
                            AddDelPositionList(new Vector2Int(y, x));
                        }
                    }
                }
            }
            found = true;//如果能执行到这个位置，则说明这个交换是有效的
        }
        //如果第一个糖果不是全部删除糖果，但另一个糖果是全部删除糖果，则判断第一个糖果的类型，分别处理
        else if (candy1.candyType == CandyType.AllIn) {
            DestroyCandyClassified(swapIndex1);//先删除这个全部删除糖果
            //如果第一个糖果是普通糖果
            //则组合结果为：将棋盘上和第一个糖果相同的糖果全部删除
            if (candy0.candyType == CandyType.Ordinary) {
                AllInDestroy(candyColorInBoard[swapIndex0.x, swapIndex0.y]);
            }
            //如果第一个糖果是菱形删除糖果
            //则组合结果为：将棋盘上和第一个糖果相同的糖果都变成菱形删除糖果并删除这些糖果
            else if (candy0.candyType == CandyType.Diamond) {
                for (int y = 0; y < boardHeight; y++) {
                    for (int x = 0; x < boardWidth; x++) {
                        if (candyColorInBoard[y, x] == candyColorInBoard[swapIndex0.x, swapIndex0.y]) {
                            candiesInBoard[y, x].SetCandyType(CandyType.Diamond);
                            AddDelPositionList(new Vector2Int(y, x));
                        }
                    }
                }
            }
            //如果第一个糖果是横向删除糖果或者纵向删除糖果
            //则组合结果为：将棋盘上所有和第一个糖果相同的糖果随机变成横向删除糖果或纵向删除糖果并删除这些糖果
            else {
                for (int y = 0; y < boardHeight; y++) {
                    for (int x = 0; x < boardWidth; x++) {
                        if (candyColorInBoard[y, x] == candyColorInBoard[swapIndex0.x, swapIndex0.y]) {
                            candiesInBoard[y, x].SetCandyType((CandyType)Random.Range(2, 4));
                            AddDelPositionList(new Vector2Int(y, x));
                        }
                    }
                }
            }
```

```csharp
                found = true;//如果能执行到这个位置,则说明这个交换是有效的
            }
            //如果这两个糖果都不是全部删除糖果,也都不是普通糖果,则需要处理其他特殊糖果组合情况
            else if (candy0.candyType != CandyType.Ordinary && candy1.candyType != CandyType.Ordinary) {
                //如果第一个糖果是纵向删除糖果,则判断另一个糖果的糖果类型,分别处理
                if (candy0.candyType == CandyType.Vertical) {
                    //如果另一个糖果是菱形删除糖果
                    //则组合结果为:以鼠标最后位置为中心,以菱形删除糖果的范围直径为宽i,删除这i列糖果
                    if (candy1.candyType == CandyType.Diamond) {
                        for (int i = 0; i <= diamondRadius * 2; i++)
                            VerticalDestroy(swapIndex1.y - diamondRadius + i);
                    }
                    //如果另一个糖果是横向删除糖果或者纵向删除糖果
                    //则组合结果为:以鼠标最后的位置为中心,删除横向上和纵向上的所有糖果(十字形删除)
                    else if (candy1.candyType == CandyType.Vertical || candy1.candyType == CandyType.Horizontal) {
                        VerticalDestroy(swapIndex1.y);
                        HorizontalDestroy(swapIndex1.x);
                    }
                }
                //如果第一个糖果是横向删除糖果,则判断另一个糖果的糖果类型,并分别处理
                else if (candy0.candyType == CandyType.Horizontal) {
                    //如果另一个糖果是菱形删除糖果
                    //则组合结果为:以鼠标最后位置为中心,以菱形删除糖果的范围直径为宽i,删除这i行糖果
                    if (candy1.candyType == CandyType.Diamond) {
                        for (int i = 0; i <= diamondRadius * 2; i++)
                            HorizontalDestroy(swapIndex1.x - diamondRadius + i);
                    }
                    //如果另一个糖果是横向删除糖果或者纵向删除糖果
                    //则组合结果为:以鼠标最后位置为中心,删除横向上和纵向上的所有糖果(十字形删除)
                    else if (candy1.candyType == CandyType.Vertical || candy1.candyType == CandyType.Horizontal) {
                        VerticalDestroy(swapIndex1.y);
                        HorizontalDestroy(swapIndex1.x);
                    }
                }
                //如果第一个糖果是菱形删除糖果,则判断另一个糖果的类型,并分别处理
                else if (candy0.candyType == CandyType.Diamond) {
                    //如果另一个糖果是菱形删除糖果
                    //则组合结果为:变成双倍半径的菱形删除糖果
                    if (candy1.candyType == CandyType.Diamond) {
                        DiamondDestroy(swapIndex1.x, swapIndex1.y, diamondRadius * 2);
                    }
                    //如果另一个糖果是纵向删除糖果
                    //则组合结果为:以鼠标最后位置为中心,以菱形删除糖果的范围直径为宽i,删除这i列糖果
                    else if (candy1.candyType == CandyType.Vertical) {
                        for (int i = 0; i <= diamondRadius * 2; i++)
                            VerticalDestroy(swapIndex1.y - diamondRadius + i);
                    }
                    //如果另一个糖果是横向删除糖果
                    //则组合结果为:以鼠标最后位置为中心,以菱形删除糖果的范围直径为宽i,删除这i行糖果
                    else if (candy1.candyType == CandyType.Horizontal) {
                        for (int i = 0; i <= diamondRadius * 2; i++)
                            HorizontalDestroy(swapIndex1.x - diamondRadius + i);
                    }
                }
                DestroyCandyClassified(swapIndex0);
                DestroyCandyClassified(swapIndex1);
                found = true;
```

```
    }
    //如果以上情况都不符合，则进行整个棋盘的扫描配对
    else {
        found = HaveMatch(true);
    }
    return found;
}
```

本节介绍的是等待操作状态，这个状态实际上涉及了很多算法和操作。本节展示的代码省略了部分声明字段和对字段赋值的代码，如有需要请自行翻阅本实例的源代码。

3.4.9 检测状态的设计与实现

当游戏处于检测状态时，需要遍历整个棋盘，判断是否存在可以删除的糖果，以及是否存在再交换一次即可删除的糖果组合。具体判断顺序如下。

① 如果有可删除的糖果，则进入删除状态。
② 如果没有可删除的糖果，则继续判断是否有进行一次交换后可删除的糖果。
③ 如果有交换后可删除的糖果，则进入等待操作状态；否则进入洗牌状态。
④ 在洗牌状态会随机打乱糖果的位置，然后再次进入检测状态。

具体代码如下。

代码位置：见源代码目录下 Assets\Scripts\GameManager.cs。

```
void Match()
{
    if (HaveMatch()) {
        gameState = GameState.Clear;
    }
    else {
//如果检测是否存在最小可操作情况的结果为不存在，则跳转到洗牌状态，否则进入等待操作状态
        if (!patternCheck.CheckPatternByPosition(candyColorInBoard)) {
            gameState = GameState.Shuffle;
        }
        else {
            gameState = GameState.Play;
        }
    }
}
```

在检测状态中调用了"HaveMatch"方法，该方法通过对整个棋盘进行横向扫描，判断是否存在可删除对象，如果存在则返回 true，否则返回 false。该方法的核心内容是一个棋盘扫描算法，通过扫描结果可以得出合成结果。接下来，针对该算法进行介绍。

首先分析"三消"游戏的游戏规则，其游戏规则描述如下。

① 如果在一条直线上存在连续三个相同的糖果，则删除这些糖果。
② 如果存在横向连续四个相同的糖果，则删除这些糖果，并合成一个纵向删除糖果。
③ 如果存在纵向连续四个相同的糖果，则删除这些糖果，并合成一个横向删除糖果。
④ 如果在一条直线上存在连续五个相同的糖果（五个以上也可看作连续五个），则删除这些糖果，并且合成一个全部删除糖果。
⑤ 如果存在某种糖果在横向与纵向都有连续三个以上与其相同的糖果，并且这两个连续有一处是重合的，则删除这些糖果，并合成一个菱形删除糖果。

下面介绍棋盘扫描算法的详细步骤。

（1）横向扫描

通过双重循环从左到右、从上至下遍历整个棋盘，遍历顺序如图 3-23 所示，图中的格子示意为棋盘的格子，并标注了行、列所对应的坐标轴。

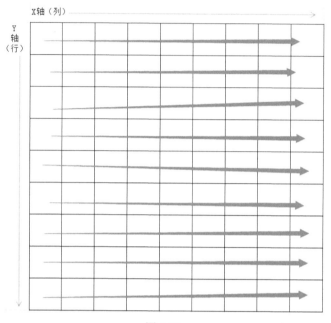

图 3-23

在该游戏中，扫描结果用 Vector2Int 数据类型的二维数组存储，该二维数组字段名为 tempVec2Int。在每个格式为(x,y)的数组数据中，x 表示对应的格子中的糖果在横向上有 x 个连续相同的糖果，y 表示对应的格子中的糖果在纵向上有 y 个连续相同的糖果。

下面演示一段扫描的过程，以一个 3×3 的棋盘为例，扫描数据初始状态如图 3-24 所示。如下左图代表棋盘，棋盘上格子的形状（带有对应的颜色）用来代表不同的糖果，对应 3.4.2 节提到的 candyColorInBoard 中的数据，分别为红色圆形、蓝色方形、黄色三角形。

另一个表格表示棋盘上对应的标记值，也就是 tempVec2Int 中的数据。除此之外，还需要一个计数器 Flag，以及一个用于记录相同糖果坐标的"同色栈"，如下右图表示数据的扫描结果，一开始所有格子的标记值都是(0,0)。

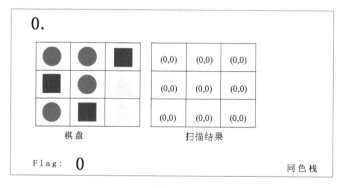

图 3-24

开始扫描后，首先选取到第一个格子，选取到的是红色圆形，记住当前比较颜色为"红色"，将格子的坐标(0,0)推入同色栈中，并记 Flag 为 1，如图 3-25 所示。

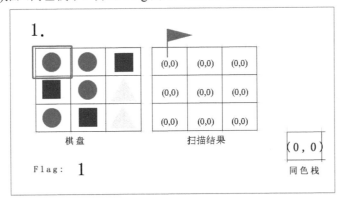

图 3-25

然后选取到第二个格子，由于该格子和当前比较颜色为同色，所以将该格子的坐标(0,1)推入同色栈中，并将 Flag 记为 2，如图 3-26 所示。

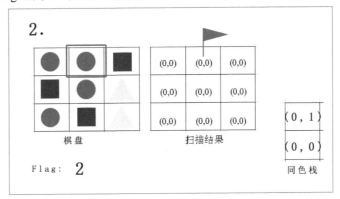

图 3-26

再取到第三个格子，这时取到的内容是蓝色方形，与当前比较颜色不同，如图 3-27 所示。

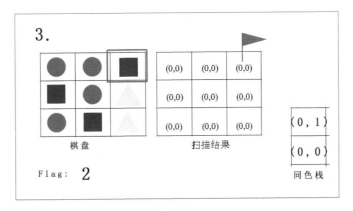

图 3-27

该格子和当前比较颜色为不同色，将同色栈中的坐标出栈，将对应坐标位置格子的 Vector2Int

数据的行连续值改为对应的连续值，也就是 2，所以这两个位置的值变成了(2,0)。然后需要将对比颜色更新为"蓝色"，并将 Flag 记为 1，将当前格子坐标(0,2)入栈，如图 3-28 所示。

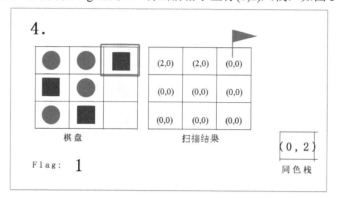

图 3-28

由于这个蓝色方形是当前行的最后一个格子，所以还需要将同色栈中的元素出栈，根据 Flag 的值设置对应格子的值为(1,0)，将 Flag 的值和对比颜色设为默认值，如图 3-29 所示。这样第一行内容扫描完成，后面以此类推。

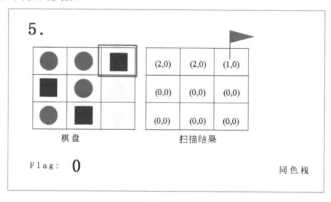

图 3-29

下面是横向遍历算法的具体内容。使用一个 int 类型的字段"theColor"存储正在比较的颜色，将扫描结果存储在 tempVec2Int 中，通过对格子中的内容进行对比并标记：如果当前读取到的格子的糖果颜色与 theColor 持有的糖果颜色一致，则计数加 1，并将当前读取到的格子坐标推入同色栈中，否则进行出栈和重新入栈操作，更换当前的糖果颜色。具体代码如下，读者可以对照图解并结合代码注释理解。

代码位置：见源代码目录下 Assets\Scripts\GameManager.cs。

```
//横向扫描，先遍历 y，再在 y 循环中遍历 x 为横向逐个扫描
for (int y = 0; y < boardHeight; y++) {
    theColor = int.MinValue;//当每次开始新的横向扫描时重置持有颜色，重新计数
    for (int x = 0; x < boardWidth; x++) {
        //如果扫描到全部删除糖果，则出栈并设置横向扫描值，跳出当前循环
        if (candyColorInBoard[y, x] == ordinaryCandySprites.Count) {
            while (tempStack.Count != 0) {
                Vector2Int vt = tempStack.Pop();
                tempVec2Int[vt.x, vt.y].x = flag;
```

```
        }
        theColor = int.MinValue;
        continue;
    }
    //如果当前读取到的颜色和持有的颜色一致，则计数+1，将当前坐标入栈
    //否则
    //将栈内的内容出栈并标记行（X）为flag值
    //清空栈后将当前坐标入栈，并重置flag和theColor的值
    if (candyColorInBoard[y, x] == theColor) {
        flag++;
        tempStack.Push(new Vector2Int(y, x));
    }
    else {
        while (tempStack.Count != 0) {
            Vector2Int vt = tempStack.Pop();
            tempVec2Int[vt.x, vt.y].x = flag;
        }
        theColor = candyColorInBoard[y, x];
        flag = 1;
        tempStack.Push(new Vector2Int(y, x));
    }
    //如果当前读取到的格子是本行的最后一个格子
    //则将栈中的内容出栈并更新标记行（X）为flag值
    if (x == boardWidth - 1) {
        while (tempStack.Count != 0) {
            Vector2Int vt = tempStack.Pop();
            tempVec2Int[vt.x, vt.y].x = flag;
        }
    }
  }
}
```

（2）纵向扫描

用双重循环从上到下、从左到右遍历整个棋盘，纵向扫描遍历顺序如图 3-30 所示。需要和横向扫描一样对读取到的数据进行记录，只是读取的顺序发生了变化。

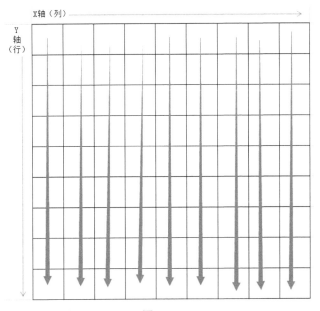

图 3-30

纵向扫描的算法内容和横向扫描的算法内容大同小异，不同之处有两个：一是循环嵌套的顺序相反，二是 flag 标记的位置是 tempVec2Int 对应格子位置的 y 值。具体代码如下。

代码位置：见源代码目录下 Assets\Scripts\GameManager.cs。

```
//纵向扫描的循环嵌套和横向扫描相反
for (int x = 0; x < boardWidth; x++) {
    theColor = int.MinValue;
    for (int y = 0; y < boardHeight; y++) {
        //如果扫描到全部删除糖果，则出栈并设置横向扫描值，跳出当前循环
        if (candyColorInBoard[y, x] == ordinaryCandySprites.Count) {
            while (tempStack.Count != 0) {
                Vector2Int vt = tempStack.Pop();
                tempVec2Int[vt.x, vt.y].x = flag;
            }
            theColor = int.MinValue;
            continue;
        }
        //如果当前读取到的颜色和持有的颜色一致，则计数+1，将当前坐标入栈
        //否则
        //将栈内的内容出栈并标记行（X）为 flag 值
        //清空栈后将当前坐标入栈，并重置 flag 和 theColor 的值
        if (candyColorInBoard[y, x] == theColor) {
            flag++;
            tempStack.Push(new Vector2Int(y, x));
        }
        else {
            while (tempStack.Count != 0) {
                Vector2Int vt = tempStack.Pop();
                tempVec2Int[vt.x, vt.y].y = flag;
            }
            theColor = candyColorInBoard[y, x];
            flag = 1;
            tempStack.Push(new Vector2Int(y, x));
        }
        //如果当前读取到的格子是本行的最后一个格子
        //则将栈中的内容出栈并更新标记行（X）为 flag 值
        if (y == boardHeight - 1) {
            while (tempStack.Count != 0) {
                Vector2Int vt = tempStack.Pop();
                tempVec2Int[vt.x, vt.y].y = flag;
            }
        }
    }
}
```

对扫描结果首先做一遍分析，再进行合成特殊糖果计算，最后进行合成特殊糖果。扫描结果有多种情况，需要分别分析并将所有可以合成特殊糖果的组合记录到字典 createCandyDic 中。

扫描结果有以下两种情况。

① 最简单的情况是没有可以删除的对象。如果遍历整个 tempVec2Int，没有大于 2 的标记值，则说明没有可以删除的对象，这里可以直接返回。

② 最少的三连删除，顾名思义，就是仅有三个连续的相同糖果，可以是横向的，也可以是纵向的。三连删除数据示例如图 3-31 所示，图中线框标记的就是纵向的三个连续的相同糖果。

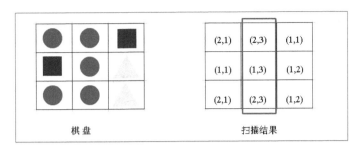

图 3-31

在扫描结果中,只要符合最低的三连删除条件就说明这是需要删除糖果的格子,所以可以先遍历扫描结果,将需要删除的糖果放入等待删除队列中,如果没有等待删除的糖果,则说明没有任何可以合成的情况,也就不用进行后面的计算了。具体代码如下。

代码位置:见源代码目录下 Assets\Scripts\GameManager.cs。

```
//------------处理扫描结果-------------//
Vector2Int vecTemp;
//处理扫描结果
//如果 x 值大于 2 或者 y 值大于 2,则说明这个位置的糖果需要删除
//将需要删除的糖果放入等待删除糖果列表
for (int y = 0; y < boardHeight; y++) {
    for (int x = 0; x < boardWidth; x++) {
        vecTemp = tempVec2Int[y, x];
        if (vecTemp.x > 2 || vecTemp.y > 2) {
            AddDelPositionList(new Vector2Int(y, x));
            found = true;
        }
    }
}
//如果没有出现可以删除的糖果,也就不可能有合成糖果的情况,则直接返回 false,跳过后面的解析步骤
if (!found)
{
    return found;
}
```

(3)合成全部删除糖果

合成全部删除糖果需要 5 个横向连续或者 5 个纵向连续的相同糖果。直线五连删除数据示例如图 3-32 所示,图中线框标记的位置对应 5 个红色圆形,代表 5 个横向连续的相同糖果,其 x 值都为 5。

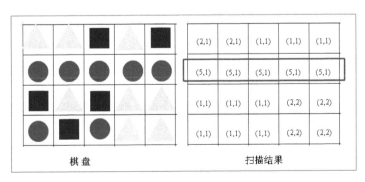

图 3-32

也就是说，只要遍历扫描结果，发现某个格子的 x 值或 y 值大于或等于 5，则说明此处存在全部删除糖果合成组，需要区分横向扫描和纵向扫描。具体代码如下。

代码位置：见源代码目录下 Assets\Scripts\GameManager.cs。

```csharp
//如果 flag 大于 5，则说明需要生成 AllIn//
Vector2Int[] tempAllIn;
//进行横向扫描，检测是否存在横向连续
for (int y = 0; y < boardHeight; y++) {
    for (int x = 0; x < boardWidth; x++) {
        vecTemp = tempVec2Int[y, x];//当前遍历到的格子的数据
//如果 vecTemp.x 值大于或等于 5
//则说明从当前格子开始数 vecTemp.x 个格子的这 vecTemp.x 个糖果都是连续且相同的
        if (vecTemp.x >= 5) {
            tempAllIn = new Vector2Int[vecTemp.x];
            //将这 vecTemp.x 个坐标保存到 tempAllIn 中
            tempAllIn[0] = new Vector2Int(y, x);
            for (int n = 1; n < vecTemp.x; n++){
                tempAllIn[n] = new Vector2Int(y, x + n);
            }
            x += vecTemp.x - 1; //将指针 x 向前 vecTemp.x-1 步，以便继续遍历
            createCandyDic.Add(tempAllIn, CandyType.AllIn);//记录数据
        }
    }
}
//进行纵向扫描，检测是否存在纵向连续
for (int x = 0; x < boardWidth; x++) {
    for (int y = 0; y < boardHeight; y++) {
        vecTemp = tempVec2Int[y, x];//当前遍历到的格子的数据
//如果 vecTemp.y 值大于或等于 5
//则说明从当前格子开始数 vecTemp.y 个格子的这 vecTemp.y 个糖果都是连续且相同的
        if (vecTemp.y >= 5) {
            tempAllIn = new Vector2Int[vecTemp.y];
            //将这 vecTemp.x 个坐标保存到 tempAllIn 中
            tempAllIn[0] = new Vector2Int(y, x);
            for (int n = 1; n < vecTemp.y; n++)
                tempAllIn[n] = new Vector2Int(y + n, x);
            y += vecTemp.y - 1;//将指针 y 向前 vecTemp.y-1 步，以便继续遍历
            createCandyDic.Add(tempAllIn, CandyType.AllIn);//记录数据
        }
    }
}
```

（4）合成菱形删除糖果

合成菱形删除糖果需要两组分别在横向和纵向上连续三个或四个相同糖果的组合，当这两个组合互相交于一个格子时，该相交的位置会合成一个菱形删除糖果。五连异形删除示例如图 3-33 所示，图中展示了合成菱形删除糖果的一种情况。

所有可以合成菱形删除糖果的情况都有一个共同点，就是相交位置格子的数值一定是(3,3)、(3,4)、(4,3)、(4,4)中的一个，所以只要遍历扫描结果发现其中符合这四个情况的数据，就可以判断该位置可以合成菱形删除糖果。

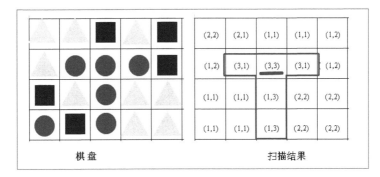

图 3-33

但还存在两个菱形组合拼在一起的情况，该游戏会将所有已经被使用于菱形删除糖果组合的格子都标记为 0，以避免重复合成。具体代码如下。

代码位置：见源代码目录下 Assets\Scripts\GameManager.cs。

```
//处理菱形删除糖果组合
for (int y = 0; y < boardHeight; y++) {
    for (int x = 0; x < boardWidth; x++) {
        vecTemp = tempVec2Int[y, x];//当前数据
//判断当前数据的 x 和 y 是否符合(3,3)、(3,4)、(4,3)、(4,4)
//如果符合，则将该格子的坐标信息添加到列表
//并分别向该格子的上下左右搜索所有与其糖果相同的格子
        if ((vecTemp.x == 3 || vecTemp.x == 4) && (vecTemp.y == 3 || vecTemp.y == 4)) {
            tempVec2Int[y, x] = new Vector2Int(0, 0);//已经使用当前格子的数据，归 0
            List<Vector2Int> tempL = new List<Vector2Int>();//用于记录符合条件组合的糖果
            tempL.Add(new Vector2Int(y, x));//加入第一个节点
            //向上搜索
            for (int ty = y - 1; ty >= 0; ty--) {
                //如果颜色相同，则记录数据，并归 0
                //如果颜色不同，则跳出循环
                if (candyColorInBoard[ty, x] == candyColorInBoard[y, x]) {
                    tempL.Add(new Vector2Int(ty, x));
                    tempVec2Int[ty, x].y = 0;
                }
                else {
                    break;
                }
            }
            //向下搜索 逻辑同上
            for (int ty = y + 1; ty < boardHeight; ty++) {
                if (candyColorInBoard[ty, x] == candyColorInBoard[y, x]) {
                    tempL.Add(new Vector2Int(ty, x));
                    tempVec2Int[ty, x].y = 0;
                }
                else {
                    break;
                }
            }
            //向左搜索 逻辑同上
            for (int tx = x - 1; tx >= 0; tx--) {
                if (candyColorInBoard[y, tx] == candyColorInBoard[y, x]) {
                    tempL.Add(new Vector2Int(y, tx));
                    tempVec2Int[y, tx].x = 0;
                }
```

```
            else {
                break;
            }
        }
        //向右搜索,逻辑同上
        for (int tx = x + 1; tx < boardWidth; tx++) {
            if (candyColorInBoard[y, tx] == candyColorInBoard[y, x]) {
                tempL.Add(new Vector2Int(y, tx));
                tempVec2Int[y, tx].x = 0;
            }
            else {
                break;
            }
        }
        //由于存在多个菱形删除糖果组合重叠的情况
        //规定只有列表长度大于 5 时才是一个完整的菱形删除糖果组合
        if (tempL.Count >= 5)
            createCandyDic.Add(tempL.ToArray(), CandyType.Diamond);
    }
}
```

（5）合成纵向删除糖果。

合成纵向删除糖果需要一组 4 个横向连续且相同的糖果组合,并且不形成菱形删除糖果组合。横向 4 连删除数据示例如图 3-34 所示,图中线框标记的位置对应 4 个红色圆形,代表 4 个横向连续的相同糖果,这些格子的 x 值都为 4。

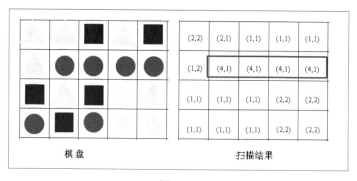

图 3-34

要判断纵向删除糖果组合是否存在,除了格子的 x 值等于 4 这个条件,还要求这些格子的 y 值都不能大于 2。如果存在上述情况,则说明它应属于菱形删除糖果组合。其具体代码如下。

代码位置：见源代码目录下 Assets\Scripts\GameManager.cs。

```
//处理 4 连合成组合
//横向扫描检测横向连续
for (int y = 0; y < boardHeight; y++) {
    for (int x = 0; x < boardWidth; x++) {
        vecTemp = tempVec2Int[y, x];//当前数据
        //如果 x 值等于 4,则说明此处可能是纵向删除糖果组合
        if (vecTemp.x == 4) {
            isL = false;//判断是否为菱形删除糖果组合
            for (int n = 0; n < 4; n++) {
                //如果有一个格子的 y 值为 3 或 4,则说明此处是菱形删除糖果组合的一部分
                if (x + n < boardWidth && (tempVec2Int[y, x + n].y == 3 ||
```

```
tempVec2Int[y, x + n].y == 4))
                    isL = true;
            }
            //保存非菱形删除糖果组合的4个横向连续糖果的数据内容
            if (!isL) {
                tempF = new Vector2Int[4];
                for (int a = 0; a < 4; a++)
                    tempF[a] = new Vector2Int(y, x + a);
                createCandyDic.Add(tempF, CandyType.Vertical);
            }
            x += 3;//跳过已经记录的格子
        }
    }
}
```

（6）合成横向删除糖果。

合成横向删除糖果需要一组4个纵向连续且相同的糖果组合，并且不形成菱形删除糖果组合。纵向4连删除数据示例如图3-35所示，图中线框标记部分对应的4个黄色三角形是4个纵向连续的相同糖果，这些格子的 y 值都为4。

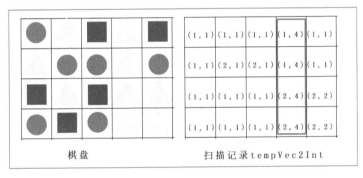

图3-35

判断横向删除糖果是否存在的方法和上文判断纵向删除糖果是否存在的方法在思路上是相同的，只是需要将横向遍历改为纵向遍历，并且判断的是 y 值而不是 x 值。其具体代码如下。

代码位置：见源代码目录下 Assets\Scripts\GameManager.cs。

```
//处理4连合成组合
//纵向扫描检测纵向连续
for (int x = 0; x < boardWidth; x++) {
    for (int y = 0; y < boardHeight; y++) {
        vecTemp = tempVec2Int[y, x];//当前数据
        //如果y值等于4，则说明此处可能是横向删除糖果组合
        if (vecTemp.y == 4) {
            isL = false;//判断是否为菱形删除糖果组合
            for (int n = 0; n < 4; n++) {
                //如果有一个格子的x值为3或4，则说明是菱形删除糖果组合的一部分
                if (y + n < boardHeight && (tempVec2Int[y + n, x].x == 3 ||
tempVec2Int[y + n, x].x == 4))
                    isL = true;
            }
            //保存非菱形删除糖果组合的4个纵向连续糖果的数据内容
```

```csharp
            if (!isL) {
                tempF = new Vector2Int[4];
                for (int a = 0; a < 4; a++) {
                    tempF[a] = new Vector2Int(y + a, x);
                createCandyDic.Add(tempF, CandyType.Horizontal);
            }
            y += 3;//跳过已经记录的格子
        }
    }
}
```

最后分析从扫描结果中提取出来的合成组合中的数据，如果当前这次扫描是在玩家操作后进行的扫描，则需要判断合成组合是否和玩家操作的两个格子坐标重合。如果重合，则需要将合成的糖果放在该位置，否则根据合成的糖果类型选取一个位置，再记录糖果的颜色和类型，以便下一个状态取用。具体代码如下。

代码位置：见源代码目录下 Assets\Scripts\GameManager.cs。

```csharp
//--------处理特殊糖果结果---------//
createInfoList.Clear();//需要合成的特殊糖果列表，包括坐标和颜色信息
int createX, createY, createColor;//合成特殊糖果的坐标和颜色
bool isPlayPos0 = false;//玩家操作的坐标
bool isPlayPos1 = false;//玩家操作的坐标
//遍历扫描结果，根据字典信息记录合成特殊糖果的坐标点、类型和颜色
foreach (var item in createCandyDic) {
    //如果是在玩家操作后检测的，则需要判断是否和玩家操作的坐标重合
    //如果重合，则将生成糖果的坐标设为玩家操作的坐标，否则随机
    if (needCheck) {
        foreach (var pos in item.Key) {
            if (pos.x == swapIndex0.x && pos.y == swapIndex0.y)
                isPlayPos0 = true;
            else if (pos.x == swapIndex1.x && pos.y == swapIndex1.y)
                isPlayPos1 = true;
        }
    }
    if (isPlayPos0) {
        createY = swapIndex0.x;
        createX = swapIndex0.y;
    }
    else if (isPlayPos1) {
        createY = swapIndex1.x;
        createX = swapIndex1.y;
    }
    else if (item.Value == CandyType.Diamond) {
        createY = item.Key[0].x;
        createX = item.Key[0].y;
    }
    else {
        createY = item.Key[item.Key.Length / 2].x;
        createX = item.Key[item.Key.Length / 2].y;
    }
    createColor = candyColorInBoard[createY, createX];//获取需要生成的糖果颜色
    //根据需要生成的糖果类型填充相应数据
    switch (item.Value)
```

```
            {
            case CandyType.Diamond:
                createInfoList.Add(new CandyInfo(createColor, new 
Vector2Int(createY, createX), CandyType.Diamond));
                break;
            case CandyType.Vertical:
                createInfoList.Add(new CandyInfo(createColor, new 
Vector2Int(createY, createX), CandyType.Vertical));
                break;
            case CandyType.Horizontal:
                createInfoList.Add(new CandyInfo(createColor, new 
Vector2Int(createY, createX), CandyType.Horizontal));
                break;
            case CandyType.AllIn:
                createInfoList.Add(new CandyInfo(ordinaryCandySprites.Count, new 
Vector2Int(createY, createX), CandyType.AllIn));
                break;
            default:
                break;
            }
    }
```

至此，检测状态的设计与实现介绍完毕。本节省略了部分声明字段和对字段赋值的代码，如有需要请读者自行翻阅本实例的源代码。

3.4.10 删除与生成糖果的设计与实现

当游戏中检测出需要被删除的糖果时，首先进入删除状态，而一般删除糖果后会有生成特殊糖果的需求，但又因为需要等待删除动画结束后再生成特殊糖果，所以将删除和生成特殊糖果分为两个游戏状态。

在删除糖果状态执行删除糖果操作的过程中，如果删除的是特殊糖果，则会生成新的等待删除糖果，所以在数据上用两个表分别记录等待删除糖果和正在删除糖果。

在其他状态生成需要被删除的糖果时，糖果坐标会被记录到等待删除糖果列表。

当游戏进入删除糖果状态时，将等待删除糖果列表中的内容复制到正在删除糖果的列表中，再对正在删除糖果列表中的坐标进行删除操作。

当正在删除糖果列表中的糖果是特殊糖果时，其所产生的新的需要被删除的糖果又会被添加到等待删除糖果列表中，如此循环。

直到等待删除糖果列表为空时，说明棋盘上所有需要删除糖果的情况都已经执行完毕，可以跳出删除糖果状态。具体代码如下。

代码位置：见源代码目录下 Assets\Scripts\GameManager.cs。

```
    void Clear()
    {
        while (delPositionListTemp.Count != 0) {
            foreach (var item in delPositionListTemp)
                delPositionList.Add(item);
            delPositionListTemp.Clear();
            for (int i = 0; i < delPositionList.Count; i++)
                DestroyCandyUnclassified(delPositionList[i]);
```

```
            delPositionList.Clear();
        }
//如果等待删除糖果列表为空（长度为0），则说明已经完成删除操作，跳转到下一状态前需要进入动画状态
        gameState = GameState.Anima;
        gameStateNext = GameState.CreateMatchCandy;
    }
```

删除糖果操作方法又需要分为已处理方法和未处理方法，使用已处理方法判断该糖果确实存在后，直接删除该糖果并记录数据；使用未处理方法则需要根据糖果类型进行处理，再调用已处理方法删除糖果。相关代码如下。

代码位置：见源代码目录下 Assets\Scripts\GameManager.cs。

```
//删除已处理过的糖果，判断其确实存在，进行删除操作并生成删除特效动画，记录动画个数
void DestroyCandyClassified(Vector2Int vector2Int)
{
    if (candiesInBoard[vector2Int.x, vector2Int.y] &&
candiesInBoard[vector2Int.x, vector2Int.y].gameObject) {
        int y = vector2Int.x;
        int x = vector2Int.y;
        int c = candyColorInBoard[y, x];
        if (c < ordinaryCandySprites.Count) {
            Instantiate(explosionEffects[c], squareparent.position + new
Vector3(x * widthDistance, -y * heightDistance), Quaternion.identity);
            animaCounter++;
        }
        candiesInBoard[y, x].Delete();
        candyColorInBoard[y, x] = int.MaxValue;
    }
}
//删除未处理过的糖果，需要对糖果类型进行判断和处理
public void DestroyCandyUnclassified(Vector2Int vector2Int)
{
    int y = vector2Int.x, x = vector2Int.y;
    CandyControl candy = candiesInBoard[y, x];
    switch (candy.candyType)
    {
        case CandyType.Ordinary:
            break;
        case CandyType.Diamond:
            DiamondDestroy(y, x, diamondRadius);
            break;
        case CandyType.Vertical:
            VerticalDestroy(x);
            break;
        case CandyType.Horizontal:
            HorizontalDestroy(y);
            break;
        case CandyType.AllIn:
            AllInDestroy(Random.Range(0, ordinaryCandySprites.Count));
            break;
        default:
            break;
    }
    DestroyCandyClassified(vector2Int);
}
```

然后是生成特殊糖果状态，直接遍历生成特殊糖果列表，将信息传入生成糖果方法并生成糖果即可。这里为了简化项目起见，没有添加特效动画，所以不需要进行动画跳转，相关代码如下。

代码位置：见源代码目录下 Assets\Scripts\GameManager.cs。

```
void CreateMatchCandy()
{
    foreach (var item in createInfoList) {
            CreateCandy(item.index.x, item.index.y, item.color, item.candyType);
    }
    createInfoList.Clear();
    gameState = GameState.Down;
}
```

至此，本章实例的制作过程介绍完毕，本章省略了部分声明字段和对字段赋值的代码，如有需要请读者自行翻阅本实例的源代码。

第 4 章　另类跑酷游戏——《套马》

跑酷类游戏在手机平台上是一种非常受欢迎的游戏类型，比如经典的《神庙逃亡》和《地铁跑酷》，都是知名度很高的手机游戏。

本章介绍使用 Unity 引擎制作的一个另类跑酷游戏——《套马》。由于该游戏的玩法新颖，读者将会学习到许多崭新的游戏开发技巧，以及解决实际问题的技术。

4.1　游戏的开发背景和功能概述

优秀的跑酷类游戏有很多，它们的设计各有不同，比如画面可以是 3D 的也可以是 2D 的，视角可以是侧方的、角色后方的或斜上方的，也可以加入攻击、滑铲和跳跃等动作。而《套马》游戏则是将高速奔跑、跳跃与驯服马的玩法相结合，让玩家有耳目一新的感觉。

4.1.1　游戏开发背景

"套马"是游牧民族的传统活动，原为牧民放牧时约束马的一种手段，现在主要作为一种体育娱乐活动。进行套马时，骑手先要选择一匹烈马，当其疾驰时，骑手跃马追赶，用绳索或顶端有套索的长杆去套住烈马的脖子，然后勒紧绳索，逐步驯服烈马。

该游戏借鉴了"套马"的一些主要元素，比如骑马飞驰、用绳索套马等，结合跑酷类游戏的基本玩法——躲避障碍和跳跃，将这些元素和玩法组合成一个简明易懂、易于上手的另类跑酷游戏。

在该游戏中，玩家控制角色在草原上骑马飞驰，前方不断出现新的马。玩家需要控制角色一边躲避树木等障碍，一边对准前方的马，在合适的时机起跳和落下，才能恰好地骑在前方的马身上，从而得分。如果长时间不跳跃换马，不仅不能得分，而且可能遭遇马陷入发怒状态的情况，使游戏节奏发生变化。

4.1.2　游戏功能

1. 游戏开始界面

运行游戏后，我们首先看到的是游戏开始界面。该界面与大多数跑酷类游戏一样，有着简单的背景、标题与"开始游戏"按钮，如图 4-1 所示。

图 4-1

2. 游戏主画面

单击"开始游戏"按钮即可开始游戏，游戏主画面如图 4-2 所示。游戏主场景是一个卡通风格的 3D 场景，画面主体是一条无限延长的道路，角色骑着马、挥舞着套索在草原上驰骋，玩家通过方向键控制角色左右转向，从而躲避树木等障碍物，并在合适的时机操纵角色纵身一跃，跳在前面的马身上。每成功跳跃一次即可得 100 分，当前分数将显示在游戏主画面的左上角。

图 4-2

3. 游戏结束界面

角色碰到障碍物或跳马失败，则游戏结束。每次游戏结束时将弹出游戏结束界面，如图 4-3 所示。

图 4-3

游戏结束时并不切换场景，只是在主画面上覆盖一层半透明的白色背景，显示"GAME OVER"（游戏结束）和"BEST SCORE：XXXX"（历史最高分）。单击下方的"RESTART"（重新开始）按钮则可以再次游玩游戏，挑战自己的最高分。

4.2 游戏的策划和准备工作

本节主要对该游戏的策划和开发前的准备工作进行介绍，需要做的准备工作大体上包括玩法设计和准备资源等。

4.2.1 游戏的策划

本节将对该游戏的具体策划工作进行介绍。

1. 游戏类型

该游戏为跑酷类游戏。

2. 运行目标平台

运行该游戏的目标平台为手机平台，包括 Android 和 iOS 平台。技术上也兼容 PC 平台。

3. 目标受众

该游戏为轻度休闲游戏，操作简单，目标清晰，适合全年龄段的玩家游玩。

4. 操作方式

该游戏在 PC 平台上通过键盘控制角色转向和跳跃，在手机平台上通过在触摸屏上滑动和点击进行操作。

5. 呈现技术

该游戏的画面以 3D 方式展现，但摄像机角度是固定角度的斜向俯视视角。摄像机跟随角色向前移动，角色在画面上的位置基本不变或只有小幅变化。

该游戏包含了多种动画、音乐和音效，具有一定的表现力，以及能对玩家操作进行反馈。通过后期效果与光照调节，可以进一步改善游戏画质。

4.2.2 使用Unity开发游戏前的准备工作

下面介绍使用Unity开发游戏前的准备工作，这里将所有资源整合到列表中，方便读者查阅。

（1）图片资源如表 4-1 所示。这些资源位于"Assets/Images"文件夹中。

表 4-1

文件名	用途
Horse.png	游戏开始界面的卡通小马图片
radial.png	圆环形图片，用于指示角色跳跃的位置
warning.png	红色叹号图片，警告马即将进入发怒状态
套马.png	游戏开始界面的标题文字
草原.jpg	游戏开始界面的背景图

（2）下面介绍的是该游戏中的游戏物体所用到的三维模型资源，如表 4-2 所示，这些资源位于"Assets/SimplePeopleAnimal"文件夹中。

表 4-2

游戏物体	资源类型	资源具体路径 SimplePeopleAnimal/
角色	模型	Models/SimpleFarm_Characters.fbx
	材质	Materials/SimpleFarmer.mat

续表

游戏物体	资源类型	资源具体路径 SimplePeopleAnimal/
马	模型	Models/Animal_Horse.fbx
	材质	Materials/SimpleAnimalsFarm.mat
绳索	模型	Models/绳索.fbx
草地	材质	GrassLand/grass_shadow.mat
树木 1	模型+材质	GrassLand/tree1.fbx
树木 2	模型+材质	GrassLand/tree2.fbx
树木 3	模型+材质	GrassLand/tree3.fbx
树木 4	模型+材质	GrassLand/tree4.fbx

> **注意**：每个材质文件的贴图保存在对应的图片文件中。fbx 文件可以保存模型、贴图和动画，某些模型为了方便替换外观，材质是单独保存的；而树木模型的 fbx 文件包含了材质，动画素材的资源如表 4-3 所示。

表 4-3

动画素材	资源路径
马奔跑动画	包含在马模型文件中
角色骑马动画	Models/Rider_Sprint.fbx
角色其他动画	Models/Animations.fbx

（3）如表 4-4 所示是该游戏中所用到的音频资源，所有的音频资源位于"Assets/Audio"文件夹中。

表 4-4

文件名	用途
coin_03.wav	警告提示音
hit_16.wav	因撞击地面或障碍物而失败的音效
jump_27.wav	跳跃音效
马跑.mp3	骑马奔跑时的音效，音频长度较长

（4）该游戏采用了一种像素英文字体，该字体与该游戏的卡通模型风格更为统一。该字体名称为 ThaleahFat，位于"Assets/Font"文件夹中。该文件夹包含了字体配置与相关材质，可以被 Unity 直接识别和使用，如表 4-5 所示。

表 4-5

字体名称	用途
ThaleahFat	游戏内的得分数字与其他界面字体

（5）该游戏使用了 Cinemachine 插件制作跟随式摄像机，可以在 Unity 的包管理器中导入该插件并使用。

另外，推荐在 Unity 的资源商店中下载"Sound FX - Retro Pack"音效包，以及"Free Pixel Font

- Thaleah"像素字体包,以丰富和完善游戏的表现力。

4.3 游戏的架构

本节将介绍该游戏的架构,读者通过学习可以进一步了解该游戏的开发思路,对整个开发过程也会更加熟悉。

4.3.1 游戏场景简介

使用 Unity 时,场景开发是开发游戏的主要工作。游戏中的主要功能都是在各个场景中实现的。每个场景包含了多个游戏物体,其中,某些游戏物体挂载了特定功能的脚本。该游戏包含了两个场景,下面对这两个场景中的游戏物体及其挂载的脚本进行介绍。

1. 游戏开始场景

游戏的开始场景是一个独立界面,其与游戏场景之间只需一个按钮就可以监听跳转的关系,因此可以将其单独制作为一个场景。该场景中所包含的游戏物体及脚本如表 4-6 所示。

表 4-6

游戏物体	脚本	备注
Canvas	无	UI 画布,所有 UI 元素都是其子物体
Button	无	"开始游戏"按钮
StartScene	StartScene	用于挂载开始场景脚本的空游戏物体

2. 游戏场景

该游戏是无限关卡,关卡之间用目标得分数值的变化作为难度提升的依据,所以只需要每次重新加载关卡场景及重置相关数据即可。该场景中所包含的游戏物体及脚本如表 4-7 所示。

表 4-7

游戏物体	中文名称	脚本	备注
Horse1	马	Animal	角色未骑马时的马控制器
		AnimalRide	角色骑马时的马控制器
Player	角色	无	角色人物
Floor1	地面	无	不断生成的地面,上面放置了树木等障碍物,有多种地面
tree1	树木	无	障碍物,有多种树木
Spawner	物体生成器	Spawner	用于生成新的马
CM vcam1	虚拟摄像机	GameMode	跟随角色的摄像机,挂载了游戏管理器脚本
BGM	背景音乐	无	播放背景音乐的音源

4.3.2 预制体介绍

制作该游戏时会动态生成一些物体,包括马和地面等,都需要将其做成预制体,这样方便创建和使用。这些预制体会随着制作过程逐步实现,该游戏中的预制体如表 4-8 所示。

预制体均位于"Assets/Prefabs"文件夹中。

表 4-8

预制体名	中文名称	备注
Horse1	马 1	马的预制体，第 1 种
Horse2	马 2	马的预制体，第 2 种
Horse3	马 3	马的预制体，第 3 种
Floor1	地面 1	第 1 种地面
Floor2	地面 2	第 2 种地面
Floor3	地面 3	第 3 种地面
Player	角色	角色预制体
tree1	树木 1	第 1 种树木障碍物
tree2	树木 2	第 2 种树木障碍物
tree3	树木 3	第 3 种树木障碍物
tree4	树木 4	第 4 种树木障碍物

4.3.3 游戏玩法和流程

下面介绍该游戏的具体玩法和整体流程。

（1）进入游戏主场景后，角色骑在一匹马上向前方奔驰。

（2）角色骑马向前奔跑时，前方会不断出现新的地面。前方出现的地面有一定的随机性，如树木等障碍物会有所变化，并且前方会随机出现新的马。

（3）玩家按左右方向键可以使角色转向（默认为键盘的"A"键和"D"键），松开方向键会回到正前方。玩家可通过转向使角色规避障碍物。

（4）玩家可以随时按下跳跃键（默认为键盘的空格键），使角色从当前的马身上起跳。

（5）角色跳跃后，不要立即松开跳跃键，因为在不合适的地方落地会导致角色跌倒，造成游戏结束。

（6）在跳跃过程中若持续按住跳跃键，则会出现一个提示落地位置的黄色圆圈。当黄色圆圈出现在其他马的上方时松开跳跃键，角色就能落到目标马的身上。这样就成功地完成了一次套马，即可获得分数。

（7）不断重复套马过程，就能不断前进，让游戏进行下去，同时得分。

（8）如果长时间不跳跃，则会在角色上方出现一个红色叹号，并伴有警告音效。如果一段时间后仍然没有跳跃，当前乘坐的马就会发怒，它会快速移动并左右摇摆，难以控制。这个设计是为了加快游戏节奏，保持游戏的紧张感。

（9）撞到障碍物、碰到地面边缘或跳跃落到地面都会导致游戏结束。游戏结束时会弹出游戏结束界面，展示当前分数和历史最高分，并且可以再次开始游戏。

4.4 开始场景的开发

本节将介绍该游戏的场景开发，该游戏开始场景的设计非常简单，主要使用了按钮响应和切换场景的技术。

4.4.1 场景的搭建及相关设置

首先对资源的准备进行介绍。

（1）新建一个 Unity 3D 项目，导入资源文件，将该游戏所要用到的资源进行分类整理，资源文件及其路径详情参见 4.2.2 节中的相关内容。

（2）在"Scenes"文件夹中新建场景"Start"，作为开始场景；新建场景"Game"，作为游戏主场景。

（3）在菜单栏中执行"File->Build Settings"命令，打开"Build Settings"窗口，将场景 Start 的文件拖动到"Scenes In Build"窗口中。使用同样的方法将场景 Game 的文件拖动到该窗口中。调整二者的顺序，让场景 Start 作为第一个场景（编号为 0），设置需要导出的游戏场景，如图 4-4 所示。

图 4-4

（4）双击打开场景 Start，在层级窗口（Hierarchy）中单击鼠标右键，在弹出的右键菜单中执行"UI->Canvas"命令，新建画布。在 Canvas 的检视窗口（Inspector）中将 UI Scale Mode 设为 Scale With Screen Size，Reference Resolution 设为目标平台像素比，并将示例的宽设为 1280、高设为 720。

4.4.2 脚本编辑及相关设置

下面介绍编辑相关脚本来实现按钮注册、界面跳转等功能。具体操作步骤如下。

（1）在"Assets"文件夹中新建一个文件夹"Scripts"，用于存放该游戏用到的所有脚本，新建脚本 StartBtn.cs，用于存放监听游戏的开始按钮的方法。

（2）编辑 StartBtn.cs 脚本，相关代码如下。

代码位置：见源代码目录下 Assets\Scripts\StartBtn.cs。

```
using UnityEngine;
using UnityEngine.SceneManagement;
public class StartBtn : MonoBehaviour
{
    //按下"开始"按钮的方法
    public void ButtonDown() {
        SceneManager.LoadScene("Game");              //跳转到场景 Game
    }
}
```

在上面的代码中，LoadScene 函数的参数为场景名称，即 "Game"。

游戏场景的开发

本节将介绍游戏主场景的开发方法。该游戏的玩法与一般的跑酷类游戏不同，玩家并不会直接控制角色，而是当角色骑在马上时，可以间接控制马的转向。而当角色不骑马时，马依然会向前奔跑，只不过马的奔跑速度和运动逻辑与其被骑时略有不同。因此设计游戏时要考虑到以下重点：

（1）在角色骑马时，角色作为马的子物体，其运动完全由父物体（也就是马）决定。而角色跳跃起来以后，其变为刚体，以实现跳跃和碰撞功能。

（2）在未被角色骑乘时，马按照固定方式运动；被角色骑乘以后，马的运动还受到玩家的控制，可以转向。

我们在实现以上功能时，会发现角色具有正在骑乘、正在跳跃、正在下落和碰到障碍等多种状态，每种状态的运动逻辑截然不同，适合使用状态机表示。状态机的写法会在下文的制作过程中讲解。

4.5.1 导入和使用模型素材

该游戏使用的 3D 模型素材需要进行正确设置后才能使用，下面介绍模型的导入设置。

1. 导入马模型

马模型位于 "Assets/SimplePeopleAnimal/Models" 文件夹中，其文件名为 "Animal_Horse.fbx"。第一匹马的模型素材如图 4-5 所示。

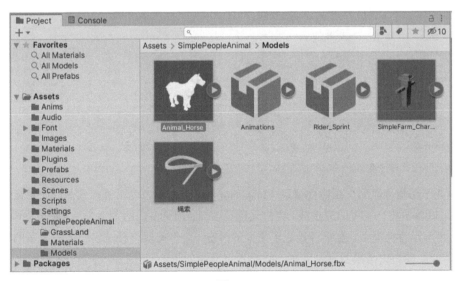

图 4-5

选中文件 "Animal_Horse.fbx"，在检视窗口（Inspector）中显示的就是模型导入设置界面，该界面分为 Model（模型）、Rig（骨骼）、Animation（动画）和 Materials（材质）四个页面。

模型导入设置如图 4-6 所示。

（1）Model（模型）页面设置

Scale Factor（缩放因数）：该模型尺寸较大，将 Scale Factor 设为 0.1，以确保模型大小合适。为了确认大小是否合适，可以与标准立方体的大小进行比较。标准立方体的边长为 1 米，马的高度设在 3 米至 5 米比较合适。

其他参数保持默认值，修改参数后需要单击下方的"Apply（应用）"按钮，将修改生效。

（2）Rig（骨骼）页面设置

Animation Type（动画类型）：该模型带有骨骼、非人形，所以应选择"Generic"类型。一般符合人类骨骼结构的角色选择"Humanoid"类型，其他骨骼结构的角色选择"Generic"类型。

Avatar Definition（骨骼结构定义）：该模型的骨骼信息就位于该模型的文件中，所以应选择"Create From This Model"类型，意思是从该模型中创建。

其他参数保持默认值，修改参数后单击下方的"Apply（应用）"按钮，将修改生效。

（3）Animation（动画）页面设置

Import Animation（导入动画）：可以指定是否导入动画，应勾选该复选框。

该模型包含了大量动画，为了简单起见，暂时只使用奔跑动画。在其他设置保持默认值时，可以看到 Clips（动画列表）中有 4 个动画。其中，Horse_Run 动画就是奔跑动画。选中该动画时，可以在页面下方看到动画片段的具体设置，勾选其中的"Loop Time（循环）"复选框，将"Cycle Offset（循环偏移量）"设为 0，模型动画片段设置如图 4-7 所示。

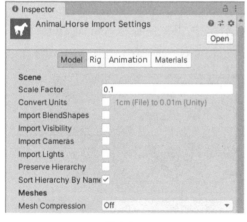

图 4-6　　　　　　　　　　　　　　　图 4-7

选中某个动画片段后，在检视窗口（Inspector）的下方窗口可以进行预览，如果该窗口是隐藏的，则可以单击窗口下方的双横线，会出现预览窗口。预览窗口的左上角有"播放动画"按钮，在其右上角可以替换模型。在正确设置了模型的情况下，只需要将预览窗口的右上角的模型选为"Auto"，就会看到白马模型预览动画。动画预览界面如图 4-8 所示。

（4）Materials（材质）页面设置

该页面用于配置模型材质，该模型不含材质，将"Material Creation Mode"（材质创建模式）设为 None 即可。

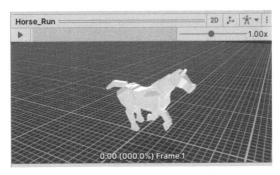

图 4-8

2. 导入角色模型

角色模型位于"Assets/SimplePeopleAnimal/Models"文件夹中,文件名为"SimpleFarm_Characters.fbx"。

导入角色模型时也需要在模型导入设置窗口中修改参数,由于角色页面与马的设置相同,就不再给出参考图,下面仅列举重要的参数。

(1) Model(模型)页面设置

Scale Factor(缩放因数):本模型较大,将缩放因数设为 0.01,在实际游戏里人物高度在 1.5 米左右。

(2) Rig(骨骼)页面设置

Animation Type(动画类型):该模型是标准人形骨骼,选择"Humanoid"(人形)。

Avatar Definition(骨骼结构定义):该模型的骨骼信息就位于该文件中,所以应选择"Create From This Model"类型。

(3) Animation(动画)页面设置

导入动画(Import Animation):该模型文件不包含动画,选择"None"即可。

4.5.2 创建角色预制体

1. 创建马预制体

在游戏场景中,将设置好的马模型 SimplePeopleAnimal/Models/Animal_Horse.fbx 拖动到场景窗口,会看到一个无贴图的白马模型,如图 4-9 所示。

图 4-9

可以与标准立方体（边长 1 米）进行比较，估计马的大小。如果不合适，则可以修改模型导入设置的缩放比例，不应直接对马进行缩放。

之后为马设置贴图。该模型的贴图方式也比较特殊，它提供了 5 种颜色的外观，但都使用了同一张贴图。在层级窗口（Hierarchy）中展开 Animal_Horse 物体左边的小三角，可以看到"SA_Animal_Horse_Black"、"SA_Animal_Horse_Brown"和"SA_Animal_Horse_Buckskin"等 5 个子物体，代表 5 种颜色的马，如图 4-10 所示。

图 4-10

接下来，选中"SA_Animal_Horse_Black"子物体，在检视窗口（Inspector）中可以看到一个组件"Skinned Mesh Renderer（皮肤网格渲染器）"，给其中的"Materials"（材质）属性指定一个材质，材质名为"SimpleAnimalsFarm"。修改材质时可以单击其右侧的小圆点，在弹出的窗口中选择材质，如图 4-11 所示。

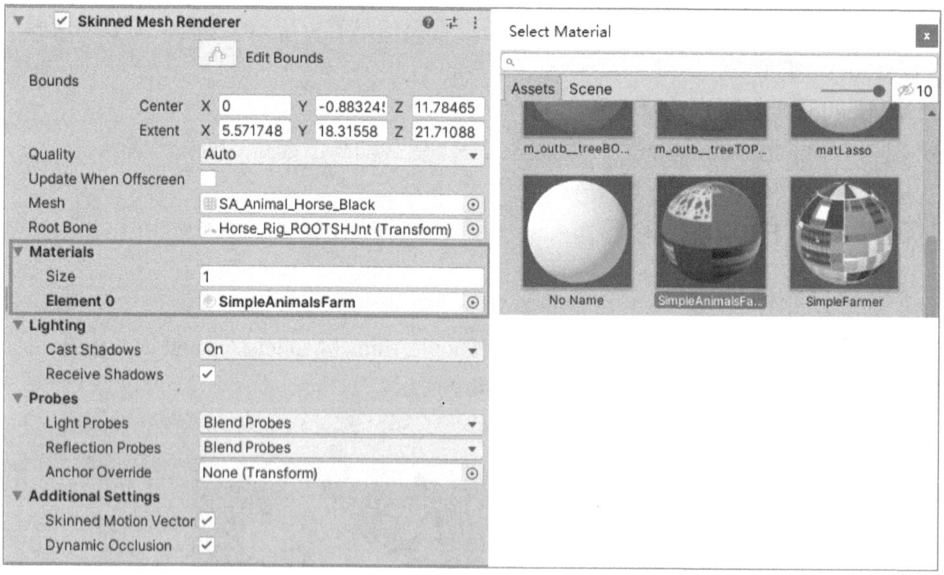

图 4-11

同理，对其他几个子物体"SA_Animal_Horse_Brown"、"SA_Animal_Horse_Buckskin"、"SA_Animal_Horse_Grey"和"SA_Animal_Horse_Palomino"都执行相同的操作，将其设为同一种材质，就可以得到 5 种不同颜色的马。这是因为虽然材质相同，但子物体模型的参数不同，显示的是同一张贴图中不同区域的颜色。

之后只要隐藏其中 4 个子物体，只显示某一个子物体，就得到了对应颜色的马。例如，将除

"SA_Animal_Horse_Black"外的子物体都隐藏，就得到了黑色的马，如图 4-12 所示。

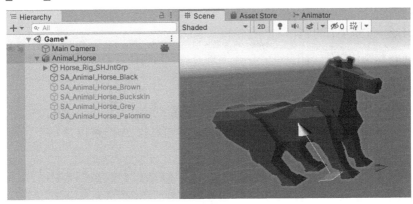

图 4-12

在场景中调整好一匹马以后，就可以创建预制体了。在"Assets"文件夹中创建"Prefabs"文件夹，将马的父物体 Animal_Horse 拖动到该文件夹中，就做好了一匹马的预制体，将预制体文件命名为"Horse1"。同理，可以做出 5 种不同颜色的马，这里先做一种。

2．创建角色预制体

将角色模型 SimplePeopleAnimal/Models/SimpleFarm_Characters.fbx 拖动到场景窗口，可以看到一个白色的人物模型。该模型有一个特殊之处——它可以用隐藏或显示子物体的方式变换 4 种外形，包括 Farmer（农民）、FarmersDaughter（农民的女儿）、FarmersWife（农民的妻子）和 Base（牛仔）。这里使用了 Base（牛仔），可以隐藏 Farmer、FarmersDaughter 和 FarmersWife 这三个子物体。

之后选中 Base 子物体，将材质拖动到该物体上，材质文件位于 SimplePeopleAnimal/Materials/SimpleFarmer.mat。同理也给 Wrangler 子物体赋予相同的材质。这样牛仔的颜色就配好了，如图 4-13 所示。

图 4-13

制作好以后，将角色物体"SimpleFarm_Characters"拖动到预制体文件夹中，与马预制体相同。并将预制体文件命名为"Player"，这样就做好了角色预制体。

角色先做到这里，等主场景搭建完毕以后，再给其配上动画，并实现骑马的功能。

4.5.3 创建场景预制体

准备好角色预制体以后，还要准备一些场景需要的预制体。

1. 场景的光照设置

在开始制作场景之前，为了确保制作时光线和色彩准确，首先在菜单栏中执行"Window -> Rendering -> Lighting Settings"命令，打开"Lighting"窗口，如图 4-14 所示。

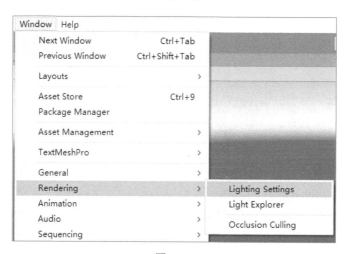

图 4-14

在"Lighting"窗口中勾选最下方的"Auto Generate（自动生成）"复选框，如图 4-15 所示。这样在制作场景时会自动烘焙光照，确保在制作时使色彩与最终效果一致。

> **注意**：对于场景非常复杂的游戏，不宜开启"Auto Generate"，会导致编辑场景时运算量增大，进而造成卡顿。

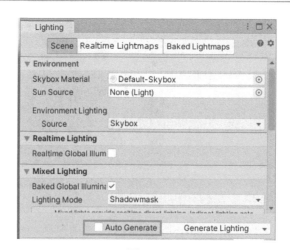

图 4-15

2. 创建树木预制体

在素材中提供了 4 种树木模型，它们都位于"SimplePeopleAnimal/GrassLand"文件夹中，将其分别拖动到场景中，并加上大小合适的胶囊碰撞体（Capsule Collider）或盒子碰撞体（Box Collider）即可。碰撞体只需要与树干大小相仿即可，不需要太大，如图 4-16 所示。

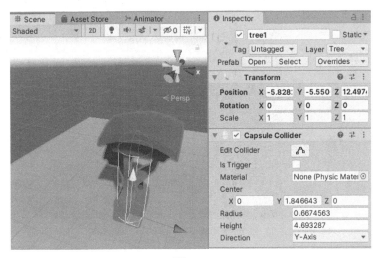

图 4-16

将制作好的树木拖动到"Prefabs"文件夹中并做成预制体，这 4 种树木预制体的名称分别为"tree1"、"tree2"、"tree3"和"tree4"。

3. 创建地面

（1）在场景中创建一个平面（在菜单栏中执行"3D Object -> Plane"命令），将其命名为"Floor1"，将其位置归 0。

（2）修改平面的 Scale（缩放）参数，将 X 轴的 Scale 设为 3，Z 轴的 Scale 设为 5，就得到了一个长条状的地面。

（3）将草地材质拖动到该地面上，草地材质文件路径为 SimplePeopleAnimal/GrassLand/grass_shadow.mat。

地面效果如图 4-17 所示。

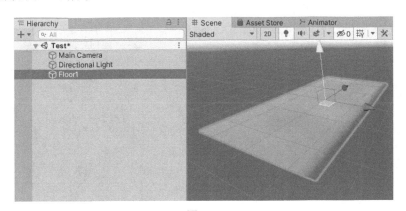

图 4-17

接下来，给地面加上一些树木，树木既是游戏中的障碍物，又可以美化游戏画面，如图 4-18 所示。

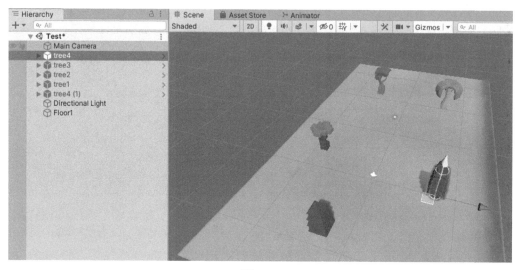

图 4-18

4. 制作地面预制体

后续还要自动生成地面，所以要进一步将其制作成预制体。首先创建一个空游戏物体，位置归零（注意：空物体位置一定要归零，否则会影响子物体坐标），将它命名为"Floor1"，作为地面的父物体。然后在层级窗口（Hierarchy）将刚才摆放的地面和树木都拖动到空游戏物体下面，作为它的子物体。

之后还要添加左右两侧的边界，可以先添加两个立方体，修改立方体的缩放参数，形成两个墙板，再隐藏立方体的渲染器（Mesh Renderer），就得到了透明的边界墙。做好以后的地面效果如图 4-19 所示。

图 4-19

确认地面、树木和边界墙都是"Floor1"的子物体，然后将"Floor1"拖动到 Prefabs 文件夹中，将其做成预制体。

使用同样的方式，再制作两种地面预制体，将其命名为"Floor2"和"Floor3"。为了方便，可以复制预制体 Floor1，再修改树木即可。

至此，所有必要的预制体都准备好了。

4.5.4 搭建场景

下面将各种预制体摆放到场景上，首先进行初步搭建场景，然后加上动画。

1. 初步搭建场景

（1）清空场景 Game 中除摄像机和光照外的游戏物体。

（2）将预制体中的地面 Floor1 拖动到场景中，将位置归 0。

（3）将预制体中的马 Horse1 拖动到场景中，将位置归 0。由于马的原点在其脚下，马应该位于场景的中央地面的上方。

（4）在马的骨骼结构中寻找适合的骑乘点，目的是让马跑动时角色能随之颠簸。这里需要的骑乘点是马的背部靠前的位置，具体位于 Horse_Rig_SHJntGrp/Horse_Rig_Spine_01SHJnt/Horse_Rig_Spine_02SHJnt，经过试验发现角色骑乘在该位置的效果较好。

（5）在子物体 Horse_Rig_Spine_02SHJnt 下面添加一个空的子物体，将其命名为"RidePoint"，将子物体位置先归 0，然后将位置（Position）设为(0.5944, 0, 0)，旋转角度（Rotation）设为(180, 90, -90)。这样修改后，子物体会朝向马的前方。骑乘点（RidePoint）相关设置如图 4-20 所示。

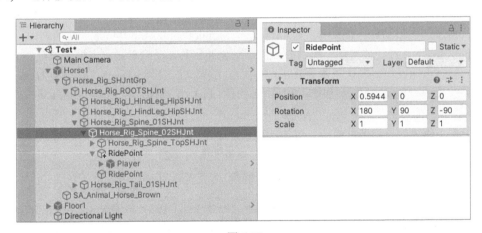

图 4-20

（6）将预制体中的游戏物体 Player 拖动到上面的骑乘点上，作为骑乘点的子物体。

> **注意**：将预制体中的游戏物体 Player 拖动到上面的骑乘点以后，将 Player 位置归零。

至此，场景中主要的游戏对象就搭建完成了，效果如图 4-21 所示。

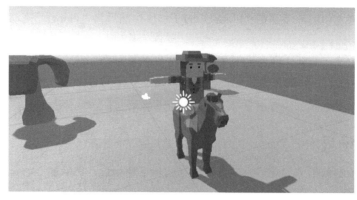

图 4-21

2. 添加角色动画

首先双击角色预制体 Player，进入预制体编辑界面，在检视窗口（Inspector）中观察角色，会发现动画状态机组件（Animator）已经添加好了，但缺少动画控制器（Controller）。所以要先创建并添加动画控制器。

在 Assets 文件夹中创建文件夹 Anim，并在其中创建动画控制器，将其命名为"Player"，然后将新创建的动画控制器拖动到动画状态机组件的 Controller 属性上。

打开动画状态机窗口（Animator），选中角色就可以对动画状态进行编辑。如果没有打开该窗口，则在菜单栏中执行"Window -> Animation -> Animator"命令，打开它。

（1）添加角色的骑马冲锋动作。在工程窗口（Project）中找到该动作，它位于 SimplePeopleAnim/Models 文件夹中，其名为"Rider_Sprint.fbx"。打开该文件右边的小三角，将里面的 Rider_Sprint 动作拖动到动画状态机窗口中，就添加了一个动作。

（2）再添加失败动作。该动作文件同样位于 SimplePeopleAnim/Models 文件夹中，其名为"Animations.fbx"，打开该文件，找到 Dead_01 动作并将其拖动到动画状态机中即可。

（3）经过上述操作，默认动作为 Rider_Sprint。添加动画变量 isDeath，其类型为 bool。

（4）给 Rider_Sprint 动作添加转移条件，目标是 Dead_01 动作。在 Rider_Sprint 动作上单击鼠标右键，在弹出的右键菜单中执行"Make Transition"命令，然后单击 Dead_01 动作。

（5）选中刚才的转移条件箭头，添加转移条件：当 isDeath 变量为 true 时转移。

完成的状态转移图如图 4-22 所示，状态转移条件如图 4-23 所示。

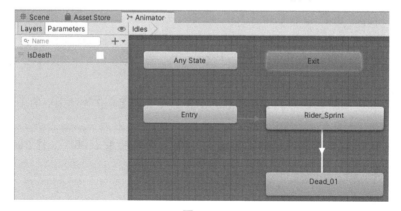

图 4-22

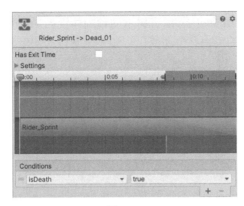

图 4-23

3. 添加马动画

马只需要一个奔跑动画,动画的添加方法与角色动作的添加方法类似,下面简要说明。

(1)在 Anims 文件夹中创建马动画控制器文件,将其命名为"Horse"。将马预制体动画状态机组件的 Controller 字段设为新建的 Horse。

(2)打开动画控制器窗口,将马奔跑动作文件拖动到该窗口中。马奔跑动作文件位于马模型文件中,路径为 SimplePeopleAnimal/GrassLand/Animal_Horse.fbx。

(3)在马模型文件中找到包含的 Horse_Run 的动作文件,将其拖动到动画状态机中即可。不需要添加动画变量和转移条件。

4.5.5 设置游戏物体的层

在游戏中会遇到各种发生碰撞的情况,例如,骑乘的马与其他马碰撞、马与树木碰撞,或者角色跳跃时与地面碰撞等。

为了便于判断哪些游戏物体发生了碰撞,下面给不同类型的游戏物体设置不同的层(Layer)。

在任意马的预制体上单击 Layer 右侧的下拉框,选择"Add Layer"(添加层)。在层设置窗口中添加两个新的名称,分别为"Animal"层和"Tree"层,如图 4-24 所示。

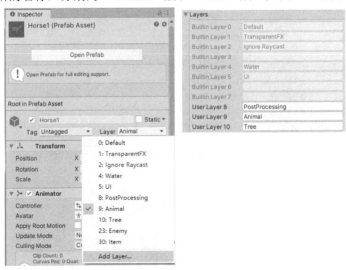

图 4-24

将所有马的预制体设为 Animal 层，所有树木的预制体设为 Tree 层。在修改了预制体的层后，场景中已经存在的游戏物体的层也会自动变化。如果没有自动变化，则需要手动修改。

> **注意**：在修改场景中的马时，由于角色是马的子物体，很容易造成游戏物体 Player 也被修改成了 Animal 层，应确保游戏物体 Player 位于 Default 层。

4.5.6 设置摄像机

该游戏使用了 Cinemachine 插件实现跟随式摄像机。

1. 导入Cinemachine插件

首先打开包管理器窗口，在菜单栏中执行"Window -> Package Manager"命令，在打开的包管理器窗口中搜索"Cinemachine"。选中 Cinemachine 选项，单击该窗口底部的"Install"（安装）按钮即可。

安装时会弹出询问窗口，进行全部导入即可。

2. 创建并设置虚拟摄像机

安装好 Cinemachine 插件后，会在主菜单中出现"Cinemachine"菜单。在菜单栏中执行"Cinemachine -> Create Virtual Camera"命令，会创建一个虚拟摄像机游戏物体，将其命名为"CM vcam1"。

选中游戏物体 CM vcam1，可以看到 CinemachineVirutalCamera 组件，下面需要修改它的 Follow 属性和 Body 属性，如图 4-25 所示。

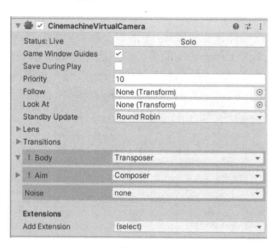

图 4-25

（1）将场景中的游戏物体 Player 拖动到 Follow 属性上。

（2）将 Body 设为"Framing Transposer"模式。

（3）修改摄像机角度。在挂载了虚拟摄像机，以及有了 Follow 的目标后，摄像机的位置就不可变了，但角度可以修改。修改游戏物体的旋转角度的 X 轴为 50 度，Y 轴为-45 度。

（4）打开 Body 左边的小三角面板，修改具体参数。主要是将"Camera Distance"（镜头距离）设为 35 左右。

经过以上修改，游戏画面会变成斜向俯视视角，如图 4-26 所示。

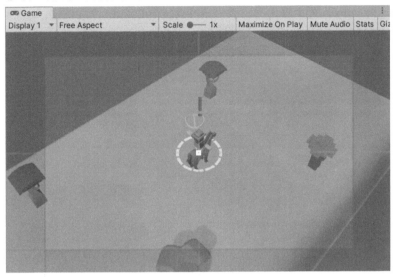

图 4-26

游戏画面中覆盖的蓝色和红色指示图，是虚拟摄像机组件为了方便调整参数而显示的，不会出现在最终游戏画面里。开发时只要选中虚拟摄像机游戏物体，就会显示这个指示图，选中其他游戏物体就不会显示。

可以微调虚拟摄像机组件的"Screen X"和"Screen Y"属性，让人物略微偏向画面左下角，视觉效果会更舒适。参考值为：Screen X 为 0.45，Screen Y 为 0.53。

设置好虚拟摄像机以后，可以尝试修改游戏物体 Player 的位置，会发现摄像机会随之运动。这样就用很简单的方法实现了效果很好的跟随式摄像机。

4.5.7 创建游戏界面

小型游戏的界面往往比较简单，该游戏的界面包含游戏结束界面和显示游戏分数界面。

1. 创建游戏结束界面

（1）在场景中创建面板背景，单击鼠标右键，在弹出的右键菜单中执行"UI -> Panel"命令，如图 4-27 所示。

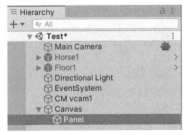

图 4-27

（2）调整画布适配。选中自动创建的 Canvas（画布），在检视窗口（Inspector）中调整 Canvas

Scaler 的参数。将 UI Scale Mode（缩放模式）设为 Scale With Screen Size（随屏幕大小缩放），参考分辨率设为 1920×1080，Screen Match Mode（匹配模式）设为 Match Width Or Height（匹配宽度或高度），Match（匹配）设为 1。因为该游戏是横屏游戏，所以界面大小仅随高度变化，具体设置如图 4-28 所示。

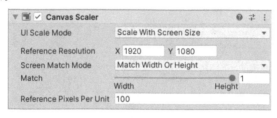

图 4-28

（3）在新建的面板上创建 2 个文本控件（Text）和 1 个按钮控件（Button），位置居中，字体颜色、位置和大小均可以自行调整，如图 4-29 所示。

图 4-29

2. 创建显示游戏分数界面

用一个文本控件表示游戏分数，注意它是 Canvas 的子物体，而不是 Panel 的子物体。分数应当与界面左上角对齐，有一定偏移量，如图 4-30 所示。

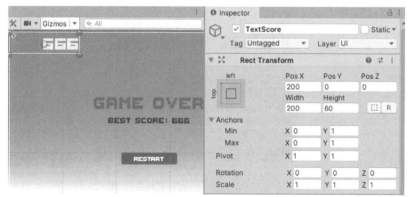

图 4-30

4.5.8 实现游戏管理器

游戏管理器负责多项功能，包括计算显示分数、创建新的地面、显示/隐藏游戏结束界面，以及重新开始游戏。

下面创建一个 GameMode.cs 脚本，内容如下：

代码位置：见源代码目录下 Assets\Scripts\GameMode.cs。

```csharp
using System.Collections;
using System.Collections.Generic;
using UnityEngine;
using UnityEngine.SceneManagement;
using UnityEngine.UI;

public class GameMode : MonoBehaviour
{
    public List<Transform> prefabFloor;   // 地面预制体列表
    public List<Transform> floors;        // 当前存在的地面

    public int score;                     // 当前游戏分数
    public Text textScore;                // 游戏分数文本控件

    public UIPanel panel;                 // 游戏结束面板

    public static GameMode Instance { get; private set; }  // GameMode 单例

    private void Awake()
    {
        Instance = this;    // 单例用法，设置本对象到静态属性中，方便其他脚本调用
    }

    void Start()
    {
        panel.gameObject.SetActive(false);      // 隐藏游戏结束面板
        textScore.text = score.ToString();      // 分数显示为初始值 0
    }

    void CreateDestroyFloor()
    {
        // 在前方创建新地面。地面长度为 100 米，所以位置每次累加 50 米
        Transform lastFloor = floors[floors.Count - 1];
        if (lastFloor.position.z < transform.position.z + 50)
        {
            Transform prefab = prefabFloor[Random.Range(0, prefabFloor.Count)];
            Transform newFloor = Instantiate(prefab, null);
            newFloor.position = lastFloor.position + new Vector3(0, 0, 50);
            floors.Add(newFloor);
        }

        // 销毁后方的地面
        Transform firstFloor = floors[0];
        if (firstFloor.position.z < transform.position.z - 50)
        {
            floors.RemoveAt(0);
            Destroy(firstFloor.gameObject);
        }
    }
```

```csharp
void Update()
{
    // 每帧检查是否需要创建地面
    CreateDestroyFloor();
}

// 得分时调用
public void AddScore(int n)
{
    score += n;
    textScore.text = score.ToString();
}

// 游戏结束时调用
public void GameOver()
{
    int best = PlayerPrefs.GetInt("score");
    if (score > best)
    {
        PlayerPrefs.SetInt("score", score);
    }
    panel.gameObject.SetActive(true);
    panel.Refresh();
}

// 单击"重新开始游戏"按钮时调用
public void Restart()
{
    SceneManager.LoadScene("Game");
}
```

编写好游戏管理器脚本后，将它挂载到虚拟摄像机 CM VCam1 游戏物体上，并通过拖动的方式给各个字段赋值。游戏管理器脚本设置如图 4-31 所示。

（1）Prefab Floor 属性是列表类型，将 Size 设为 3。3 个元素分别是 3 种地面预制体（可自行调整数量，用来增加或减少地面的种类）。

（2）Floors 属性也是列表类型，它的内容为当前的所有地面，应当将场景中默认的第 1 块地面赋值给它。

（3）Text Score 属性是分数文本控件。使用显示分数的 UI 文本给它赋值。

（4）Panel 为游戏结束面板。使用游戏结束界面的 UI 面板给它赋值。

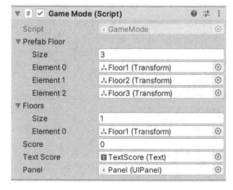

图 4-31

4.5.9 实现马脚本

马的奔跑分为两种情况：没有角色骑乘时奔跑，被角色骑乘时奔跑。马被角色骑乘时，除了具有转向的功能，在一些细节上也有很大不同。所以这里使用了两个不同的脚本分别实现两种奔跑逻辑。

角色未骑乘马时的脚本为 Animal.cs；角色骑乘马时的脚本为 AnimalRide.cs。下面展示具体代码。

代码位置：见源代码目录下 Assets\Scripts\Animal.cs

```csharp
using UnityEngine;

// 马脚本，未骑乘时启用
public class Animal : MonoBehaviour
{
    public float moveSpeed = 10;        // 移动速度
    public Transform ridePoint;         // Player 骑乘点，是马的子物体

    SkinnedMeshRenderer render;         // Skinned Mesh Renderer 组件
    Color origColor;                    // 记录马的原始颜色
    Color color;                        // 颜色变量，用于暂时修改马的颜色

    void Start()
    {
        // 获取 Skinned Mesh Renderer 组件
        render = GetComponentInChildren<SkinnedMeshRenderer>();
        // 记录原始颜色
        origColor = color = render.material.color;
    }

    void Update()
    {
        // 移动
        Move();
        // 改变当前颜色为 color
        render.material.color = color;
    }

    // LateUpdate 会在 Update 之后被调用
    private void LateUpdate()
    {
        // 改回原始颜色
        color = origColor;
    }

    void Move()
    {
        transform.position += transform.forward * moveSpeed * Time.deltaTime;
    }

    // 修改颜色变量，由其他脚本调用
    public void ChangeColor(Color c)
    {
        color = c;
    }
}
```

代码位置：见源代码目录下 Assets\Scripts\AnimalRide.cs

```csharp
using System.Collections;
using System.Collections.Generic;
using UnityEngine;
using DG.Tweening;

// 角色正在骑乘的马脚本
public class AnimalRide : MonoBehaviour
{
    public float moveSpeed;              // 马的移动速度
    public float turnSpeed = 30;         // 马的转向速度（角度）

    bool isCrazy = false;                // 马陷入疯狂状态时的标记
    public float crazyTurn = 10;         // 马陷入疯狂状态时的随机转向速度
    public float crazySpeed = 15;        // 马陷入疯狂状态时的奔跑速度

    void Start()
    {
    }

    void Update()
    {
        if (isCrazy)
        {
            // 马陷入疯狂状态时，会随机转向和加速
            float r = Random.Range(-crazyTurn, crazyTurn);
            transform.Rotate(0, r * Time.deltaTime, 0);

            moveSpeed = crazySpeed;
        }
        // 转向逻辑
        Turn();
        // 移动逻辑
        Move();
    }

    public void Move()
    {
        // 向自身前方移动
        transform.position += transform.forward * moveSpeed * Time.deltaTime;
    }

    public void Turn()
    {
        // 获取横向输入
        float x = Input.GetAxis("Horizontal");

        if (Mathf.Abs(x) > 0.5f)
        {
            // 旋转朝向
            transform.Rotate(0, x * Time.deltaTime * turnSpeed, 0);
        }
        else
        {
            // 在未按下转向键时自动回到前方
            Quaternion mid = Quaternion.identity;
```

```csharp
        transform.rotation = Quaternion.Lerp(transform.rotation, mid, 0.2f);
    }
}

public void OnTriggerEnter(Collider other)
{
    // 当撞上其他动物或树木时，游戏结束
    // 通过层（Layer）判断撞上的是哪种游戏物体
    Debug.Log("动物触发 "+other.name);
    if (other.gameObject.layer == LayerMask.NameToLayer("Animal")
        || other.gameObject.layer == LayerMask.NameToLayer("Tree"))
    {
        Player p = GetComponentInChildren<Player>();
        if (p) { p.Die(); }
    }
}

public void Bounce()
{
    // 卡通弹性效果
    Transform trans = transform.GetChild(0);
    trans.DOShakeScale(0.3f);
}

public void Crazy()
{
    // 马陷入疯狂状态
    isCrazy = true;
}
}
```

4.5.10 实现角色脚本

角色脚本 Player 是该游戏的难点。要实现角色脚本，首先要对功能进行思考和分析。

通过分析我们发现，如果马的转向和奔跑功能已经在马中实现了，则角色脚本的功能就只是集中在跳跃上了。

进一步考虑，当角色骑乘马时可以跳跃；当角色跳跃在空中时，应不断检测角色下方是否存在马；如果松开跳跃键时角色下方有马，则落在马的身上，否则会落地失败。

这样一来，依据游戏设计，我们可以用五种状态来描述角色的逻辑，如表 4-9 所示。

表 4-9

角色状态	枚举名	描述
骑乘	Riding	角色正在骑马，未起跳
跳跃（空中）	Jumping	起跳，但未松开跳跃键
落到马的身上	DropToRide	正在朝马下落
落到地面	DropToDie	未能瞄准马，自然下落
死亡	Dead	因落地或碰撞障碍物而死亡

这种将逻辑抽象成一个个状态的方法叫做有限状态机，简称状态机。在组织复杂逻辑时非常有用，可以让脚本编辑简化和清晰化。

除了独立的状态，编辑状态机的另一个重点是考虑状态之间如何转化。简单来看，前面所说的五种状态可以进行如下转化，如表 4-10 所示。

表 4-10

状态转移	转移条件描述
骑乘 > 跳跃	在骑乘状态下起跳
跳跃 > 落到马的身上	松开跳跃键时,瞄准了下方马
跳跃 > 落到地面	松开跳跃键时,未能瞄准马
落到马身上 > 骑乘	经历了下落过程,落到马的身上,回到骑乘状态
任意状态 > 死亡	在任何状态下,落到地面或碰到障碍物都可能导致角色死亡

经过这一系列分析,再编辑具体的脚本就相对容易一些了。

代码位置:见源代码目录下 Assets\Scripts\Player.cs

```csharp
using UnityEngine;
using DG.Tweening;

// 角色状态枚举定义
public enum PlayerState
{
    Riding,          // 骑乘状态
    Jumping,         // 跳跃状态
    DropToRide,      // 落到马的身上
    DropToDie,       // 落到地面
    Dead,            // 死亡
}

// 马陷入疯狂状态枚举
public enum CrazyState
{
    Normal,          // 正常
    Warning,         // 警告状态
    Crazy,           // 疯狂状态
}

// 角色脚本
public class Player : MonoBehaviour
{
    Rigidbody rigid;                        // 刚体组件
    Animator anim;                          // 动画状态机组件

    public Vector3 jumpForce;               // 跳跃力
    public Transform ridingAnimal;          // 当前正在骑乘的马
    public GameObject circleSprite;         // 圆形图片,指示下落时的范围
    public GameObject warningSprite;        // 警告图片,在马快要陷入疯狂状态时闪烁
    Lasso lasso;                            // 绳索子物体,绳索脚本组件

    PlayerState state;                      // 角色当前状态
    float beginRidingTime;                  // 开始骑乘马的时间
    Animal nearAnimal;                      // 下落时瞄准的动物,如果未瞄准,则为 null

    AudioSource audio;                      // 音源,用于播放音效
    public AudioSource bgm;                 // 背景音乐的音源
    public AudioClip dieSound;              // 失败音效
    public AudioClip warningSound;          // 警告音效
    public AudioClip jumpSound;             // 跳跃音效
```

```csharp
CrazyState crazyState = CrazyState.Normal;   // 表示马是否陷入疯狂状态

Sequence tweenSeq;                           // DOTween 缓动动画序列

void Start()
{
    // 获取刚体、动画、音源组件
    rigid = GetComponent<Rigidbody>();
    anim = GetComponent<Animator>();
    audio = GetComponent<AudioSource>();
    // 设置当前骑乘马的变量
    if (ridingAnimal == null)
    {
        ridingAnimal = transform.root;
    }
    // 对当前骑乘的马，启用 AnimalRide 脚本，禁用 Animal 脚本
    ridingAnimal.GetComponent<AnimalRide>().enabled = true;
    ridingAnimal.GetComponent<Animal>().enabled = false;

    // 隐藏圆形指示
    circleSprite.SetActive(false);
    // 隐藏警告图片
    warningSprite.SetActive(false);

    // 记录开始骑乘的时间为当前时间
    beginRidingTime = Time.time;
    // 获取绳索子物体
    lasso = GetComponentInChildren<Lasso>();
}

void Update()
{
    // 从 switch 开始是最重要的角色状态机逻辑
    switch (state)
    {
        case PlayerState.Riding:              // 骑乘状态
            {
                // 如果按下跳跃键，则进入跳跃状态
                if (Input.GetButtonDown("Jump"))
                {
                    tweenSeq.Kill();
                    Jump();
                    state = PlayerState.Jumping;
                    ridingAnimal = null;
                }
                float time = Time.time - beginRidingTime;

                if (crazyState == CrazyState.Normal)
                {
                    // 马正常状态
                    if (time > 3)
                    {
                        // 如果骑乘时间大于 3 秒，则准备跳转到警告状态
                        warningSprite.SetActive(true);
                        crazyState = CrazyState.Warning;
                        // 使用 DOTween 缓动动画，实现警告效果，并播放警告音效
                        tweenSeq = DOTween.Sequence();
                        audio.clip = warningSound;
```

```
                        audio.Play();
                        for (int i=0; i<5; i++)
                        {
                            tweenSeq.Append(warningSprite.GetComponent
<SpriteRenderer>().DOColor(Color.clear, 0.15f));
                            tweenSeq.Append(warningSprite.GetComponent
<SpriteRenderer>().DOColor(Color.white, 0.15f));
                            tweenSeq.AppendCallback(() => { audio.Play(); } );
                        }
                        tweenSeq.Play();
                    }
                }
                else if (crazyState == CrazyState.Warning)
                {
                    // 马警告状态
                    if (time > 4.5f)
                    {
                        // 如果警告状态大于 4.5 秒，则马陷入疯狂状态
                        warningSprite.SetActive(false);
                        crazyState = CrazyState.Crazy;
                        Debug.Log("Crazy");
                        ridingAnimal.GetComponent<AnimalRide>().Crazy();
                    }
                }

            }
            break;
        case PlayerState.Jumping:      // 跳跃状态
            {
                // 跳跃在空中时，每一帧都需要检测角色下方是否存在马
                CheckNearAnimal();

                // 判断是否松开跳跃键
                if (Input.GetButtonUp("Jump"))
                {
                    if (nearAnimal == null)
                    {
                        // 当松开跳跃键时，如果角色下方范围内没有马，则进入持续下落状态
                        state = PlayerState.DropToDie;
                    }
                    else
                    {
                        // 当松开跳跃键时，如果瞄准了某一匹马，则准备落到该马的身上
                        state = PlayerState.DropToRide;
                    }
                    circleSprite.SetActive(false);
                }
            }
            break;
        case PlayerState.DropToRide:        // 落到另一匹马上的状态
            {
                rigid.isKinematic = true;
                Transform ridePoint = nearAnimal.ridePoint;
                if (!ridePoint)
                {
                    Debug.LogError("预制体中没有 RidePoint！");
                    return;
                }
                if (Mathf.Abs(transform.position.y - ridePoint.position.y) < 0.2f)
```

```csharp
                    {
                        // 骑上去
                        ridingAnimal = nearAnimal.transform;
                        transform.SetParent(ridePoint);
                        transform.localPosition = Vector3.zero;
                        state = PlayerState.Riding;

                        AnimalRide ar = ridingAnimal.GetComponent<AnimalRide>();
                        ar.enabled = true;
                        ridingAnimal.GetComponent<Animal>().enabled = false;

                        ar.Bounce();

                        // 加分
                        GameMode.Instance.AddScore(100);

                        // 开始计时
                        beginRidingTime = Time.time;
                        crazyState = CrazyState.Normal;

                        bgm.Play();
                        return;
                    }
                    transform.position = Vector3.Lerp(transform.position, ridePoint.position, 0.4f);
                }
                break;
            case PlayerState.DropToDie:
                // 落到地面的状态。
                // 不用处理,等落地自然会死亡
                break;
            case PlayerState.Dead:
                // 角色死亡,隐藏绳索
                SetLassoVisible(false);
                break;
        }
    }

    // 按下跳跃键时执行的方法
    void Jump()
    {
        warningSprite.SetActive(false);
        AnimalRide animalRide = GetComponentInParent<AnimalRide>();
        float speed = animalRide.moveSpeed;

        // 设置父物体为空,即离开父物体
        transform.SetParent(null);

        // 进入刚体状态,之后由重力和初速度控制角色的运动
        rigid.isKinematic = false;
        rigid.velocity = new Vector3(0, 0, speed);
        rigid.AddForce(jumpForce);

        // 对这时骑乘的马禁用 AnimalRide 脚本,启用 Animal 脚本
        animalRide.enabled = false;
        ridingAnimal.GetComponent<Animal>().enabled = true;

        // 同时关闭马的碰撞体
        ridingAnimal.GetComponent<Collider>().enabled = false;
```

```csharp
        // 显示圆形图片指示器
        circleSprite.SetActive(true);

        // 播放跳跃音效,暂停背景音乐
        audio.clip = jumpSound;
        audio.Play();
        bgm.Pause();
    }

    // 在空中,检测角色下方一定范围内的马
    void CheckNearAnimal()
    {
        // 从角色位置开始,向其正下方发射一个半径1.8米的球形射线,射线长度为10米(远大于跳
跃高度),并且仅测试位于"Animal"层的碰撞体
        RaycastHit[] hits = Physics.SphereCastAll(transform.position, 1.8f,
Vector3.down, 10, LayerMask.GetMask("Animal"));

        // 如果碰到的动物数量为0
        if (hits.Length == 0)
        {
            // 则将"附近动物"变量设为空,并退出此函数
            nearAnimal = null;
            return;
        }
        // 由于射线检测到的动物可能有多个,所以按照动物与角色的距离排序。距离较近的排在数组前面
        System.Array.Sort(hits, (RaycastHit a, RaycastHit b) => {
            float da = Vector3.Distance(a.collider.transform.position,
transform.position);
            float db = Vector3.Distance(a.collider.transform.position,
transform.position);
            return da.CompareTo(db);
        });
        // 获取最近的那一个动物
        Collider near = hits[0].collider;

        // 将"附近动物"变量设为最近的那个动物,并将其高亮显示
        nearAnimal = near.GetComponent<Animal>();
        nearAnimal.ChangeColor(Color.yellow);
    }

    // 当在编辑器中选中角色,并且角色正在跳跃时,在场景窗口中绘制一个半径1.8米的球体,用来
确认大致的检测范围
    // 此函数仅在开发阶段有效,在正式发布的游戏中不会运行
    void OnDrawGizmosSelected()
    {
        if (state == PlayerState.Jumping)
        {
            Gizmos.DrawSphere(transform.position, 1.8f);
        }
    }

    // 死亡函数,当碰到障碍物或落地时被调用
    public void Die()
    {
        // 停止正在播放的缓动动画
        tweenSeq.Kill();
        // 切换角色状态为死亡
        state = PlayerState.Dead;
```

```csharp
    // 播放倒地动画
    anim.SetBool("isDeath", true);

    // 如果角色在骑马,则下马
    transform.SetParent(null);

    // 调用 GameMode 的结束游戏函数,处理其他游戏逻辑
    GameMode.Instance.GameOver();

    // 播放死亡时的音效
    audio.clip = dieSound;
    audio.Play();
}

// 碰撞函数,角色撞到障碍物时被 Unity 自动调用
private void OnCollisionEnter(Collision collision)
{
    // 如果角色撞到的是 Default 层的游戏物体,则死亡
    if (LayerMask.NameToLayer("Default") == collision.gameObject.layer)
    {
        Die();
    }
}

// 为了避免反复查找绳索子物体,使用一个 bool 变量记录当前绳索是否隐藏,是一种很好的优化技巧
// 去除 lassoVisible 变量和相关的判断,不影响逻辑正确性
bool lassoVisible = true;
// 显示或隐藏绳索
void SetLassoVisible(bool b)
{
    if (b != lassoVisible)
    {
        GetComponentInChildren<Lasso>().gameObject.SetActive(b);
        lassoVisible = b;
    }
}

// 设置角色的手部 IK(反向动力学),令角色的手部一直放在绳索的起点上
// 这样做是为了优化画面表现力,不影响主要逻辑
private void OnAnimatorIK(int layerIndex)
{
    anim.SetIKPositionWeight(AvatarIKGoal.LeftHand, 1);
    anim.SetIKPosition(AvatarIKGoal.LeftHand, lasso.transform.position);
}
```

> **注意**:游戏物体 Player 的脚本中有部分代码涉及了缓动动画插件 DOTween,相关的知识点和使用方法会在 4.6 节中做一个简要介绍。

4.6 游戏的优化与改进

动态效果在游戏中非常重要,特别是在一些休闲类游戏中有着举足轻重的地位,但制作动态效果本身是比较烦琐的。制作动态效果主要有两种思路,一是用动画资源制作,二是直接用协程

等方式编写定时运动。

使用动画的缺点为在游戏中很多动态效果是不确定的。比如，移动的起点和终点不确定、移动的速度不确定、显示的文字内容不确定等，都无法套用事先做好的动画。如果采用协程方式制作动画，则会让代码变得冗长，而且可能会引入很多难以调试的 BUG。

面对制作动态效果的需求，出现了一种非常简单实用的技术——缓动动画。

4.6.1　DOTween插件的使用方法

缓动动画既是一种编程技术，又是一种动画的设计思路。从设计角度来看，有以下描述。

（1）事先设计很多基本的动画样式，如移动、缩放、旋转、变色和弹跳等。但这些动画都以抽象方式表示，一般封装为程序函数。

（2）动画的参数可以在使用时指定，如移动的起点和终点、旋转的角度、变色的颜色，还有关键的动画时间长度，都可以用参数指定。

（3）动画默认为匀速播放，也可以指定播放的时间曲线，如可以做出先快后慢、先慢后快等效果，甚至还可以让时间在正流和倒流中交替，实现弹簧式的效果。

（4）这些动画可以按时间顺序任意组合，如先放大再移动、先缩小再变色再移动等。

（5）这些动画可以同时播放多个。比如，一边放大一边移动、一边缩小一边变色一边移动等。总之，可以按时间顺序组合，也可以同时组合。

采用上文的思路，可以封装出易用的缓动动画库。比如，DOTween 就是一种常用的缓动动画插件。

1. 导入DOTween插件

在资源商店中搜索"DOTween"，即可找到 DOTween（HOTween v2）插件，使用免费版即可，然后下载并导入该插件，如图 4-32 所示。

图 4-32

导入该插件后，会自动打开一个插件窗口，单击该窗口下方的按钮即可再打开一个 DOTween 的工具面板。由于目前该插件的功能越来越强大，因此特意增加了一个设置面板，如图 4-33 所示。

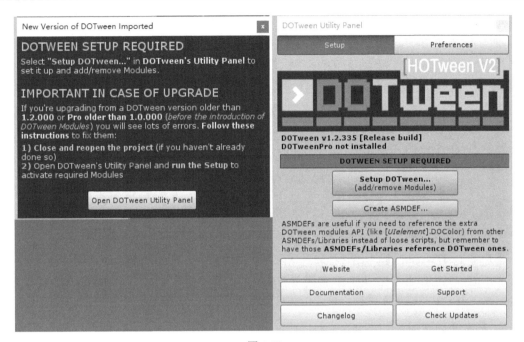

图 4-33

第一次打开设置面板时,中间有一个红色的"DOTWEEN SETUP REQUIRED"提示,它表示该插件需要设置后才能使用。单击绿色的设置按钮,会弹出一个新的对话框,等插件编译完成后,会让开发者选择导入的模块,如图 4-34 所示。

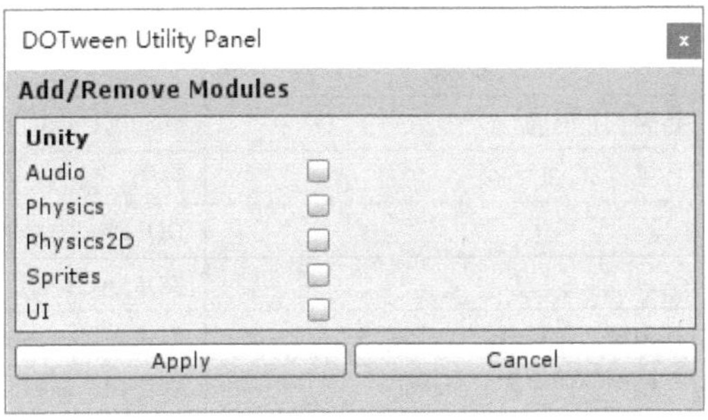

图 4-34

这里列出了音频、物理等多个 DOTween 插件的模块,选或不选都不影响基础功能的使用,单击"Apply(应用)"按钮即可。

> 小提示: DOTween 插件包含了很多好用的模块,甚至可以对音频做处理。但在大部分情况下,只需要进行常规的移动、缩放和旋转,或是改变材质的颜色,就足以做出大量的动态效果了。不导入以上模块,该插件就已经默认包含了很多基本的缓动动画。

顺利应用之后,下面介绍该插件的基本使用方法。创建脚本 TestTween.cs,相关代码如下。

```
using UnityEngine;
using DG.Tweening;
public class TestTween : MonoBehaviour {
    void Update()  {
        if (Input.GetKeyDown(KeyCode.D))
        {
            // 将 X 坐标为 5 的位置上的时间线移动到 1 秒
            transform.DOMoveX(5, 1);
        }
        if (Input.GetKeyDown(KeyCode.A))
        {
            // 将 X 坐标为 0 的位置上的时间线移动到 1 秒
            transform.DOMoveX(0, 1);
        }
    }
}
```

然后将 TestTween.cs 脚本组件挂载到任意游戏物体上，按下"D"键，游戏物体会沿 X 轴平移到 X=5 的位置，按下"A"键，又会移动到 X=0 的位置。可以看出，DOMoveX 是一个简单的平移动画，第 1 个参数是 X 坐标，第 2 个参数是时间。

2. 基本缓动动画

前文已经试验了简单的平移动画，DOTween 插件还提供了大量类似的动画模式，最常用的旋转、位移和缩放动画，这些都是直接对 Transform 组件（变换）操作的。各种动画的使用方法大同小异，列举如下。

首先是 Transform 的动画，如表 4-11 所示。

表 4-11

函数	参数	作用
DOMove	目标坐标，时间	移动到目标位置
DOMoveX	目标坐标 X，时间	移动，仅一个方向。同理还有 Y 和 Z
DOLocalMove		DOMove 的局部坐标系版本
DOLocalMoveX		DOMoveX 的局部坐标系版本，同理还有 Y 和 Z
DORotate	目标角度（欧拉角），时间	旋转到目标朝向
DORotateQuaternion	目标朝向（四元数），时间	旋转到目标朝向
DOLocalRotate		DORotate 的局部坐标系版本
DOLocalRotateQuaternion		DORotateQuaternion 的局部坐标系版本
DOLookAt	目标朝向（向量），时间	让游戏物体旋转，直到其前方为指定向量的方向
DOScale	目标比例，时间	缩放到指定比例
DOScaleX	目标比例 X，时间	缩放，仅一个方向。同理还有 Y 和 Z
DOPunchPosition	震动方向和强度，时间，震动次数，弹性	用于表现被强力击打后的震动，沿震动方向反复移动。时间之后的参数都可以省略
DOPunchRotation	震动方向和强度（旋转的轴），时间，震动次数，弹性	用于表现被强力击打后的震动，沿指定旋转轴来回旋转
DOPunchScale	震动方向和强度（缩放比例），时间，震动次数，弹性	用于表现被强力击打后的震动，根据指定比例缩放
DOShakePosition	时间，力度，震动次数，随机性（0~180）	表现随机性的震动。除时间外的参数都可以省略

续表

函数	参数	作用
DOShakeRotation	时间，力度，震动次数，随机性（0~180）	类似 DOShakePosition，用旋转表现震动
DOShakeScale	时间，力度，震动次数，随机性（0~180）	类似 DOShakePosition，用缩放表现震动
DOBlendableMoveBy	位置变化量，时间	与 DOMove 类似，但它能更好地处理动画混合，而且参数是变化量而不是目标值
DOBlendableRotateBy	旋转变化量，时间	DORotate 的动画混合+变化量版本
DOBlendableScaleBy	缩放变化量，时间	DOScale 的动画混合+变化量版本
DOBlendablePunchRotation		DOPunchRotation 的动画混合版本

以上函数基本涵盖了所有的变换组件的缓动动画方法。除了简单的移动、旋转和缩放动画，常用的还有摄像机缓动动画，作用于 Camera（摄像机）组件，如表 4-12 所示。

表 4-12

函数	参数	作用
DOShakePosition	时间，力度，震动次数，随机性	让摄像机随机性震动。时间以外的参数可以省略

可以使用缓动动画慢慢改变材质的颜色、透明度等，如表 4-13 所示是作用于 Material（材质）的缓动动画。

表 4-13

函数	参数	作用
DOColor	颜色，时间	渐变到指定颜色
DOFade	透明度（0~1），时间	渐变到指定透明度
DOGradientColor	颜色梯度，时间	根据指定的颜色梯度渐变
DOOffset	材质偏移（Vector2），时间	材质偏移，可以做贴图动画效果
DOBlendableColor	颜色，时间	DOColor 的可混合版本

UI 文本通常需要一些动态效果，如打字机效果（文字一个接一个出现）和改变文字颜色等。DOTween 插件还有一些专门用于 UI 的 Text 组件（文本）的缓动动画，如表 4-14 所示。

表 4-14

函数	参数	作用
DOText	文本内容，时间	打字机效果，逐字显示文本内容
DOColor	颜色，时间	改变文字颜色
DOFade	透明度，时间	改变文字透明度
DOBlendableColor	颜色，时间	DOColor 的可混合版本

3. 动画曲线（Ease）

通过试验发现，前面的动画效果都不是匀速运动的，而是有一个从快到慢的变化。这是因为 DOTween 插件默认的动画曲线不是线性的 Linear 曲线，而是 Out Quad 曲线。

在缓动动画中，动画曲线称为 Ease，它有多种内置的模式，包括通过修改 DOTween 设置可以改变默认的动画曲线。在菜单栏中执行"Tools -> Demigiant -> DOTween Utility Panel"命令，可以重新打开 DOTween 插件的设置页面，其中，Ease 选项就是动画曲线。可以将默认的 Out Quad 设为简单的线性 Linear，如图 4-35 所示。

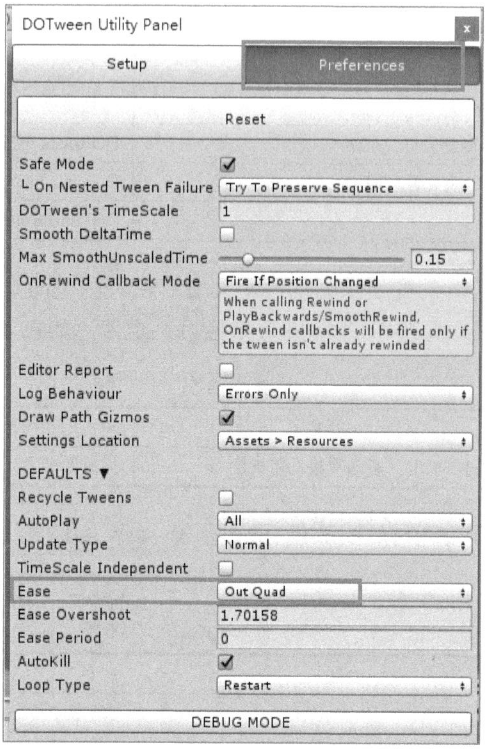

图 4-35

DOTween 插件提供了非常多的缓动动画曲线模式，这里不再一一详述。不过常用的几种曲线模式有明显的命名规则，如 In Sine、Out Sine、In Out 等，下面进行解释。

In 指的是由慢到快的方式，Out 指的是由快到慢的方式；Sine 曲线（正弦）是比较平滑的过渡，而 Quad 曲线则会有更明显的快慢变化。比 Quad 曲线的快慢变化更剧烈的，还有 Cubic、Quart、Quint 等曲线。Expo 代表指数曲线，还有更多特殊的曲线，如有弹性的 Elastic 曲线，先后退再前进的 Back 曲线，以及 Bounce 曲线。

当然，如果直接修改默认的动画曲线，则会导致所有动画都使用统一的曲线。实际上，每个动画都可以使用不同的动画曲线，示例写法如下。

```
if (Input.GetKeyDown(KeyCode.A))
{
    Tweener t = transform.DOMoveX(10, 1);
    t.SetEase(Ease.OutQuad);
}
if (Input.GetKeyDown(KeyCode.D))
{
transform.DOMoveX(0, 1).SetEase(Ease.InOutSine);
}
```

DOMove 等缓动函数的返回值可以用 Tweener 类型的变量接收，然后再对 Tweener 进行设置即可，除了 SetEase，还有其他可调用的方法。

4. 动画的组合

使用 Sequence（缓动动画序列）可以让多个动画依次播放，也可以在动画之间插入等待时间，其示例如下。

```
// 创建动画序列
Sequence seq = DOTween.Sequence();

// 添加动画到序列中
seq.Append(transform.DOMove(new Vector3(3,4,5), 2));

//添加时间间隔
seq.AppendInterval(1);

seq.Append(transform.DOMove(new Vector3(0, 0, 0), 1));

// 按时间插入动画
// 第1个参数为时间，插入动画到规定的时间点
seq.Insert(0, transform.DORotate(new Vector3(0, 90, 0), 1));
```

缓动动画序列有多种常用方法，Append 用于在序列后面添加动画；AppendInterva 用于添加等待时间；而 Insert 则是用于在指定时间处插入动画。

特别注意的是：使用 Insert 插入的动画并不是将原有动画推迟到后面，而是会和原来的动画同时播放。这就引出了一个关键问题：DOTween 插件的动画是可以同时播放的，而且 Sequence 虽然名为"序列"，但实际上也支持多个动画的同时播放。

除了利用 Sequence 顺序播放动画或同时播放动画，实际上直接创建多个动画，它们也会同时播放，示例如下。

```
// 两个动画同时播放，向斜上方移动
Tweener t = transform.DOMoveX(10, 1);
t.SetEase(Ease.OutQuad);
transform.DOMoveY(10, 1);
```

大部分缓动动画可以做到合理混合的效果，但有时同时播放多个动画也会产生不合理的结果。某些缓动动画带有 Blendable 关键字，如 DOBlendableMoveBy 这类缓动动画能够确保融合效果的正确性。

5. 控制动画的播放

缓动动画最大的优势在于它是完全由程序控制的，它的背后是一套整洁的数学算法，因此缓动动画很容易实现暂停、重播和倒播等功能。DOTween 插件也提供了多种控制动画播放的方法，其示例如下。

```
//播放
transform.DOPlay();

//暂停
transform.DOPause();

//重播
transform.DORestart();

// 倒播，此方法会直接退回起始点
transform.DORewind();
```

```
//删除动画
transform.DOKill();

//跳转到指定时间点。参数 1 为跳转的时间点，参数 2 为是否立即播放
transform.DOGoto(1.5f, true);

//向播放动画
transform.DOPlayBackwards();

//正向播放动画
transform.DOPlayForward();
```

6. 动画回调函数

为了更好地让动画与逻辑配合，与动画帧事件类似，缓动动画也可以添加一些回调函数。最常见的是在播放结束时自动调用一个函数，示例如下。

```
// 动画完成回调，为了方便起见，回调函数写成了 Lambda 表达式
transform.DOMove(new Vector3(3,3,0), 2).OnComplete(() => {
    Debug.Log("Tween 播放完成");
        });

// 无限循环震动
Tween t2 = transform.DOShakePosition(1, new Vector3(2, 0, 0));
t2.SetLoops(-1);
// 每次循环完成时回调
transform.DOMove(Vector3.zero, 2).OnStepComplete(() => {
    Debug.Log("Tween 单次播放完成");
        });
```

4.6.2　在该游戏中加入动态效果

《套马》游戏有两处用到了缓动动画。一是让马定时进入警告和疯狂状态；二是角色骑乘到马的身上时，马会有一个弹性效果。

1. 角色在骑乘状态下，马会定时进入警告和疯狂状态

代码位置： 见源代码目录下 Assets\Scripts\Player.cs

```
case PlayerState.Riding:           // 骑乘状态
    {
        // ……略……
        if (crazyState == CrazyState.Normal)
        {
            // 马正常状态
            if (time > 3)
            {
                // 如果骑乘时间大于 3 秒，则准备跳转到警告和疯狂状态
                warningSprite.SetActive(true);
                crazyState = CrazyState.Warning;
                // 使用 DOTween 缓动动画，实现警告效果，并播放警告音效
                tweenSeq = DOTween.Sequence();
                audio.clip = warningSound;
                audio.Play();
                for (int i=0; i<5; i++)
                {
                    tweenSeq.Append(warningSprite.GetComponent
```

```
<SpriteRenderer>().DOColor(Color.clear, 0.15f));
                tweenSeq.Append(warningSprite.GetComponent
<SpriteRenderer>().DOColor(Color.white, 0.15f));
                tweenSeq.AppendCallback(() => { audio.Play(); } );
            }
            tweenSeq.Play();
        }
    }
    // ……略……
}
```

在上面的代码段中，主要使用了 DOTween 的序列（Sequence）和添加回调方法（AppendCallback）实现定时功能。这种方法给了我们除协程外的另一种定时思路，而且能够让定时逻辑与动画更好地融合，值得借鉴。

2. 马的弹性效果

代码位置：见源代码目录下 Assets\Scripts\AnimalRide.cs

```
public void Bounce()
{
    // 卡通弹性效果
    Transform trans = transform.GetChild(0);
    trans.DOShakeScale(0.3f);
}
```

Bounce 方法使用了一个短暂的"缩放震动"效果，即使用 DOShakeScale 实现了马的弹性缩放。其中，参数 0.3f 用于控制震动的幅度，当角色骑乘到马上时，播放弹性动画可以实现较好的反馈效果。

第 5 章 经典游戏——《黄金矿工》

随着 Flash 游戏的蓬勃发展，凭借其易用性，吸引了许多个人游戏开发者，各种有趣的 Flash 游戏百花齐放。《黄金矿工》作为最经典的 Flash 游戏之一，在游戏圈子里广为人知。

本章将使用 Unity 模仿制作《黄金矿工》游戏。通过对本章的学习，读者将对使用 Unity 开发 2D 游戏的流程有深入的了解。

5.1 游戏的开发背景和功能概述

下面对该游戏的开发背景进行介绍，并对其功能进行分析概述。通过对本节的学习，读者将会对该游戏有一个整体的了解，明确该游戏的开发思路，直观了解该游戏所要实现的功能和需要达到的效果。

5.1.1 游戏开发背景

随着现代生活节奏的加快，休闲益智类游戏成了缓解人们压力的最佳选择之一，这些游戏往往具有上手简单、可玩性高的特点。

《黄金矿工》是由 Malcolm Michaels 与 Dan Glover 合作开发的一款淘金游戏。游戏背景为"美国淘金热"，该游戏在后期有许多衍生版本，但受众最广的还是第一版。

下面使用 Unity 对第一版的《黄金矿工》游戏进行模仿制作，该游戏的玩法是玩家通过"W" "S"键或"↑""↓"键控制游戏中的矿工进行投放炸药和收放钩爪。玩家可以抓取地下的物品，然后根据玩家抓取到的物品进行计分，而且每种物品具有不同的特性。

5.1.2 游戏功能

下面对该游戏的主要功能进行介绍。读者将了解到该游戏的主要功能，并对游戏的玩法有一个大致的了解，以及对该游戏的操作有简单的认识。

（1）运行游戏，首先进入游戏开始界面，如图 5-1 所示。在该界面的左下角提供了游戏操作提示，玩家可以通过单击矿工手上的"开始"按钮开始游戏。

图 5-1

（2）单击"开始"按钮进入游戏开始界面，该界面上会显示当前进入的关卡等级和该关卡的通关条件，如图 5-2 所示。

图 5-2

（3）然后进入游戏界面，如图 5-3 所示。玩家控制矿工收放钩爪来抓取地下的物品，获得钻石等宝物会增加玩家持有的金钱。

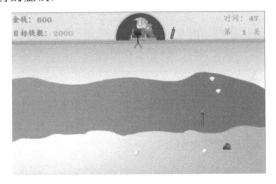

图 5-3

（4）当倒计时结束后，如果玩家持有的金钱比目标钱数多，则显示游戏通关提示界面，进入下一关，如图 5-4 所示。如果没有，则显示游戏结束界面。

图 5-4

5.2 游戏的策划和准备工作

本节主要对该游戏的策划和开发前的一些准备工作进行介绍，需要做的准备工作大体上包括策划和准备资源等。做好游戏开发前的准备工作,可以保证开发人员有一个顺畅的开发流程。

5.2.1 游戏的策划

下面对该游戏的具体策划工作进行介绍,读者将对该游戏的开发流程有一个基本了解。在实际的游戏开发过程中,还需要进行更细致、具体、全面的策划。

1. 游戏类型

该游戏的玩法为射击游戏,属于休闲益智类。

2. 运行目标平台

运行该游戏的目标平台为 PC 平台和手机平台。

3. 目标受众

该游戏适合全年龄段的玩家游玩。

4. 操作方式

该游戏有收放钩爪和投放炸药这两个操作。可以使用 "W" "S" 键或 "↑" "↓" 键进行操作。

5. 呈现技术

该游戏是对老游戏的模仿制作,用到了物理系统、动画系统、特效系统、UI 系统等常用的游戏开发功能。该游戏中包含了多种动画、音乐和音效,具有一定的表现力,以及能够提供给玩家操作反馈,是一个适合学习的完整实例。

5.2.2 使用Unity开发游戏前的准备工作

下面介绍使用 Unity 开发游戏前的准备工作,这里将所有资源整合到列表中,方便读者查阅。

(1)下面介绍的是该游戏中所用到的贴图资源,所有的贴图资源存放在项目文件中的 "Assets\Textures" 文件夹中。详细情况如表 5-1 所示。

表 5–1

文件名	用途
Background1.png	游戏界面背景
Background2.png	游戏开始界面背景
Background3.png	游戏结束界面背景
Bag.png	地下的钱袋
Bomb.png	地下的炸药
BombEff.png	炸药爆炸效果动图
BombUI.png	炸药存量 UI
Clip.png	矿工的钩爪
Diamond.png	地下的钻石
Gold.png	地下的金块
Info.png	UI 信息框

续表

文件名	用途
Miner.png	矿工角色贴图
Stone.png	地下的石头

（2）下面介绍的是该游戏中所用到的音频资源，所有的音频资源存放在项目文件中的"Assets\Resources\Audios"文件夹中。详细情况如表 5-2 所示。

表 5-2

文件名	用途
Begin.mp3	钩爪归位提示音效
BG1.mp3	游戏结束界面的音效
BG2.mp3	游戏开始界面及游戏界面的音效
Bomb.mp3	炸药爆炸音效
GetBad.mp3	抓到不好的物品的音效
GetGood.mp3	抓到宝物的音效
GetSoso.mp3	抓到一般的物品的音效
RopeDown.mp3	释放钩爪的音效
Submit.mp3	金钱结算音效

（3）下面介绍的是该游戏中所用到的字体资源，该游戏需要用到两种字体，所有的字体资源存放在项目文件中的"Assets\Fonts"文件夹中。详细情况如表 5-3 所示，为了行文方便，后文以"略称"指代。

表 5-3

文件名	用途	略称
ADOBEKAITISTD-REGULAR.OTF	游戏中的固定文字	字体 1
Clarendon Blk BT Black.ttf	游戏中动态更改的文字	字体 2

5.3 游戏的架构

下面介绍该游戏的架构，读者可以进一步了解该游戏的开发思路，对整个开发过程也会更加熟悉。

5.3.1 游戏场景简介

使用 Unity 时，游戏场景开发是开发游戏的主要工作。游戏中的主要功能都是在各个游戏场景中实现的。每个游戏场景包含了多个游戏对象，其中，某些游戏对象挂载了特定功能的脚本。该游戏包含了两个场景，接下来对这两个场景中的游戏对象及其挂载的脚本进行介绍。

该游戏的所有 UI 都是通过 Unity 的 UGUI 实现的，所以场景中除了背景图片和按钮，还有画布和事件系统。

1. 游戏开始界面场景

游戏开始界面独立于其他界面，与其他界面只有一个按钮监听跳转的关系，所以可以将其单独制作为一个场景。该场景中所包含的游戏对象和脚本如表 5-4 所示。

表 5-4

游戏对象	脚本	备注
主摄像机	无	
场景背景	无	
"开始"按钮	StartBtn.cs	按下"开始"按钮的方法的脚本

2. 游戏关卡场景

该游戏是无限关卡，关卡之间只将目标钱数的数值变化作为难度提升，所以只需每次重新加载关卡场景并重置相关数据即可。该场景中所包含的游戏对象和脚本如表 5-5 所示。

表 5-5

游戏对象	脚本	备注
主摄像机	AudiosManager.cs	游戏音频管理脚本
	GameManager.cs	游戏管理脚本
场景背景	无	
需要的 UI 若干	无	通过游戏管理脚本管理
矿工	Events.cs	场景帧事件脚本
钩爪	ClipController.cs	钩爪管理脚本
绳索	RopeController.cs	绳索管理脚本
道具预制体若干	Element.cs	游戏道具信息脚本

该场景中需要一些文字 UI 用于显示游戏当前的目标钱数、当前金钱、剩余时间、关卡数等内容。游戏道具预制体有六个，在游戏运行时动态生成，不需要预先布置。

5.3.2 游戏架构简介

下面介绍该游戏的整体架构，将按照游戏运行的顺序介绍脚本的作用和游戏的整体架构，具体步骤如下。

（1）打开游戏，首先见到的是游戏开始界面，该界面上有游戏操作提示和一个"开始"按钮，并播放一遍音效。单击"开始"按钮跳转到游戏场景。

（2）首先显示游戏开始界面，通过脚本更新当前的关卡数和关卡目标，并播放游戏开始界面的音效。

（3）游戏开始界面消失，显示游戏界面。游戏开始倒计时，钩爪会左右摇摆，玩家通过"W""S"键或"↑""↓"键控制投放炸药和收放钩爪。

（4）当玩家释放钩爪时，钩爪张开并向下移动，播放释放钩爪的音效。

（5）当钩爪碰到地下的物品时，游戏会根据碰到的物品类型播放不同音效，并且收回钩爪将物品向上拖动。

（6）当钩爪向下移动到边界且没有碰到物品时，钩爪会向上移动，回到矿工位置。

（7）当钩爪回到矿工位置时，如果拖动的物品是宝物，则进行结算并播放金钱结算音效。

(8)结算金钱后,钩爪恢复摇摆状态,并播放钩爪归位提示音效,提示玩家可以进行新的操作。

(9)倒计时结束后进行总结算。

(10)根据结算结果,如果达到关卡目标,则进入下一个关卡,更新数据并重新加载游戏场景;反之,则显示游戏结束界面,并跳转到游戏开始界面。

5.4 游戏开始界面场景的开发

从本节开始介绍该游戏的场景开发,首先介绍游戏开始界面场景的开发。该场景在游戏开始时呈现,向玩家展示游戏操作提示和"开始"按钮。

5.4.1 场景的搭建及相关设置

下面首先对项目的新建和资源的准备进行介绍,读者可以通过一些基本的操作对开发该游戏有一个较好的认识。

(1)新建一个 Unity 2D 项目,导入资源文件,将该游戏所要用到的资源分类整理好,资源文件及其路径详情参见 5.2.2 节的相关内容。

(2)新建场景"Start",将其作为游戏开始界面场景,新建场景"Game",将其作为游戏关卡场景。

(3)打开 Start 场景,在菜单栏中执行"File->Build Settings"命令,打开 Build Settings 窗口,单击"Add Open Scenes"按钮,将当前场景添加到 Scenes In Build 中。打开 Game 场景,重复操作,将 Game 场景添加到 Scenes In Build 中,如图 5-5 所示。

图 5-5

(4)双击打开 Start 场景,在该场景的层级窗口(Hierarchy)中单击鼠标右键,在弹出的右键菜单中执行"UI->Canvas"命令,新建画布。在画布(Canvas)的检视窗口(Inspector)上将 UI Scale Mode 设为 Scale With Screen Size,将 Reference Resolution 设为目标平台像素比。

(5)单击 Game 场景内的顶部菜单栏的第一项下拉菜单,选择合适的分辨率。如果没有,则单击"+"按钮,新建一个适合的分辨率。

(6)选中画布,单击鼠标右键,在弹出的右键菜单中执行"UI->Image"命令,新建 UI 图片,将 Background2.png 赋值并拖动到 UI 图片的 Image->Source Image 中。单击检视窗口(Inspector)中 Rect Transform 左上角的大方格,按住"Alt"键并选择最后一行的最后一个按钮,将该 UI 图片的对齐方式设为横纵拉伸模式,如图 5-6 所示。

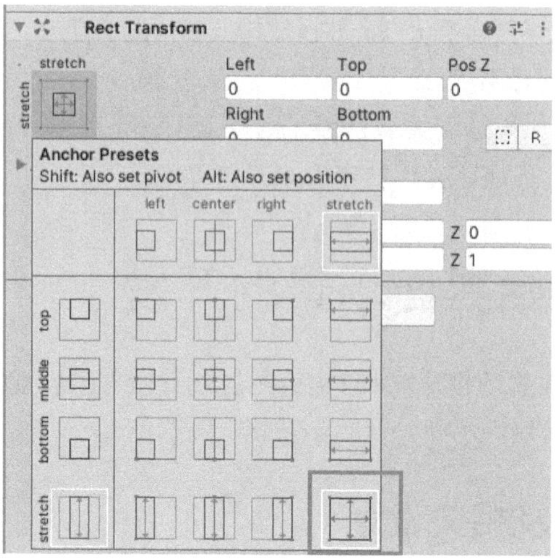

图 5-6

（7）选中画布，单击鼠标右键，在弹出的右键菜单中执行"UI->Button"命令。新建"开始"按钮，将该按钮的 Image 组件移除并将其调整至合适大小。将该按钮的子物体 Text 的 Text 修改为"开始"，设置字体，并将其调整为合适的大小，如图 5-7 所示。

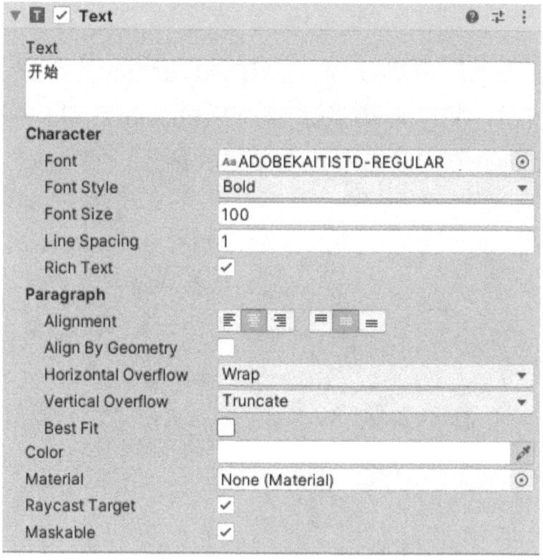

图 5-7

（8）将"开始"按钮的 Button 组件的 Transition 设为 Color Tint，将 Target Graphic 设为子物体 Text，将该按钮在不同状态下的颜色设为不同的值，如图 5-8 所示。

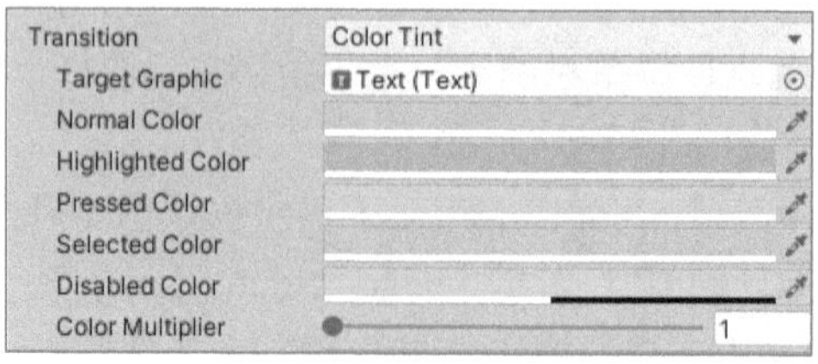

图 5-8

5.4.2 脚本编辑及相关设置

下面介绍相关脚本的编辑，实现按钮注册、界面跳转等功能。具体步骤如下。

（1）在"Assets"文件夹中新建一个"Scripts"文件夹，用于存放该游戏用到的所有脚本。新建脚本"StartBtn.cs"，用于存放"开始"按钮的方法。

（2）编辑 StartBtn.cs 脚本，相关代码如下。

代码位置：见源代码目录下 Assets\Scripts\StartBtn.cs。

```csharp
using UnityEngine;
using UnityEngine.SceneManagement;
public class StartBtn : MonoBehaviour
{
    //"开始"按钮按下的方法
    public void ButtonDown() {
        SceneManager.LoadScene("Game");          //跳转到 Game 场景
    }
}
```

（3）回到 Unity，单击"开始"按钮的游戏物体，将该按钮的游戏物体赋值并拖动到 On Click()上，将 On Click()监听的方法设为 StartBtn.ButtonDown，如图 5-9 所示。

图 5-9

（4）设置 Start 场景的背景音乐，单击主摄像机，在主摄像机上添加 Audio Source 组件，再将 BG2 拖动到该组件的 AudioClip 上，如图 5-10 所示。

图 5-10

5.5 游戏关卡场景的开发

5.4 节已经介绍了游戏开始界面场景的开发过程，下面进行游戏关卡场景的开发。该游戏的游戏开始界面和游戏结束界面只在显示内容有区别，所以可以重复利用。

5.5.1 场景的搭建及相关设置

该游戏的场景元素种类相对较少，需要对动画和 UI 适配等内容进行设置。通过对该场景进行搭建，读者可以了解 2D 游戏场景开发的基础知识，同时会累积一些开发技巧，具体步骤如下。

（1）首先对需要预处理的贴图资源进行处理。

对 BombEff.png、Clip.png、Miner.png 进行如下设置：

①在 Unity 编辑器内的工程窗口（Project）中选中目标贴图资源，在其检视窗口（Inspector）中将 Sprite Mode 设为 Multiple。

②单击"Sprite Editor"按钮，打开 Sprite Editor 窗口，对贴图资源进行切割，如图 5-11 所示。

③单击该窗口右上角的"Apply（应用）"按钮，保存设置。

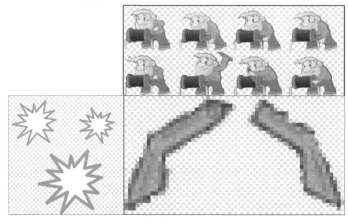

图 5-11

对 Bag.png、Bomb.png、Diamond.png、Gold.png、Stone.png、Clip.png 进行如下设置：

①单击"Sprite Editor"按钮，打开 Sprite Editor 窗口，将图片中心的锚点移动到合适的位置，如图 5-12 所示。

②单击该窗口右上角的"Apply（应用）"按钮，保存设置。

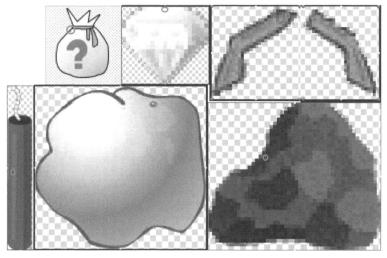

图 5-12

对 Info.png 进行设置：在 Sprite Editor 窗口打开 Info.png，从图片四边按住鼠标左键并往中心拖动，将图片划分为九宫格，如图 5-13 所示。

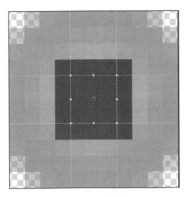

图 5-13

（2）双击打开 Game 场景，新建一个 2D Object->Sprite 游戏物体，将 Sprite Renderer ->Sprite 设为 Background1.png，缩小主摄像机或放大图片，使图片和屏幕对齐。

（3）新建一个矿工游戏对象并进行动画设置。具体步骤如下。

① 在背景图顶部中间新建一个游戏物体 Sprite，将其命名为"Miner"，再将其 Order in Layer 设为 1（比背景高一层）。

② 新建一个动画状态机（在菜单栏中执行"Create->Animator Controller"命令），将动画状态机赋值给 Miner。

③ 在菜单栏中执行"Window->Animation->Animation"命令，打开 Animation 面板。

④ 选中 Miner，单击 Animation 面板的"Create"按钮，新建一个动画文件，将其命名为"Idle"。单击 Animation 面板的下拉菜单，执行"Create New Clip..."命令，然后分别新建"Bomb"、"Down"和"Up"等动画文件，如图 5-14 所示。

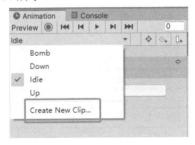

图 5-14

⑤ 对每个动画做如下操作：根据表 5-6 所示的动画帧匹配，单击菜单栏上的红色圆点按钮，录制动画，选中对应帧，将 Miner 的 Sprite Renderer ->Sprite 设为对应的图片（切割 Miner.png 后的图片集中的图片）。最后单击红色圆点按钮，结束录制，将所有关键帧选中并将其调整为合适的间距，也就是调整播放速度。

表 5-6

动画名称	动画帧图像名称（按帧顺序）
Bomb	Miner_5、Miner_6、Miner_7
Down	Miner_1
Idle	Miner_0
Up	Miner_3、Miner_2、Miner_4、Miner_0、Miner_2

⑥在菜单栏中执行"Window->Animation->Animator"命令，打开 Animator 面板。保持选中游戏物体 Miner，可以看到在 Animator 面板中有前文新建的动画状态，在该动画状态上单击鼠标右键，在弹出的右键菜单中执行"Make Transition"命令，将该动画状态链接到转换目标状态，如图 5-15 所示。

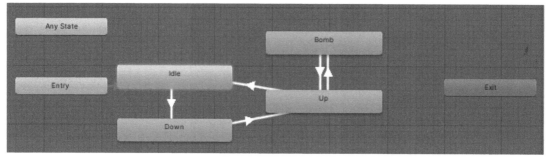

图 5-15

⑦在 Parameters 面板的左边单击"+"按钮，新建一个 Trigger 类型，将其命名为"bomb"，然后新建一个 Int 类型并将其命名为"state"，如图 5-16 所示。

图 5-16

⑧选中状态间的连接线，在检视窗口（Inspector）中按表 5-7 进行设置。其中，"是否等待"是指是否勾选"Has Exit Time"复选框。

表 5-7

跳转状态	跳转条件	是否等待
Idle->Down	state == 1	否
Down->Up	state == 2	否
Up->Idle	state == 0	否
Up->Bomb	bomb	否
Bomb->Up	无	是

（4）新建一个游戏对象，将其命名为"Clip"，然后进行如下设置。

①在游戏物体 Clip 中新建两个 2D Object->Sprite 游戏物体，将 Sprite Renderer ->Sprite 分别设为 Clip_0 和 Clip_1，并将左钩爪的 Order in Layer 设为 4，右钩爪的 Order in Layer 设为 2。

②在游戏物体 Clip 中新建一个空游戏物体，该空游戏物体用来作为后期抓到的物品的父物体（定位点），如图 5-17 所示。

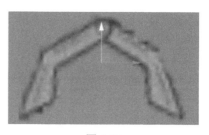

图 5-17

③在游戏物体 Clip 上添加一个方形碰撞体 Box Colloder 2D 组件和 2D 物理 Rigidbody 2D 组件，勾选"Is Trigger"复选框并将其调整为合适的大小。

④为游戏物体 Clip 添加一个动画状态机，新建 Down、Idle、Up 三个动画，将动画状态机转换设为 Idle->Down->Up->Idle，新建一个 Int 类型并将其命名为"state"，作为转换条件。然后分别录制钩爪向外张开、不旋转和向内旋转的关键帧各一帧，如图 5-18 所示。

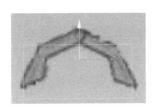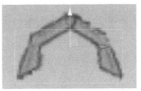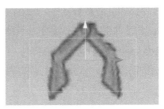

图 5-18

⑤新建一个空游戏物体并将其命名为"ClipCorePos"，然后将其移动到矿工前方卷绳器的位置，作为钩爪旋转的中心点。

（5）新建一个游戏物体并将其命名为"Rope"，然后进行如下设置。

①将游戏物体 Rope 作为绳索的起点并放在矿工前方卷绳器的位置，在上文的游戏物体 Clip 中创建一个新的空游戏物体作为绳索的终点，将其命名为"RopeEndPos"，并将其放在钩爪左右相叠的位置，如图 5-19 所示。

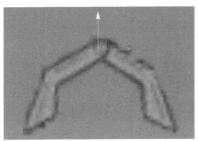

图 5-19

②新建一个材质球，将材质球的 Shader 设为 Sprites/Default。

③在游戏物体 Rope 上挂载 Line Renderer 组件，将 Color 设为黑色，将上文新建的材质球赋值给游戏物体 Rope，将游戏物体 Rope 的 Order in Layer 设为 3，Width 设为 0.05。

（6）分别新建钱袋、大金块、小金块、炸药、钻石、石头游戏物体，然后进行以下操作。

①给对应的贴图赋值（比如钱袋的贴图是 Bag.png），将所有游戏物体的 Order in Layer 设为 3。

②为每个游戏物体添加 Polygon Collider 2D 组件，勾选"Is Trigger"复选框。

③大小金块的游戏贴图相同，只需要调整其游戏物体的大小。

④新建"Resources/Elements"文件夹，将上面六个游戏物体都拖动到该文件夹中，生成预制体。

（7）参考前文游戏开始界面场景的开发方法，新建画布，在画布下新建两个空游戏物体，将其分别命名为"TOP"和"Mid"。其中，游戏物体 Mid 需要在游戏物体 TOP 的下方才能遮挡游戏物体 TOP。

（8）编辑游戏开始和结束界面的内容，具体步骤如下。

①在游戏物体 Mid 下新建 UI->Image，将 Image->Source Image 设为 Background3.png，作为游戏开始和结束界面的背景，将该图片的对齐方式设为横纵拉伸模式。

②在游戏物体 Mid 下新建 UI->Image，将其命名为"InfoBG"，将 Image->Source Image 设为 Info.png，并将其调整为合适大小。

③在 InfoBG 下新建 UI->Text，将其命名为"InfoText"，将其对齐方式设为横纵拉伸模式，并设置 Text 组件的信息：将 Font 设为字体 2，将 Alignment 设为左右居中+上下居中，字体颜色和字体大小自行调整即可。

（9）编辑游戏关卡场景 UI 的内容，具体步骤如下。

①选中游戏物体 TOP，将其设为顶部拉伸模式，如图 5-20 所示。

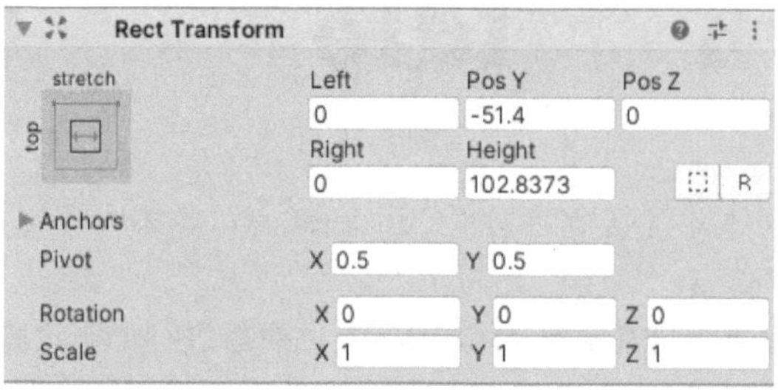

图 5-20

②在游戏物体 TOP 下新建 9 个 UI->Text 游戏物体和一个用于显示炸药存量的空游戏物体，其布局如图 5-21 所示。其中，将文字字体设为字体 1，数字字体设为字体 2（见表 5-3），没有文字的小格是炸药存量 UI 的范围。

图 5-21

③将前文新建的游戏画面中心的绿色的游戏物体 Text 命名为"SubmitText"，为该游戏物体新建动画状态机。

④新建默认动画，录制一个缩放为 0 的动画帧并保存。

⑤新建结算动画，录制游戏物体，将其从图 5-21 的中心位置移动到左半边中间的位置，并将其恢复为正常大小，停留一段时间后将其移动到文字"金钱"的位置并缩小为 0。一共有 4 个关键帧，如表 5-8 所示。

表 5-8

控制属性	第一帧	第二帧	第三帧	第四帧
（自身）Anchored Position	(0,0)	(-158,-37)	(-158,-37)	(-307,25)
（自身）Scale	(0,0,1)	(1,1,1)	(1,1,1)	(0,0,1)

⑥为 SubmitText 添加动画状态机，用于控制默认动画和结算动画的切换。

⑦选中显示炸药存量的空游戏物体，将其命名为"BombGrid"，为其添加"Grid Layout Group"

组件，需要修改的参数有：Cell Size X = 20、Cell Size Y = 47、Spacing X = 5、Spacing Y = 10、Start Axis = Horizontal、Child Alignment = Lower Left。

⑧在BombGrid中新建UI->Image，将其命名为"BombUI"，将Image->Source Image设为BombUI.png。将BombUI拖动到"Resources/Others"文件夹中并生成预制体，删除场景中的BombUI。

（10）新建一个2D Object->Sprite游戏物体，将其命名为"BombEff"并添加动画状态机。打开Animation面板，新建一个动画"boom"，再录制一个"Sprite"动画，4张关键帧贴图分别为BombUI.png和切割BombEff.png的3张子图片。将游戏物体BombEff拖动到"Resources/Others文件夹"中并生成预制体。

（11）在主摄像机身上添加一个Audio Source组件。

5.5.2 脚本编辑及相关设置

下面对游戏关卡场景的各个游戏对象的脚本编辑和相关设置进行介绍。涉及游戏玩法及游戏效果的实现，所有脚本均保存在5.4.2节新建的"Assets/Scrips"文件夹中。具体步骤如下。

（1）新建脚本AudiosManager.cs，用于管理游戏中的音频播放。将该脚本挂载到主摄像机上，双击打开并编辑脚本，相关代码如下。

代码位置：见源代码目录下 Assets\Scripts\AudiosManager.cs。

```
public class AudiosManager : MonoBehaviour
{
AudioSource audioSource;                    //音频播放器
//将所有音频文件名录入，这里省略
string[] audioName = new string[] { "*","*",..."*" };
Dictionary<string, AudioClip> audioDic;   //音频文件字典
    //单例模式
    public static AudiosManager instance;
    private void Awake()
    {
        instance = this;
    }
    private void Start()
    {
        audioSource = GetComponent<AudioSource>(); //获取音频管理器
        //将音频文件保存到音频文件字典
        audioDic = new Dictionary<string, AudioClip>();
        for (int i = 0; i < audioName.Length; i++) {
            AudioClip audioClip = Resources.Load<AudioClip>("Audios/" + audioName[i]);
            audioDic.Add(audioName[i], audioClip);
        }
        PlayerAudio("BG2");              //关卡开始时播放音频
    }
//通过音频文件名播放音频
    public void PlayerAudio(string audioName)
    {
        audioSource.clip = audioDic[audioName];
        audioSource.Play();
    }
}
```

（2）新建脚本RopeController.cs，用于设置绳索的起点和终点。将该脚本挂载到游戏物体Rope

上。双击打开并编辑脚本。

代码位置：见源代码目录下 Assets\Scripts\RopeController.cs。

```
public class RopeController : MonoBehaviour
{
    public Transform endTrans;    //绳子 Line 的终点
    LineRenderer myLineRenderer;//用 Line 画绳子
    void Start()
    {
        myLineRenderer = GetComponent<LineRenderer>();        //持有 Line
        myLineRenderer.SetPosition(0, transform.position);    //设置 Line 的起点
    }
    void Update()
    {
        myLineRenderer.SetPosition(1, endTrans.position);     //每帧更新 Line 的终点
    }
}
```

（3）回到 Unity，在检视窗口（Inspector）对脚本 RopeController.cs 的公开变量进行赋值，将 Clip 下的游戏物体 RopeEndPos 拖动到该脚本的 End Trans 的位置，如图 5-22 所示。

图 5-22

（4）新建脚本 ClipController.cs，用于控制钩爪的状态。将该脚本挂载到游戏物体 Clip 上，双击打开并编辑脚本。

代码位置：见源代码目录下 Assets\Scripts\ClipController.cs。

```
class ClipController : MonoBehaviour
{
    public float angleSpeed;      //钩爪的角速度
    public float moveSpeedDown;   //钩爪的下降速度
    public float moveSpeedUp;     //钩爪的上升速度
bool isRight;                     //钩爪是否从右边向左边移动
/*此处缩略一些变量声明代码，有兴趣的读者可以查看源代码*/
    void Start()
    {
        /*此处缩略一些变量赋值代码，有兴趣的读者可以查看源代码*/
        isRight = false;          //钩爪的初始状态是从左向右移动的
    }
//钩爪上的触发器检测方法
    private void OnTriggerEnter2D(Collider2D collision)
    {
        //如果当前不持有物品并且碰到了物品
        if (myElement == null && collision.GetComponent<Element>() != null) {
            //则持有物品并将物品设为钩爪的子物体，重置位置信息并播放音效
            myElement = collision.GetComponent<Element>();
            collision.transform.parent = clipPos;
            collision.transform.localPosition = new Vector3(0, 0, 0);
            collision.transform.localRotation = Quaternion.identity;
            switch (myElement.elementType)
            {
                /*此处缩略音频播放调用代码，音频配置见表 5-2，或者查看源代码*/
            }
```

```csharp
        }
    }
    //左右摇摆
    public void Idle()
    {
        float rightAngle = Vector3.Angle(transform.up, Vector3.right);
        if (isRight) {
            if (rightAngle > 15)
                transform.RotateAround(corePos.position,Vector3.forward,
-angleSpeed * Time.deltaTime);
            else
                isRight = false;
        }
        else
        {
            if (rightAngle < 165)
                transform.RotateAround(corePos.position, Vector3.forward,
angleSpeed * Time.deltaTime);
            else
                isRight = true;
        }
    }
    //提起
    public void Up()
    {
        transform.position += transform.up * moveSpeedUp * Time.deltaTime;
    }
    //放下
    public void Down()
    {
        transform.position += transform.up * -1 * moveSpeedDown * Time.deltaTime;
    }
    //设置提起速度
    public void SetMoveSpeedUp()
    {
        if (myElement != null)
            moveSpeedUp = moveSpeedDown / myElement.weightLevel;
        else
            moveSpeedUp = moveSpeedDown;
    }
    //将钩爪恢复到初始位置
    public void ReIdle()
    {
        AudiosManager.instance.PlayerAudio("Begin");
        isRight = false;
        transform.position = tranPosition;
        transform.rotation = tranQuaternion;
    }
}
```

（5）回到 Unity，对脚本公开到面板的变量进行赋值，如图 5-23 所示。

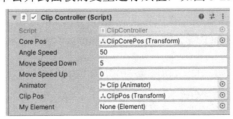

图 5-23

（6）新建脚本 Element.cs，用于设置地底道具的信息。将该脚本挂载到每一个道具的预制体上，双击打开并编辑脚本。

代码位置：见源代码目录下 Assets\Scripts\Element.cs。

```csharp
//物品（道具）类型
public enum ElementType
{
    GoldSmall,//小金块
    GoldBig,  //大金块
    BagGold,  //钱袋
    Diamond,  //钻石
    Stone,    //石头
    Bomb,     //炸药
}
public class Element : MonoBehaviour
{
    public int score;                    //抓取后可以获得的金钱（得分）
    public ElementType elementType; //物品类型
    public int weightLevel = 1;      //重量默认为1，用于计算上升的速度
    //初始化物品数据
    public void ElementData(int score, ElementType elementType, int weightLevel)
    {
        this.score = score;
        this.elementType = elementType;
        this.weightLevel = weightLevel;
    }
    //生成物品时，如果是金块则旋转，如果是钱袋则随机产生金钱
    public void Initialization()
    {
        if(elementType == ElementType.GoldSmall || elementType == ElementType.GoldBig) {
            float angle = Random.Range(0, 360);
            transform.rotation = Quaternion.AngleAxis(angle, Vector3.forward);
        }
        if (elementType == ElementType.BagGold) {
            score = Random.Range(1, score);
        }
    }
    //矿工将物品拉到顶部并获得物品的方法
    public void UseElement()
    {
        if(elementType == ElementType.Bomb)
            GameManager.instance.AddBomb();          //获得炸药
        else
            GameManager.instance.AddGold(score);     //获得金钱
    }
}
```

（7）由于预制体经常出现数据保存失常的问题，所以物品预制体的值是在 GameManager.cs 中读取时通过调用 ElementData() 赋值的，在 GameManager.cs 中读取预制体的代码如下。

代码位置：见源代码目录下 Assets\Scripts\GameManager.cs。

```csharp
//从 Resource 中读取物品的预制体
void LoadElement()
{
    elementPrefabs = new List<GameObject>();
```

```
    elementPrefabs.Add(ElementInit("Bag", 1000, ElementType.BagGold, 1));
    /*其他的读取,其格式一样,略*/
}
//单个读取并设置数值的方法
GameObject ElementInit(string elementName, int score, ElementType elementType,
int weightLevel)
{
    GameObject go = Resources.Load<GameObject>("Elements/" + elementName);
    go.GetComponent<Element>().ElementData(score, elementType, weightLevel);
    return go;
}
```

(8) 在 UseElement() 方法中调用了两个 GameManager.cs 中的方法,代码如下。

代码位置:见源代码目录下 Assets\Scripts\GameManager.cs。

```
//获得金钱,添加到数据保存并更新 UI
public void AddGold(int data)
{
    GameData.Data.score += data;
    scoreText.text = GameData.Data.score.ToString();
}
//获得炸药,添加到记录并更新 UI 显示
public void AddBomb()
{
    GameObject go = Instantiate(bombUIPrefab, bombGrid);
    bombs.Add(go);
}
```

(9) 新建脚本 Events.cs,将其用于存储所有触发事件方法。将该脚本挂载到 Miner、SubmitText 和 BombEff 预制体上,双击打开并编辑脚本。

代码位置:见源代码目录下 Assets\Scripts\Events.cs。

```
public class Events : MonoBehaviour
{
    //结算动画最后一帧
    public void SubTextAnimaIsEnd()
    {
        GameManager.instance.SubTextAnimaIsEnd();
    }
    //矿工投放炸药动画最后一帧
    public void MinerBombAnimaIsEnd(){
        GameManager.instance.MinerBombAnimaIsEnd();
    }
    //炸药爆炸动画 BombEff 的最后一帧
    public void BombAnimaIsEnd()
    {
        GameManager.instance.BombAnimaIsEnd();
        Destroy(gameObject);
    }
}
```

(10) 在 Events.cs 中调用了三个 GameManager.cs 中的方法,代码如下。

代码位置:见源代码目录下 Assets\Scripts\GameManager.cs

```
//结算动画最后一帧调用,反馈 flag
public void SubTextAnimaIsEnd()
```

```
    {
        isSubmited = true;
}
//矿工投掷炸药动画最后一帧调用，播放炸药爆炸动画 BombEff
public void MinerBombAnimaIsEnd()
{
    GameObject bombEff = Instantiate(bombPre, clip.clipPos);
    Destroy(clip.myElement.gameObject);
    clip.moveSpeedUp = 10;//直接修改，使钩爪可以快速提起
    audiosManager.PlayerAudio("Bomb");
}
//调用炸药爆炸动画 BombEff 的最后一帧，反馈 flag
public void BombAnimaIsEnd()
{
    isBoom = true;
}
```

（11）在前文代码注释中提到的位置添加触发事件，操作方法如下。

①选中添加事件的物体，在 Animation 面板打开对应的动画文件，将时间轴上的白色定位线定位到需要添加事件的位置，单击左边菜单栏的"Add event"（添加事件）按钮，添加事件监听，如图 5-24 所示。

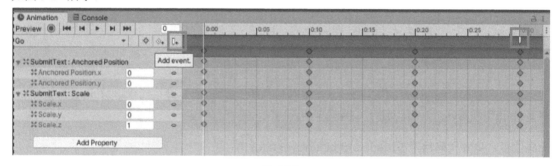

图 5-24

②选中时间轴上的事件帧，在检视窗口（Inspector）中选择对应的触发事件方法，如图 5-25 所示。

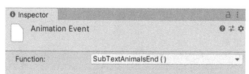

图 5-25

（12）新建脚本 GameManager.cs，将脚本挂载到主摄像机。双击打开脚本，编辑脚本。

①首先是钩爪状态枚举类型的声明，游戏逻辑基本上是围绕钩爪的各个状态循环进行的，其游戏数据类则是为了在重载场景时不丢失数据对象，代码如下。

代码位置：见源代码目录下 Assets\Scripts\GameManager.cs。

```
//钩爪的状态
enum ClipState
{
    Idle,    //默认状态，左右摇摆
    Up,      //提起钩爪
```

```
    Down,       //放下钩爪
    Submit,     //在钩爪到达交付位置播放动画期间
    Bomb        //投炸药
}
```

②游戏数据类的声明，使用单例模式不继承 MonoBehaviour，是为了在重新加载场景时不丢失数据对象，代码如下。

代码位置：见源代码目录下 Assets\Scripts\GameManager.cs。

```
//用于存储游戏数据的单例
class GameData
{
    static GameData data;
    public static GameData Data
    {
        get
        {
            if (data == null)
                data = new GameData();
            return data;
        }
    }
    public int level = 0;
    public int score = 0;
    public int bombCount = 0;
}
```

（13）继续在脚本 GameManager.cs 中编写 GameManager 类中的内容。下面展示的是游戏生命周期的行为逻辑，后文会详细说明相关方法的代码，代码如下。

代码位置：见源代码目录下 Assets\Scripts\GameManager.cs。

```
public class GameManager : MonoBehaviour
{
    /*此处缩略一些变量声明代码，有兴趣的读者可以查看源代码*/
    private void Awake() { instance = this; }
    void Start()
    {
        /*此处缩略了一些变量赋值代码，有兴趣的读者可以查看源代码*/
        UpdateLevelInfo();//每次打开场景更新等级、金钱、目标钱数等信息
        LoadElement();//读取物品的预制体文件
        CreateElement();//生成物品
        //游戏开始界面的显示内容和取消显示的控制
        infoText.text = string.Format("第{0}关\n本次目标：{1}", GameData.Data.level, levelTarget);
        midPanle.SetActive(true);
        StartCoroutine(CloseMidPanleAfterTime());//协程：游戏开始界面1秒后取消显示
        isPause = true;//使游戏逻辑进入场景时暂时不开始运转
    }
    void Update()
    {
        if(isPause)
            return;//如果游戏还没开始就直接返回
        //计时器：游戏倒计时没有结束时，计时并运行游戏逻辑
        if (time > 0) {
            time -= Time.deltaTime;
            timeText.text = ((int)time).ToString();//更新UI上的倒计时显示
```

```
            Gaming();//游戏的主要运行逻辑
        }
        else {//倒计时结束,进行结算,使用 isPause 暂停 Update 中这段逻辑的运行
            if(GameData.Data.score>=levelTarget)
                isWin = true;
            else
                isWin = false;
            GameOver();//根据游戏胜负进行操作
            isPause = true;
        }
        DrawBoxLine();//绘制物品生成范围,可省略
    }
}
```

①更新等级、金钱、目标钱数等信息 UpdateLevelInfo(),代码如下。

代码位置:见源代码目录下 Assets\Scripts\GameManager.cs。

```
//更新关卡信息,根据 GameData 的内容恢复现场
void UpdateLevelInfo()
{
    GameData.Data.level++;//level 的初始值是 0,每次进入场景自增 1
    int level = GameData.Data.level;
    levelTarget = levelTargetBase + level * increaseInLevel;//每局目标钱数
    for (int i = 0; i < GameData.Data.bombCount; i++) { AddBomb(); }
    /*更新相应的 UI 显示,略*/
}
```

②读取物品的预制体文件的 LoadElement(),在前面步骤(7)已有描述,生成物品方法 CreateElement()的代码如下。

代码位置:见源代码目录下 Assets\Scripts\GameManager.cs。

```
void CreateElement()
{
    int scoreCount = 0;//计算生成的物品总价值
    int bombCount = 0;//计算生成炸药的个数
    //如果总价值不超过限定值,则继续,这里限定每次关卡生成 2000 金钱
    while (scoreCount < elementInScence) {
        GameObject elementPrefab = elementPrefabs[Random.Range(0,
elementPrefabs.Count)];//随机生成一个物品预制体
    //检测随机结果是否为炸药
        Element temp = elementPrefab.GetComponent<Element>()
        if (temp.elementType == ElementType.Bomb)
        {
    //如果超过两个炸药,则中断生成,重新开始循环
            if (bombCount >= 2)
                continue;
            bombCount++;//否则记录炸药个数并继续生成
        }
        Vector2 pos = RandomPos();//随机一个坐标
        GameObject element = Instantiate(elementPrefab, pos,
Quaternion.identity);//在该坐标位置生成物品的游戏物体
        element.GetComponent<Element>().Initialization();//调用物品的生成设置方法
        scoreCount += element.GetComponent<Element>().score;//计入总值
    }
}
```

③1秒后取消显示游戏开始界面的协程比较简单，但是要注意，计时结束隐藏游戏开始或结束界面时要将 isPause 设为 false，代码如下。

代码位置：见源代码目录下 Assets\Scripts\GameManager.cs。

```
IEnumerator CloseMidPanleAfterTime()
{
    yield return new WaitForSeconds(1.0f);
    midPanle.SetActive(false);
    isPause = false;
}
```

④游戏的逻辑主体都在 Gaming()方法中，在游戏过程中根据钩爪的状态进行逻辑判断和状态跳转，每个状态有对应的钩爪动作，对按键有不同的反应，钩爪的状态转换条件如图 5-26 所示。

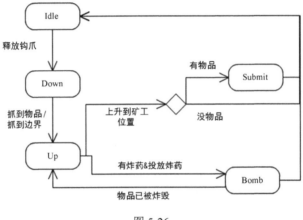

图 5-26

具体代码如下。

代码位置：见源代码目录下 Assets\Scripts\GameManager.cs。

```
void Gaming()
{
    switch (clipState)
    {
        case ClipState.Idle:
            clip.Idle();
            //按键判断，按下则跳转到释放钩爪状态，播放对应的动画、音频
            if (Input.GetKeyDown(KeyCode.S) || Input.GetKeyDown(KeyCode.DownArrow)) {
                clipState = ClipState.Down;
                audiosManager.PlayerAudio("RopeDown");
                minerAnima.SetInteger("state", 1);
                clip.animator.SetInteger("state", 1);
            }
            break;
        case ClipState.Up:
            clip.Up();
//如果上升到和起点距离小于初始距离的位置，判断是否有抓到物品
            if (Vector3.Distance(clip.transform.position, clip.corePos.position) <= distanceInit) {
                if (clip.myElement) {
                    isSubmited = false;//先把结算标志位关闭，当结算完成时更改为true
                    clipState = ClipState.Submit;//状态转换
```

```
                    audiosManager.PlayerAudio("Submit");//播放音效
//UI 展示结算动画
                    submitText.text = clip.myElement.score.ToString();
                    submitText.GetComponent<Animator>().SetTrigger("get");
                }
                else {
                    clipState = ClipState.Idle;//状态转换
                }
                minerAnima.SetInteger("state", 0);
                clip.animator.SetInteger("state", 0);
            }
            //检测按钮，按下则投放炸药，只有炸药存在才能投放
            if ((Input.GetKeyDown(KeyCode.W) || Input.GetKeyDown(KeyCode.UpArrow))
&& bombs.Count > 0) {
                Destroy(bombs[bombs.Count - 1]);
                bombs.RemoveAt(bombs.Count - 1);
                clipState = ClipState.Bomb;
                minerAnima.SetTrigger("bomb");
            }
            break;
        case ClipState.Down:
            clip.Down();
            //边界检测范围
            float x = clip.transform.position.x;
            float y = clip.transform.position.y;
            //边界检测，如果到达生成宝物的边界还没有碰到宝物，则快速收回钩爪
            if (y < minY || x < minX || x > maxX || clip.myElement != null) {
                clip.SetMoveSpeedUp();
                clipState = ClipState.Up;
                minerAnima.SetInteger("state", 2);
                clip.animator.SetInteger("state", 2);
            }
            break;
        case ClipState.Submit:
            //如果结算动画反馈动画结束，则进行数据上的结算和状态重置
            if (isSubmited) {
                clip.myElement.UseElement();
                scoreText.text = GameData.Data.score.ToString();
                Destroy(clip.myElement.gameObject);
                clip.ReIdle();
                clipState = ClipState.Idle;
            }
            break;
            //如果爆炸特效播放结束，则提起钩爪，此时上升速度已经被修改
        case ClipState.Bomb:
            if (isBoom)
                clipState = ClipState.Up;
            break;
    }
}
```

⑤在 Gaming()方法中用到的一些方法在前文都有提及，如果有需要，则可以回到步骤（4）、（9）（10）查看，或直接翻阅源代码。

⑥当计时器小于或等于 0 时当前关卡结束，根据当前钱数与目标钱数的对比结果判断通过关卡与否，代码如下。

代码位置：见源代码目录下 Assets\Scripts\GameManager.cs。

```
    void GameOver()
```

```
{
    if (isWin){
        infoText.text = "游戏成功！进入下一关";
        StartCoroutine(LoadSceneAfterTime("Game"));//延迟1秒跳转到目标场景
        GameData.Data.bombCount = bombs.Count;       //数据保存
    }
    else
    {
        infoText.text = "游戏失败！";
        StartCoroutine(LoadSceneAfterTime("Start"));
        //数据清空
        GameData.Data.level = 0;
        GameData.Data.score = 0;
        GameData.Data.bombCount = 0;
    }
    midPanle.SetActive(true);                    //显示游戏开始或结束界面
    audiosManager.PlayerAudio("BG1");            //播放音效
}
```

⑦延迟跳转协程内容很简单，用到了 Unity 提供的场景跳转方法，代码如下。

代码位置：见源代码目录下 Assets\Scripts\GameManager.cs。

```
IEnumerator LoadSceneAfterTime(string sceneName)
{
    yield return new WaitForSeconds(1.0f);
    SceneManager.LoadScene(sceneName);
}
```

（14）回到 Unity，在检视窗口（Inspector）对需要赋值的地方赋值，数值参考如图 5-27 所示，可以自行调整数值。

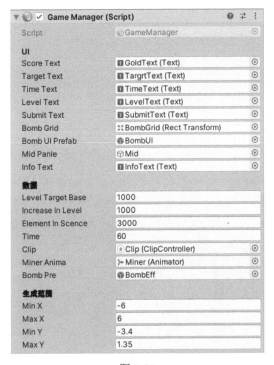

图 5-27

5.6 游戏的优化与改进

至此，该游戏的开发部分已经介绍完毕。笔者尽可能地还原了《黄金矿工》游戏的大部分内容，但是实际上还有很多可以改进的地方。

（1）加入动态效果

该游戏中的游戏物体大多没有动态效果，比如原版游戏的金块有浮光流动的效果。加入动态效果可以使游戏整体的效果更上一层楼。

（2）更多元素

该游戏只实现了金块、钻石、炸药、石头、钱袋等元素，原版游戏后期还有地鼠、大炸药桶等新元素的加入，可以丰富游戏内容。

（3）更多地图

在原版游戏中，每局游戏的场景中的物品布局是从游戏开发者精心设计的三十幅布局图中随机抽取的一幅，这样保证了游戏性。由于该游戏的目的是制作游戏开发教程，所以在物品布局上设计的是直接随机生成物品。读者可以模仿原版游戏的生成方法，还可以增加一个随机背景生成，将游戏场景的背景再细分，使地底图随机出现更多风格。

（4）更好的物品生成设计

该游戏的物品生成算法毫无章法，明显原版游戏的物品生成布局是存在设计的，需要更高明的算法，读者感兴趣的话，可以进行深入研究。

（5）加入商城系统

该游戏没有商城系统，商城系统同样属于增加游戏乐趣的元素，同时可以降低后期关卡的难度。

第6章 3D动作游戏——《割草无双》

在某些3D动作游戏中，角色会面对大量敌人，但角色可以通过攻击打翻其周围的大量敌人。这类游戏操作简单、玩法爽快，被玩家戏称为"割草"游戏。

这类游戏也很适合Unity初学者作为练习项目，它的制作方法不难，而且涵盖了角色控制、敌人AI和镜头控制等功能要点，并且可以加入生动的连招机制和粒子特效。本章将带领读者制作一个玩法爽快的3D动作游戏。

6.1 游戏的开发背景和功能概述

本节将对该游戏的开发背景进行介绍，并对其功能进行分析概述。通过对本节的学习，读者将会对该游戏有一个整体的了解，明确该游戏的开发思路，直观了解该游戏所要实现的功能和需要达到的效果。

6.1.1 游戏开发背景

《割草无双》是一个3D动作游戏，主要包含一个计时关卡，在倒计时期间，玩家可以控制角色进行移动和攻击其周围的敌人，通过击败敌人来获得分数。

玩家对角色的操作包括移动、转动视角和攻击。当敌人的血条消耗殆尽时增加得分。角色的攻击包含普通攻击、三段连招攻击、小技能和大技能。场景中的敌人数量和密度可通过参数控制，并在击败敌人后在随机位置生成新的敌人。

6.1.2 游戏功能

下面对该游戏的主要功能进行介绍。读者将了解到该游戏的主要功能、玩法，以及对该游戏的操作有简单的认识。

（1）进入该游戏可以看到游戏界面正上方有一个绿色的倒计时器，游戏界面左上方是角色的头像和属性，游戏界面右下角显示角色击败敌人的数量，场景中有若干个头上顶着血条的敌人和一个玩家控制的角色，如图6-1所示。

（2）玩家通过按"W""A"

图6-1

"S""D"键控制角色向前后左右移动,通过按"F"和"H"键控制镜头独立旋转,通过按键"J"键控制角色进行攻击,如图 6-2 所示。

图 6-2

(3)当角色击败敌人或者角色的气血值低于某个数值时会增加真气值,当真气值增加到一定数量时可以按下"N"键消耗真气来释放小技能,如图 6-3 所示。

图 6-3

(4)当角色被攻击或者角色的气血值低于某个数值时会增加怒气值,当怒气值满格时可以按"U"键消耗怒气来释放大技能,如图 6-4 所示。

图 6-4

(5)当倒计时结束时游戏结束,角色不能移动,如图 6-5 所示。

图 6-5

（6）如果角色的气血值为空，则游戏失败，如图 6-6 所示。

图 6-6

6.2 游戏的策划和准备工作

本节主要对该游戏的策划和开发前的准备工作进行介绍。

6.2.1 游戏的策划

1. 游戏类型

该游戏属于动作类游戏。

2. 运行目标平台

运行该游戏的目标平台以 PC 平台为主，也可以兼容手机平台。

3. 操作方式

玩家通过按"W""A""S""D"键控制角色向前、后、左、右移动，通过按"F"和"H"键控制镜头独立旋转，通过按"J"键控制角色进行普通攻击，连续按"J"键可以进行连招攻击（连招分为三个阶段），通过消耗真气值和怒气值来释放小技能和大技能。

4. 呈现技术

该游戏以 3D 的方式呈现，摄像机需要跟随角色移动，该游戏中有较多粒子特效和动画，具有一定的表现力，能提供给玩家足够的操作反馈。在技术上用到了 Unity 的动画系统、物理系统和 UI 系统等。

6.2.2 使用Unity开发游戏前的准备工作

下面介绍使用Unity开发游戏前的准备工作,这里将所有资源整合到列表中,方便读者查阅。

(1)贴图资源。下面介绍的是在制作该游戏的过程中所用到的贴图资源,这些资源都是用在UI上面的,位于"Assets\Resources\Sprites"文件夹中,如表6-1所示。

表 6-1

文件名	用途
arrow_right.png	UI 使用的向右边的箭头贴图
Square.png	全角色贴图
Fire.png	UI 使用的火焰动图贴图
RoleF.png	UI 的其他贴图合集

(2)模型资源。该游戏是一个3D动作游戏,需要有角色模型、敌人模型和场景模型,这些资源都是由第三方提供的,下面介绍的是该游戏中所用到的三维模型资源,这些资源位于"Assets\Mode"文件夹中,如表6-2所示。

表 6-2

模型	具体路径
敌人	..\Character\13.铠甲护卫\animated_knight\knight.FBX
角色	..\Character\14.野蛮武士\armored barbarian\armored_Barbarian_LOD0.fbx
场景	..\Terrain\Demo\Terrain.prefab

(3)动画资源。该游戏中的角色和敌人都是可以使用人形动画的类型,所以有些动画可以直接使用集成的通用动画包,有些动画是角色模型自带的,该游戏中的动画资源都在"Assets\Mode\Character"文件夹中。其中,角色的动画都是"野蛮武士"模型自带的动画,该游戏所用到的动画资源名称如表6-3所示。

表 6-3

动画	资源名称
待机	idle
跑步	run
第一段攻击	attack02
第二段攻击	attack01
第三段攻击	attack04
小技能	taunt
大技能	win
	attack03
被打	hit
死亡	dead

目前只有一种敌人,敌人的动画不全是敌人模型上的动画,为了方便记录,这里分成两个表格。其中,表6-4记录的是敌人模型下的自带动画,表6-5记录的是"Assets\Mode\Character\3D

人物\Props Animations\Animations"文件夹中的其他人形模型的动画。

表 6-4

动画	资源名称
待机	knight_StandingFree
跑步	knight_Run
攻击前摇	knight_combat_mode
第一种攻击	knight_thrust_mid_
第二种攻击	knight_swing_mid_right
第三种攻击	knight_specal_attack_A
被打	knight_Hit_from_front
死亡	knight_Dying

表 6-5

动画	具体路径
被打飞	Combat->360SpinDeath
倒地	Idle2->IdleDieStayDown
起身	Idle2->IdleDie

（4）粒子特效资源。该游戏还需要一些粒子特效，用于展现不同的攻击效果，该游戏使用了三个第三方提供的粒子特效，这些粒子特效资源存放在"Assets\Resources\Prefab\Effect"文件夹和"Assets\Effect"文件夹中。

（5）字体资源。该游戏除了使用 Unity 的默认字体，还使用了一种中文字体，可以看到游戏效果图中画面的右下角有两个红色的繁体字"击败"和一个黄色的数字，这个 UI 文字使用了这种字体。该字体名为"方正大草简体"，位于"Assets\Font"文件夹中，如表 6-6 所示。该文件夹包含了字体配置与相关材质，可以被 Unity 直接识别和使用。

表 6-6

字体名称	用途
方正大草简体	游戏内的得分 UI 所使用的字体

6.3 游戏的架构

本节将介绍该游戏的架构，并对其进行解构。读者可以进一步了解该游戏的开发思路，对整个开发过程会更加熟悉。

6.3.1 场景简介

一个完整的"割草"游戏会有很多场景，该游戏为了实现"割草"战斗的效果，只制作了一个战斗状态下的场景作为案例，该场景中有场景模型、角色人物模型和一个用于拍摄角色头像的角色头像模型。由于需要随机生成游戏中的敌人，所以在一开始的场景中是没有敌人的，敌人将在游戏运行时通过预制体生成。除此之外，还有场景的 UI 和看不到的摄像机和敌人孵化器。场景中的游戏物体及其脚本介绍如表 6-7 所示。

表 6-7

游戏物体	游戏物体名称	脚本	备注
头像摄制组	Icon	无	用于拍摄角色头像的游戏物体组,由摄像机、角色模型、点光源组成
主摄像机	MainGame	MainGame.cs	用于控制游戏流程
敌人孵化器	EnemySystem	EnemySystem.cs	用于控制敌人生成
游戏角色	Player	Player.cs	用于玩家控制角色的动作
主摄像机	CameraTH	CameraMove.cs	用于控制主摄像机跟随
UI 画布	Canvas	无	游戏中的主要 UI
场景模型	Terrain	无	当前游戏场景的建模

6.3.2 游戏架构简介

下面将按照游戏运行的顺序介绍该游戏的整体框架,具体步骤如下。

(1) 打开游戏,可以看到设计好的关卡场景,游戏开始倒计时。

(2) 场景中心是玩家所控制的角色,玩家可以通过按 "W" "A" "S" "D" 键控制角色向前、后、左、右移动,通过按 "F" 和 "H" 键控制镜头独立旋转。

(3) 在游戏倒计时结束之前,在场景中会根据设定不断生成新的敌人,并攻击角色。

(4) 玩家按下 "J" 键可以控制角色进行普通攻击,连续按下 "J" 键可以进行连招攻击,连招分为三个阶段,在最后一个阶段击退角色面前扇形区域内的敌人。

(5) 当角色攻击集中的敌人时,不仅会减少敌人的生命值,还会增加角色的真气值。

(6) 当敌人的生命值小于或等于 0 时,敌人被击败,增加角色的得分。

(7) 当敌人击中角色时,减少角色的气血值,并增加其怒气值。

(8) 当角色的真气值达到一定程度时,玩家可以按下 "N" 键消耗真气值来释放小技能。

(9) 小技能可以向角色面对的方向发射一个伤害较高的技能粒子,对角色面前的敌人造成伤害并将其击退。

(10) 当角色的怒气值为满格时,角色头像左小角会出现火焰 UI,提示玩家可以按下 "N" 键消耗怒气值来释放大技能。

(11) 大技能可以将角色周围的敌人全部击退并造成伤害。

(12) 当角色的气血值低到一定程度时,气血值的进度条会闪烁,会增加一定的气血值和怒气值。

(13) 当角色的气血值小于或等于 0 时,角色被击败,游戏结束。

(14) 当游戏倒计时结束时,游戏结束。

6.4 游戏的开发与实现

从本节开始将介绍该游戏的场景开发,具体涉及场景的搭建和相关设置,以及场景中所有游戏物体的脚本编辑。读者可以通过本节了解该游戏的具体实现过程。

6.4.1 场景的搭建及相关设置

首先对项目的创建和场景搭建进行介绍，读者可以通过一些基本的操作对使用 Unity 进行游戏开发有一些基本认识，具体步骤如下。

（1）打开 Unity Hub，单击"新建"按钮，打开"创建新项目"窗口，创建并打开一个 Unity 3D 项目，如图 6-7 所示。

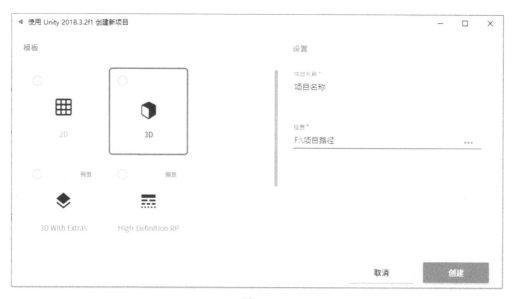

图 6-7

（2）导入资源文件，将该游戏所要用到的资源复制到前文新建项目的"Assets"文件夹中，资源文件及其路径详情参见 6.2.2 节的相关内容。

（3）在工程窗口（Project）单击鼠标右键，在弹出的右键菜单中执行"Create->Folder"命令，在"Assets"文件夹中新建一个文件夹"Scripts"，用于存放该游戏用到的所有脚本。在"Scripts"文件夹中新建一个文件夹"Enemy"，用于存放所有与敌人相关的脚本，在"Scripts"文件夹中新建一个文件夹"Player"，用于存放所有与角色相关的脚本，再在"Scripts"文件夹中新建一个文件夹"Other"，用于存放该游戏中的其他脚本。

（4）在"Assets"文件夹中新建一个文件夹"Animator"，并在该文件夹中新建"Enemy"、"Other"、"Player"和"UI"四个文件夹，用于分别管理不同的动画状态机。

（5）在工程窗口（Project）下单击鼠标右键，在弹出的右键菜单中执行"Create->Scene"命令，新建场景文件"Scene"，然后双击打开 Scene 场景。该游戏只使用了这个场景。

（6）布置场景。将位于"Assets\Mode\Terrain\Demo"文件夹中的资源文件"Terrain.prefab"拖动到 Scene 场景中，可以在场景窗口（Scene）看到场景模型的效果，如图 6-8 所示。

（7）在游戏物体 Terrain 的检视窗口（Inspector）中将场景模型的 Transform 组件参数 Position 设为（-100, 0, -100），并将 Tag 设为 Ground，如图 6-9 所示。

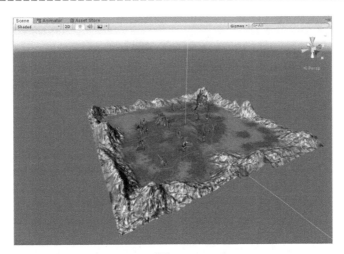

图 6-8

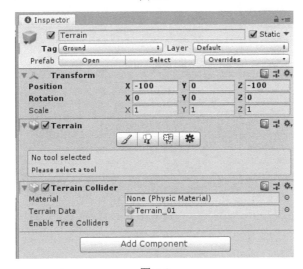

图 6-9

6.4.2 控制系统的搭建及相关设置

下面介绍控制系统的搭建及相关设置，需要创建角色的游戏物体，并将角色模型和特效放在一起，使用一个父物体将它们组合起来，并挂载相应的组件，然后添加动画。

（1）在层级面板（Hierarchy）单击鼠标右键，在弹出的右键菜单中执行"生成空游戏物体（Create Empty）"命令，将该空游戏物体命名为"Player"。选中"Assets\Scripts\Player"文件夹，单击鼠标右键，在弹出的右键菜单中执行"Create->C# Script"命令，新建一个脚本，将其命名为"Player"，将该脚本拖动到游戏物体 Player 上，并在其检视窗口（Inspector）中单击"Add Component"按钮，通过搜索添加角色控制器（Character Controller）组件。

（2）再将角色模型（见表 6-2）拖动到游戏物体 Player 上，作为它的子物体，如果导入的模型过多，则需要选中模型资源，在模型资源的检视窗口（Inspector）中调整 Model->Scene->Scale Factor 的值，如图 6-10 所示。修改参数后，单击下方的"Apply（应用）"按钮保存修改，就可以改变模型的缩放比例。其他参数暂时不需要修改，在第 4 章的游戏制作过程中对 Unity 的模型导入进行了介绍，在此不做赘述。

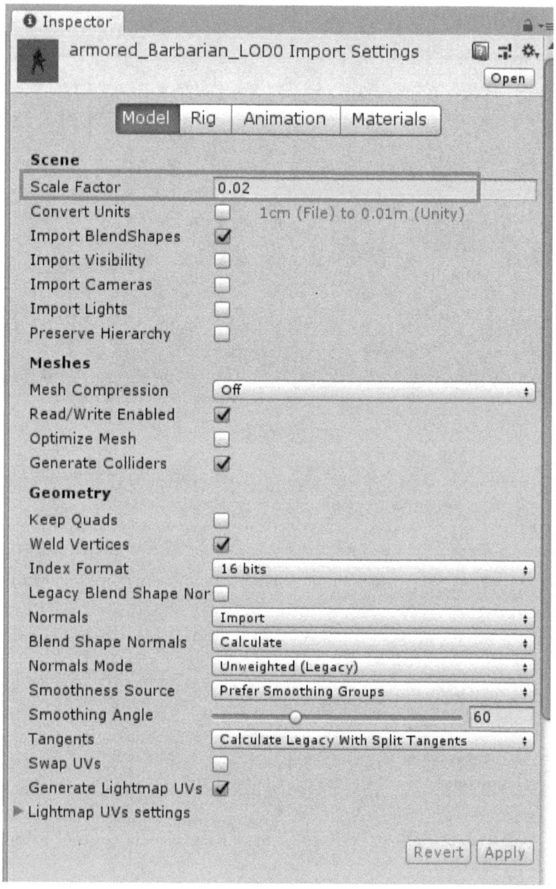

图 6-10

（3）修改角色控制器的参数，内容如表 6-8 所示。

表 6-8

参数	数值		
Slope Limit	45		
Step Offset	0.4		
Skin Width	0.05		
Min Move Distance	0.001		
Center	0	1.5	0
Radius	0.75		
Height	3		

调整角色控制器的碰撞体大小，使碰撞体尽可能和角色模型贴合，如图 6-11 所示。具体数值需要读者自行调整。

图 6-11

（4）在"Assets\Scripts\Player"文件夹中新建脚本"PlayerAnima"，选中场景中的角色模型，为角色模型添加该脚本，并添加动画控制器组件（Animator）。该动画控制器组件需要一个动画控制器和一个 Avatar。在"Assets\Animator\Player"文件夹中新建一个"Player1"文件夹，再在该文件夹中单击鼠标右键，在弹出的右键菜单中执行"Create->Animator Controller"命令，新建一个动画控制器，将该动画控制器拖动到角色模型的动画控制器组件的动画控制器参数（Controller）的位置，将角色模型资源展开，找到木偶图标的 Avatar（armored_Barbarian_LOD0Avatar），将其拖动到动画控制器的参数（Avatar）的位置，如图 6-12 所示。

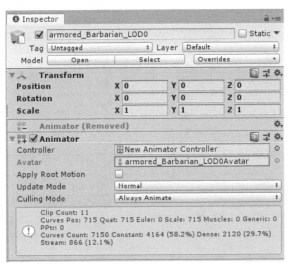

图 6-12

（5）在菜单栏中执行"Window->Animation->Animator"命令，打开动画控制器编辑界面，在该界面可以编辑动画状态机。

通过将文件资源中的动画拖动到动画控制器窗口，再将所需要的动画资源导入到动画控制器中（见表 6-3），并将这些动画用状态转移线（单击鼠标右键，在弹出的右键菜单中执行"Make

Transition"命令）连接起来，这些线表示了动画状态之间的转移关系。选中一根线，可以设置动画状态的转移条件：在检视窗口（Inspector）的 Conditions 下单击"+"按钮，添加转移条件。没有转移条件的连接线在动画播放完毕后会无条件跳转到指向的动画，以及当条件成立时由 Has Exit Time 控制是否等待动画播放结束再跳转。

当前动画状态机需要一些跳转条件变量，这些动画变量的名称和数据类型如表 6-9 所示。

表 6-9

动画变量	数据类型
AttNumber	Int
Run	Bool
Hit	Trigger
BigSkill	Trigger
Skill	Trigger
Death	Trigger

动画控制器在编辑动画状态机时使用起来非常方便，在第 4 章我们对其具体的使用方法进行了介绍，建议结合游戏源代码学习，状态间的转移条件如表 6-10 所示。其中，与"Any State"状态连接的转移条件表示从任何状态出发均可发生跳转。

表 6-10

状态转移连线	转移条件	是否等待动画结束
待机（idle）->第一段攻击（attack1）	AttNumber = 1	否
待机（idle）->跑步（run）	Run = true	否
待机（idle）->小技能（skill）	Skill 触发	否
第一段攻击（attack1）->待机（idle）	无	是
第二段攻击（attack2）->待机（idle）	无	是
第三段攻击（attack3）->待机（idle）	无	是
跑步（run）->待机（idle）	Run = false	否
小技能（skill）->待机（idle）	无	是
大技能后段（bigSkill2）->待机（idle）	无	是
被打（hit）->待机（idle）	无	是
第一段攻击（attack1）->第二段攻击（attack2）	AttNumber = 2	否
第二段攻击（attack2）->第三段攻击（attack3）	AttNumber = 3	否
跑步（run）->第一段攻击（attack1）	AttNumber = 1	否
跑步（run）->小技能（skill）	Skill 触发	否
大技能前段（bigSkill1）->大技能后段（bigSkill2）	无	是
Any State->被打（hit）	Hit 触发	否
Any State->死亡（death）	Death 触发	否
Any State->大技能前段（bigSkill1）	BigSkill 触发	否

将这些动画通过转移条件连接之后，可以在动画控制器窗口看到最终效果，如图 6-13 所示。

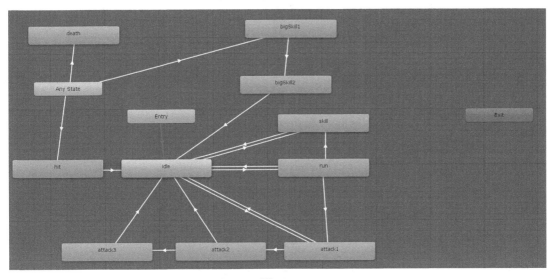

图 6-13

（6）选中游戏物体 Player，在游戏物体 Player 下新建一个游戏物体，作为角色发射特效子弹的枪口，将该游戏物体命名为"Muzzle"。

（7）选中游戏物体 Player，单击鼠标右键，在弹出的右键菜单中执行"Effects->Trail"命令，新建一个拖尾特效，将该特效放在角色模型的后背部分。该特效分别需要两个材质球，这两个材质球在"Assets\Effect\Material"文件夹中，分别将其命名为"lineDust2_1x8"和"flare"，将拖尾特效游戏物体的轨迹渲染器（Trail Renderer）组件的 Materials 参数的 Size 设为 2。将这两个材质球分别拖动到 Materials 参数的位置，如图 6-14 所示。

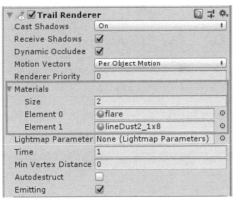

图 6-14

修改拖尾特效游戏物体的轨迹渲染器的参数：将运动矢量（Motion Vectors）设为每个对象的运动矢量通道渲染（per Object Motion），将轨迹锚点之间的最小距离（Min Vertex Distance）设为 0，将沿着光照方向移动的阴影（Shadow Bias）设为 0，最后将轨迹颜色（Color）设为如图 6-15 所示的从红色到白色、从不透明到透明的渐变色。

（8）从特效资源中选择一些合适的粒子特效作为角色的技能特效。关于粒子系统的知识点不适合在本书讲解，建议直接使用第三方提供的素材。如果读者有兴趣，则可以试着自己调整粒子参数。如图 6-16 所示，在游戏物体 Player 下有四个粒子特效。

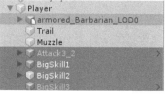

图 6-15   图 6-16

（9）下面使主摄像机跟随角色。创建一个空游戏物体并将其命名为"CameraTH"。选中"Other"文件夹，然后新建一个脚本并将其命名为"Camera Move"，将该脚本拖动到游戏物体 CameraTH 上，并添加球形碰撞体（Sphere Collider）组件，如图 6-17 所示。

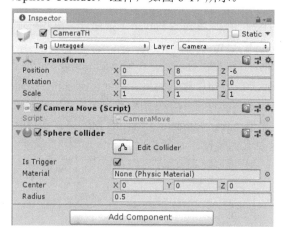

图 6-17

（10）最后将游戏场景中的主摄像机拖动到游戏物体 CameraTH 上，使主摄像机成为该游戏物体的子物体。并将主摄像机的 Transform 下的 Rotation 设为(15, 0, 0)，如图 6-18 所示。

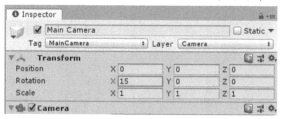

图 6-18

6.4.3　敌人系统的准备及相关设置

下面介绍搭建敌人系统所需要的模型预制体和脚本，由于都是人形角色，所以和角色的创建过程差不多，但敌人需要实时生成，所以需要将其制作成预制体，再通过敌人孵化器脚本

（EnemySystem）在场景中生成敌人。

（1）下面需要制作敌人的预制体。在场景中新建一个空游戏物体并将其命名为"Enemy"，再在"Assets\Scripts\Enemy"文件夹中新建一个空脚本并将其命名为"Enemy"，将该脚本挂载到游戏物体 Enemy 上，为该游戏物体添加胶囊碰撞体组件（Capsule Collider）、刚体组件（Rigidbody）、球形碰撞体组件（Sphere Collider）和网格渲染器组件（Mesh Renderer）。其中，使用网格渲染器组件是为了使用 Unity 的生命周期 OnBecameVisible 和 OnBecameInvisible 判断敌人是否在摄像机视野内。调整这两个碰撞体的大小，让胶囊碰撞体正好裹住敌人模型，使球形碰撞体在敌人脚下，如图 6-19 所示。

（2）将敌人模型进行导入设置（见表 6-2），并将其拖动到游戏物体 Enemy 下，在敌人模型的剑的顶端绑定一个喷血的粒子效果，该粒子效果名为"BloodEffect"，位于"Assets\Resources\Prefab\Effect"文件夹中，将该粒子效果拖动到场景中敌人模型的"knight\Bip01\Bip01 Spine\Bip01 Spine1\Bip01 Spine2\Bip01 R Clavicle\Bip01 R UpperArm\Bip01 R Forearm\Bip01 R Hand\Bip01 Rhand_weapon"游戏物体下，放在剑的顶端，如图 6-20 所示。

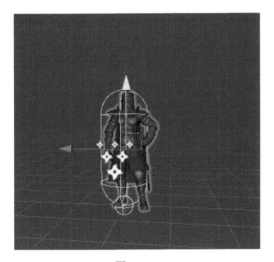

图 6-19

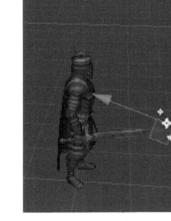

图 6-20

（3）在"Assets\Scripts\Enemy"文件夹中新建一个空脚本并将其命名为"EnemyAnima"，单击敌人模型游戏物体，为敌人模型游戏物体添加 EnemyAnima 脚本组件和动画状态机组件。为状态机添加控制器和 Avatar，其操作方法与角色的动画控制器的设置方法相同，将敌人的动画控制器保存在"Assets\Animator\Enemy"文件夹中，敌人的 Avatar 在敌人模型资源上。

（4）在"Prefab"文件夹中新建文件夹"Enemy"，将游戏物体 Enemy 拖动到该文件夹中，生成预制体。

双击打开敌人的动画控制器，在动画控制器编辑窗口对敌人的动画状态机进行编辑。将表 6-4 和表 6-5 提到的敌人所需要用到的动画导入到动画控制器中，在动画控制器中添加一些跳转条件字段，这些字段的字段名和数据类型如表 6-11 所示。

表 6–11

字段名	数据类型
Attack	Int

续表

字段名	数据类型
State	Float
Hit	Trigger
HitFly	Trigger
GitUp	Trigger
FallDown	Trigger
Death	Trigger

状态间的转移条件如表 6-12 所示，敌人的状态切换与敌人和角色的距离相关，通过脚本对转移条件 State 进行赋值，将敌人和角色的实时距离传给 State，由动画状态机根据 State 的值进行状态切换。

表 6-12

状态转移连线	转移条件	是否等待动画结束
待机（idle）->攻击前摇（readyAttack）	State < 3.5	否
待机（idle）->跑步（run）	State < 50	否
跑步（run）->待机（idle）	State > 50	否
起身（gitUp）->待机（idle）	无	是
攻击前摇（readyAttack）->第一种攻击（attack1）	attack= 1	否
攻击前摇（readyAttack）->第二种攻击（attack2）	attack= 2	否
攻击前摇（readyAttack）->第三种攻击（attack3）	attack= 3	否
攻击前摇（readyAttack）->跑步（run）	State > 4	否
第一种攻击（attack1）->攻击前摇（readyAttack）	无	是
第二种攻击（attack2）->攻击前摇（readyAttack）	无	是
第三种攻击（attack3）->（攻击前摇 readyAttack）	无	是
跑步（run）->攻击前摇（readyAttack）	State < 3.5	否
Any State->被打（Hit）	Hit 触发	否
被打（hit）->攻击前摇（readyAttack）	无	是
Any State->倒地（fallDown）	fallDown 触发	否
倒地（fallDown）->（gitUp）	gitUp 触发	否
Any State->被打飞（hitFly）	hitFly 触发	否
被打飞（hitFly）->起身（gitUp）	gitUp 触发	否
Any State->死亡（death）	death 触发	否

（5）将这些动画通过转移条件连接之后，可以在动画控制器窗口看到最终效果，如图 6-21 所示。

（6）在场景中新建一个空游戏物体并将其命名为"EnemySystem"，在"Assets\Scripts\Enemy"文件夹新建一个空脚本并将其命名为"EnemySystem"，将 EnemySystem 脚本组件挂载到 EnemySystem 游戏物体上，作为敌人孵化器，将游戏物体 EnemySystem 的 Transform 下的 Position 值设为（0，50,0）。

至此，敌人相关的准备工作已经介绍完毕。

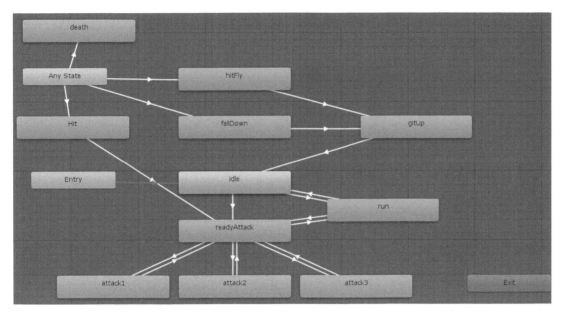

图 6-21

6.4.4 UI的搭建及相关设置

游戏场景中的 UI 分为四个部分：在游戏界面的上面位置的倒计时 UI、在游戏界面左上角的角色信息 UI、在游戏界面右下角的玩家分数 UI，以及敌人头顶的血条 UI。

（1）首先需要对贴图资源进行处理。前文介绍过该游戏用到的贴图资源（见表 6-1），Fire.png 和 RoleF.png 这两张贴图是需要裁切的。

打开 Unity，选中对应的贴图资源，在检视窗口（Inspector）修改贴图的参数设置，将 Texture Type 设为 Sprite（2D and UI），Sprite Mode 设为 Multiple，单击"Sprite Editor"按钮，打开 Sprite Editor 窗口，可以使用自动切片功能，也可以手动切片。

选中贴图资源 RoleF.png，打开 Sprite Editor 窗口，单击 Slice 菜单栏，可以打开如图 6-22 所示的面板。将切片类型（Type）设为 Automatic，单击"Slice"按钮，就会进行自动匹配大小的切片。Unity 会根据透明度对贴图进行切割，单击"Apply"按钮，保存切割结果。再次选中贴图资源 RoleF.png，在贴图资源下有切割好的可以单独使用的贴图，如图 6-23 所示。

 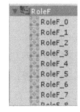

图 6-22　　　　　　　　　　　　　图 6-23

另一张贴图需要手动切片，在 Sprite Editor 窗口单击图像，则会生成一个矩形选择区域，该矩形的四个角有控制柄，通过拖动矩形的控制柄或边缘就可以围绕特定元素调整矩形大小。在隔离了一个元素后，可以通过在图像的单独部分中拖动出一个新矩形来添加另一个元素。当选择了一个矩形时，在 Sprite Editor 窗口右下角会出现一个面板，如图 6-24 所示。在该面板上可以设置裁切下来的贴图文件的名称和大小等信息。将 Fire.png 按如图 6-25 所示的设置进行裁切，就可以用来制作 UI 上的火焰动画了。

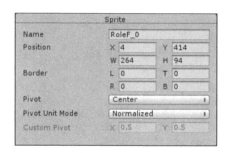

图 6-24

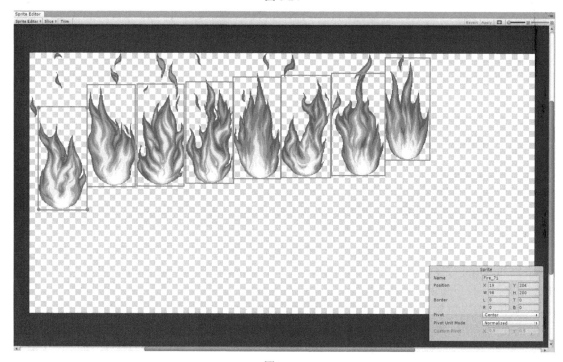

图 6-25

（2）然后制作角色信息 UI，上一步所裁切的贴图大部分用于制作角色信息的 UI。在层级面板（Hierarchy）空白处单击鼠标右键，在弹出的右键菜单中执行"UI->Canvas"命令，新建 UI 画布。再选中游戏物体 Canvas，所有的 UI 游戏物体都应该在各自的画布（Canvas）下，当前画布不需要做多余的设置。在当前画布下新建一个空游戏物体，并将其命名为"StatePanel"，将空游戏物体的 UI 对齐方式设为横纵拉伸模式，使该游戏物体与画布贴合。在一般情况下，用于分组的空游戏物体 UI 都是这样处理的。在该空游戏物体下是所有角色信息 UI 的游戏物体。

在游戏物体 StatePanel 上单击鼠标右键，在弹出的右键菜单中执行"UI->Image"命令，新建一个 UI 图片，将其命名为"StateBG"。将 StateBG 的 UI 对齐方式设为左上角对齐，再设置 StateBG 的贴图资源，将 StateBG 的 Image 组件的 Source Image 设为 RoleF_0，也就是步骤（1）中对 RoleF.png 裁切出的第一张贴图，其编号为 0。新建的 UI 图片位于游戏界面的左上角，如图 6-26 所示。

图 6-26

选中游戏物体 StatePanel，单击鼠标右键，在弹出的右键菜单中执行"UI->Raw Image"命令，新建一个原始图像，将其命名为"Icon"，将 Icon 的对齐方式设为左上角对齐，放在 StateBG 左边圆形头像框的位置，作为角色的头像。想要使 Icon 显示角色的头像，还需要一个额外的摄像机进行拍摄，将拍摄结果保存到 Render Texture 中。Render Texture 相当于一张动态图片，可以保留当前摄像机拍摄到的结果。

在层级面板（Hierarchy）空白处单击鼠标右键，新建一个空游戏物体，并将其命名为"Icon"，在这个空游戏物体下存放所有与 UI 游戏物体 Icon 的成像相关的游戏物体，需要将这些游戏物体放在远离当前模型场地的位置。选中这个空游戏物体，单击鼠标右键，在弹出的右键菜单中执行"Camera"命令，新建一个摄像机"IconCamera"，将该摄像机的 Camera 组件的参数 Clear Flags 设为 Solid Color。在"Rescues\Texture"文件夹中单击鼠标右键，在弹出的右键菜单中执行"Create->Render Texture"命令，新建一个 Render Texture，将其分别拖动到该摄像机的 Camera 组件的 Target Texture 右边的输入栏和 Icon 的 Raw Image 的参数 Texture 右边的输入栏中，然后进行设置。这样，该摄像机所拍摄到的景象就会显示到 UI 游戏物体 Icon 上。

再将角色模型拖动到场景中，调整 IconCamera 的位置角度，使摄像机正好拍到这个角色模型的头部，如图 6-27 所示。在层级面板（Hierarchy）单击鼠标右键，在弹出的右键菜单中执行"Light->Point Light"命令，在角色身前新建了一个点光源，使角色的面部细节能够被拍摄到。为了使这个模型动起来，还需要添加动画，这里只需要添加待机动画 idle 就可以了，与设置角色动画的方法一致。

选中游戏物体 StatePanel，单击鼠标右键，在弹出的右键菜单中执行"UI->Text"命令，新建一个 UI 文本游戏物体，将其命名为"Name_Text"，调整该游戏物体的大小，将该游戏物体放在 StateBG 头像框下方的名字框的位置。在检视窗口（Inspector）中将 UI 的对齐方式设为左上角对齐，将 Text 组件的参数 Text 设为"牛头"，Font Style 设为加粗（Bold），Color 设为黄色，将字体大小调整到合适的大小，并添加 Outline 组件，将 Outline 组件的 Effect Color 设为半透明的红色，为文字添加半透明的红色描边，如图 6-28 所示。角色名字的显示效果如图 6-29 所示。

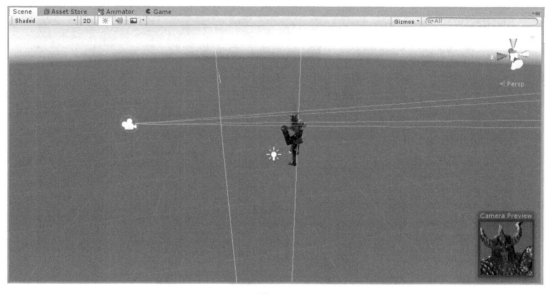

图 6-27

图 6-28

图 6-29

选中 StateBG，，新建一个滑动条 Slider，将 Slider 组件的参数 Transition 和 Handle Rect 设为 None，Value 设为 1，如图 6-30 所示。

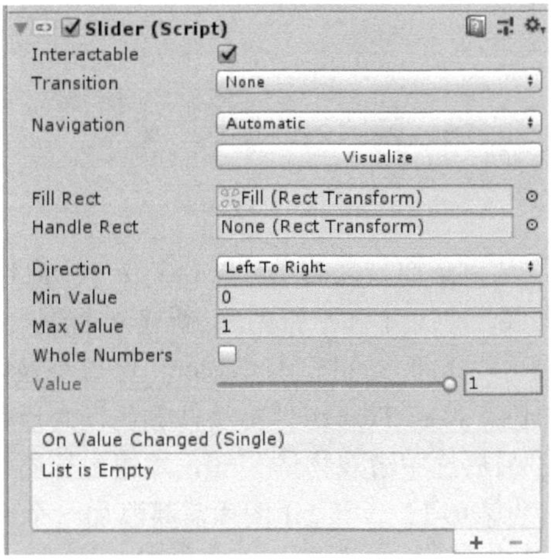

图 6-30

删除 Slider 的子物体 Handle Slide Area，并调整 Fill Area 的对齐方式，使 Fill Area 和 Background 的大小一致，如图 6-31 所示。

将 Background 的 Image 的参数 Color 的透明度设为 0，然后选中 Slider，按住"Ctrl+D"组合键将 Slider 复制两份。将这三个 Slider 分别放到 StateBG 中三个黑色长条的位置，将其分别依次命名为"Slider_HP"、"Slider_Gas"和"Slider_Anger"。再分别更换 Fill 的贴图，气血值的滑动条 Slider_HP 的 Fill 的贴图为 RoleF_1，真气值的滑动条 Slider_Gas 的 Fill 的贴图为 RoleF_2，怒气值的滑动条 Slider_Anger 的 Fill 的贴图为 RoleF_3，效果如图 6-32 所示。

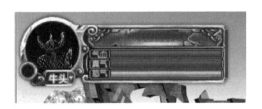

图 6-31　　　　　　　　　　　图 6-32

由于气血值过低时需要使气血值的滑动条有闪烁的效果，所以还需要将 Slider_HP 的子物体 Background 的贴图设为 Square.png，并将 Image 的参数 Color 设为红色。为游戏物体 Slider_HP 添加动画控制器组件，在"Animator\UI"文件夹中为游戏物体 Slider_HP 新建动画控制器并赋值。选中游戏物体 Slider_HP，在菜单栏中执行"Window->Animation->Animation"命令，编辑游戏物体 Slider_HP 的闪烁动画，如图 6-33 所示。单击菜单栏上的红色按钮即可录制动画，时间轴上的白线表示当前所在帧，在录制状态下对游戏物体做的所有操作都会被记录到时间轴的这一帧上。录制连续的动画需要自己不断调整所录制的帧，这里需要一个 Background 的颜色透明度变化的动画，只要修改 Background 的颜色即可。

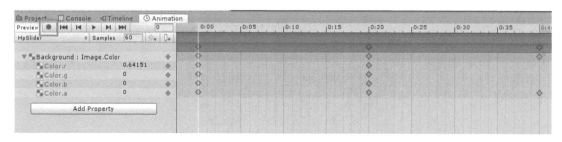

图 6-33

当真气值和怒气值第一次达到释放技能的条件时,需要一个操作提示,当角色使用技能后对应的技能提示消失,提示 UI 需要一个文本和一张图片。新建一个游戏物体 Text,将其命名为"Skill",在 Text 组件的 Text 输入框输入"按下 <color>N</color> 释放小技能",该文本用到了富文本,使中间的字母"N"显示为白色。再在 Text 组件将字体颜色设为黑色,并添加 Outline 组件,将描边颜色设为比较暗的橙色。最后选中游戏物体 Skill,单击鼠标右键,新建一张 UI 图片,为图片添加贴图 arrow_right.png(见表 6-1),该 UI 图片需要添加一个 Shadow 组件,该组件可以使 UI 图片增加投影效果。由于该贴图是向右的箭头,所以需要将 Rect Transform 的缩放的 X 值设为-1,使其在游戏中改为向左的箭头。使用同样的方法,为怒气值制作提示"按下 U 释放大技能",并将其放到真气和怒气的滚动条旁边,效果如图 6-34 所示。这两个提示 UI 是达到释放技能的条件时才会显示的,所以需要在检视窗口(Inspector)取消左上角的勾选,使 UI 隐藏。

图 6-34

当怒气值满时除了有操作提示,还会有一个火焰动画的提示,该火焰动画要放在 StateBG 中头像左边的小圆洞的位置,在游戏物体 StatePanel 下新建一张 UI 图片,并将其命名为"Fire"。为游戏物体 Fire 添加动画控制器组件,并编辑动画,将贴图文件 Fire.png 的所有切割结果拖动到动画编辑器中,制作成火焰动画,如图 6-35 所示。

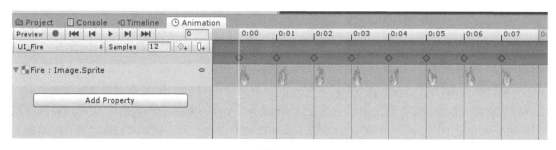

图 6-35

(3)敌人的血条 UI 和其他滑动条使用了一样的结构,复制一个游戏物体 Slider_Gas,将其命名为"HPSlider",将 Background 的贴图换成 RoleF_11,不透明度设为 100%,Fill 的贴图改为 RoleF_13,将其保存为预制体。

（4）单击画布，单击鼠标右键，新建 Text，将其命名为"TimeText"，将颜色设为绿色并添加阴影效果，作为游戏的倒计时 UI，将对齐方式设为顶部居中，调整位置，效果如图 6-36 所示。

图 6-36

（5）再新建一个游戏物体 Text 并将其放在游戏界面的右下角，将其命名为"KillCount"，作为分数 UI。根据个人喜好设置 Text 组件的文字大小、颜色和字体，并添加 Shadow 组件。

（6）最后新建一个空游戏物体，将其命名为"EnemyHps"，用于管理敌人的血条。

6.4.5 其他游戏脚本的准备

在该游戏中除了角色控制器、敌人孵化器等脚本，还需要一些提供支持的脚本，在 Other 文件夹中分别新建三个脚本，分别为子弹脚本"Bullet.cs"、计时器脚本"MainGame.cs"和通用功能支持脚本"Util.cs"。在 Player 文件夹中还需要新建一个用于记录角色数据的脚本 PlayerData.cs。

至此，该游戏的项目场景搭建与设置完成。

6.4.6 脚本编辑及相关设置

下面对实现该游戏的所有功能的脚本编辑及相关设置进行介绍，涉及游戏玩法和游戏效果的实现。

目前已经将该游戏所需要的所有脚本创建并挂载到对应的游戏物体上，接下来对脚本的内容进行填充和设置。具体内容如下。

（1）首先需要介绍该游戏中用于支持其他系统的脚本，这几个脚本会被多个脚本所用，一般是单例模式。该游戏有两个脚本，一个是计时器脚本，另一个是通用功能支持脚本。计时器脚本 MainGame.cs 是一个倒计时脚本，用于控制游戏中的倒计时 UI 的更新，在时间剩余小于 10 秒时呈红色显示。

代码位置：见源代码目录下 Assets\Scripts\Other\MainGame.cs。

```
using UnityEngine;
using UnityEngine.UI;//使用 UI 时需要引入 UI 命名空间
public class MainGame : MonoBehaviour
```

```
{
    public float second; //计时器
    [SerializeField]
    private Text timeText;//倒计时UI,通过拖动赋值
    public static MainGame Instanc;//单例
    void Start()
    {
        Instanc = this;//将这个脚本对象赋值给这个静态字段,是unity特有的单例写法
    }
    void Update()
    {
        CountDown();//每帧执行倒计时方法
    }
    //倒计时并更新UI显示
    void CountDown()
    {
        if (second > 0) {
            timeText.text = (int)second / 60 + ":" + ((int)second % 60).ToString("00");
            second -= Time.deltaTime;
            if (second < 10)
                timeText.color = Color.red;
        }
    }
}
```

（2）回到 Unity，选中游戏物体 MainGame，查看检视窗口（Inspector），可以看到游戏物体 MainGame 所挂载的 MainGame（Script）中出现了几个可以填入信息的字段和输入框组。脚本中的字段可以在这里赋值，也可以在脚本赋值，最终值是以运行周期最长的数值变化为准的。如图 6-37 所示，将 Second（计时器）设为 600，并将倒计时 UI 的游戏物体通过拖动或者单击输入框旁边的圆点进行查找和加入。

图 6-37

（3）然后是通用功能支持脚本 Util.cs，该脚本提供了一个延迟指向的方法，用到了 Unity 的事件。脚本代码如下。

代码位置：见源代码目录下 Assets\Scripts\Other\Util.cs。

```
using UnityEngine.Events;
public class Util : MonoBehaviour
{
    //这里展示了单例的另一种写法
    private static Util _Instance = null;
    public static Util Instance
    {
        get
        {
            if (_Instance == null) {
                GameObject obj = new GameObject("Util"); //协程必须依据gameObject才能运行
                _Instance = obj.AddComponent<Util>();
            }
```

```
            return _Instance;
        }
    }
    //协程: 延迟timer时间后调用func方法
    IEnumerator OnDelay(float timer, UnityAction func)
    {
        yield return new WaitForSecondsRealtime(timer);
        func();
    }
    //提供给脚本外调用上面协程的方法
    public void Delay(float delay, UnityAction func)
    {
        StartCoroutine(OnDelay(delay, func));
    }
}
```

（4）再来是角色的脚本，这部分有三个脚本，分别用于记录角色数据、控制角色动画状态机和控制角色行为。其中，记录角色数据的脚本是 PlayerData.cs，该脚本的主要功能是记录角色的气血值、真气值、怒气值，并提供增减这些数值的方法。脚本代码如下。

代码位置：见源代码目录下 Assets\Scripts\Player\PlayerData.cs。

```
using UnityEngine.UI;
using UnityEngine;
public class PlayerData
{
    //声明这个类是一个单例
    private static PlayerData _Instanc;
    public static PlayerData Instanc
    {
        get
        {
            if (_Instanc == null)
                _Instanc = new PlayerData();
            return _Instanc;
        }
    }

    public float maxHp = 100; //最大气血值
    public float hp = 100; //当前气血值
    //减少气血值的方法
    public void SubHp(float _hp, Slider slider)
    {
        if (hp > _hp)
            hp -= _hp;
        else
            hp = 0;
        slider.value = hp / maxHp; //显示到界面
    }

    public float maxGas = 100; //最大真气值
    public float gas = 0; //当前真气值
    //增加真气值的方法
    public void AddGas(float _gas, Slider slider)
    {
        if (gas + _gas < maxGas)
            gas += _gas;
        else
            gas = maxGas;
```

```
        slider.value = gas / maxGas; //显示到界面
    }
    //减少真气值的方法
    public void SubGas(float _gas, Slider slider) //减少真气
    {
        gas -= _gas;
        slider.value = gas / maxGas; //显示到界面
    }

    public float maxAnger = 100; //最大怒气值
    public float anger = 0; //当前怒气值
    //增加怒气值的方法
    public void AddAnger(float _anger, Slider slider)
    {
        if (anger + _anger < maxAnger)
            anger += _anger;
        else
            anger = maxAnger;
        slider.value = anger / maxAnger; //显示到界面
    }
    //减少怒气值的方法
    public void SubAnger(Slider slider)
    {
        anger = 0;
        slider.value = anger / maxAnger; //显示到界面
    }
}
```

（5）角色的动画状态机控制脚本的名称为"PlayerAnima"，主要内容是提供角色的动画状态机转换方法和动画事件方法。

动画状态机转换中比较复杂的部分是角色的连击攻击动画，需要一个计数器计数，并通过动画时间判断是否构成连击。

动画事件需要在对应的动画添加帧事件，比如在攻击动画中剑挥动结束的一帧（可以用来判断攻击的一帧）添加帧事件，当角色进入攻击动画时不触发攻击事件方法，当攻击动画播放到该帧时就会触发攻击事件方法。在这里，当为动画添加帧事件时，应当在动画导入设置界面中找到对应的动画片段，并在动画的 Events 中添加动画帧事件，如图 6-38 所示。

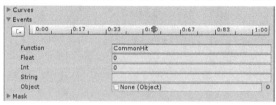

图 6-38

每个动画都有各自不同的触发事件，脚本代码如下。

代码位置：见源代码目录下 Assets\Scripts\Player\PlayerAnima.cs。

```
public class PlayerAnima : MonoBehaviour
{
    /**省略字段声明代码，如有需要，读者可以自行翻看源代码**/
    void Update()
    {
        //在待机动画和跑步动画以外的动画播放完后自动返回待机动画
```

```csharp
            animaState = anim.GetCurrentAnimatorStateInfo(0);
            if (!animaState.IsName("idle") && !animaState.IsName("run") &&
animaState.normalizedTime > 1.0f) {
                doubleHit = 0;
                anim.SetInteger("AttNumber", doubleHit);
                player.attackTrail.SetActive(false);
            }
            //关闭攻击特效
            if (!animaState.IsName("attack3"))
                player.attack3_1.Stop();
            ShowCheckRange(Color.green, attRange, angle);
            ShowCheckRange(Color.red, attRange1);
        }
        //播放跑步动画方法
        public void PlayRunAnima(bool run)
        {
            anim.SetBool("Run", run);
        }
        //播放技能动画方法
        public void PlaySkillAnima()
        {
            anim.SetTrigger("Skill");
        }
        /**剩下的动画:
                        跳跃、被打、死亡、技能、大技能
                    都可以参考上面两个方法写出来，所以略过**/
        //播放连击动画，需要根据动画的播放事件判断是否构成连击
        public void PlayAttackAnima()
        {
            //判断目前在第几阶连击，做不同的行为
            //如果连击成立，则修改动画状态机的标志位，动画状态机会根据标志位的数值进行动画跳转
            switch (doubleHit)
            {
                case 0:
                    anim.SetInteger("AttNumber", ++doubleHit);
                    break;
                case 1:
                    if (animaState.IsName("attack1") && animaState.normalizedTime >
0.6f && animaState.normalizedTime < 0.9f)
                        anim.SetInteger("AttNumber", ++doubleHit);
                    break;
                case 2:
                    if (animaState.IsName("attack2") && animaState.normalizedTime >
0.6f && animaState.normalizedTime < 0.9f)
                        anim.SetInteger("AttNumber", ++doubleHit);
                    break;
            }
        }
    //动画事件需要在动画对应的帧添加帧事件
    //比如攻击动画只有某一帧才是攻击，其他都是附带动作，所以只有攻击那一帧触发攻击事件
        //动画事件_普通攻击
        public void CommonHit()
        {
            player._RayCheckEnemy(player.AttackEnemy, attRange, angle);
        }
        //动画事件_击飞1
        public void HitFlyEnter()
        {
            player.attack3_1.Play();   //火焰特效
        }
```

```csharp
//动画事件_击飞2
public void HitFlyStay()
{
    player._RayCheckEnemy(player.AttackEnemy, attRange); //圆形普攻
}
//动画事件_击飞3
public void HitFlyExit()
{
    Transform tf = player.attack3_2.transform;
    Instantiate(player.attack3_2, tf.position, tf.rotation).Play();
    player._RayCheckEnemy(player.HitFlyEnemy, attRange, angle); //扇形击飞
    player.attack3_1.Stop();
}
//动画事件_小技能
public void Skill()
{
    player.ShootSkill();
}
//动画事件_大技能1
public void BigSkill1()
{
    player.bigSkill2.Play();
    player._RayCheckEnemy(player.AttackEnemy, attRange1);
}
//动画事件_大技能2
public void BigSkill2()
{
    player.bigSkill3.Play();
    player._RayCheckEnemy(player.HitFlyEnemy, attRange1);
    Util.Instance.Delay(1, () => player.superArmor = false);
}
}
```

（6）还需要一个角色的逻辑脚本，该脚本的内容是角色的信息 UI 更新方法和使用键盘控制角色行为方法，这些方法需要调用动画控制脚本的方法，可以看到动画控制脚本也调用了角色逻辑脚本的方法，所以这部分也是角色逻辑脚本的内容之一。脚本代码如下。

代码位置：见源代码目录下 Assets\Scripts\Player\Player.cs。

```csharp
public class Player : MonoBehaviour
{
    /**省略字段声明代码，如有需要可以自行翻看源码**/
    void Start()
    {
        InitState();//初始化角色信息面板的信息
    }
    void Update()
    {
        if (MainGame.Instanc.second <= 0) {
            playerAnima.PlayRunAnima(false);//如果倒计时结束，则停止跑步
            return;
        }
        if (PlayerData.Instanc.hp <= 0)//如果角色的气血值为0，则直接返回，不执行后面的逻辑
            return;
        //读取键盘的输入，用来控制移动
        float x = Input.GetAxisRaw("Horizontal");
        float z = Input.GetAxisRaw("Vertical");
        //在地面且非霸体状态才能移动攻击
        if (!playerAnima.animaState.IsName("hit") && !superArmor)
```

```csharp
            Attack();
            Run(x, z);//每帧调用移动方法
            BigSkill();//判断是否执行大技能的方法
            Skill();//判断是否执行小技能的方法
            NearDeath();//判断是否执行濒死状态效果
            Guide();//判断是否显示新手提示
    }
    float v = 0;
    //移动
    void Run(float x, float z)
    {
        cc.Move(Physics.gravity * Time.deltaTime);
        //播放跑步动画
        playerAnima.PlayRunAnima(x != 0 || z != 0);
        //摄像机指向方向,进行归一化,消除加速度
        Vector3 dir = cameraTh.forward * z + cameraTh.right * x;
        //只有在播放跑步动画时才能移动,显示移动轨迹
        if (playerAnima.animaState.IsName("run")) {
            runTrail.SetActive(true);
            cc.Move(dir.normalized * speed * Time.deltaTime);
        }
        else
            runTrail.SetActive(false);
        //面向移动方向
        if (dir != Vector3.zero && !superArmor)
            transform.rotation = Quaternion.Lerp(transform.rotation, Quaternion.LookRotation(dir), Time.deltaTime * 10);
    }
    //播放攻击动画
    private void Attack()
    {
        if (Input.GetKeyDown(KeyCode.J)) {
            attackTrail.SetActive(true);
            playerAnima.PlayAttackAnima();
        }
    }
    [SerializeField]
    private GameObject skillGuide, bigSkillGuide;
    //新手引导
    public void Guide()
    {
        //小技能第一次达到发射条件时显示引导
        if (PlayerData.Instanc.gas >= gasCost && skillGuide != null)
            skillGuide.SetActive(true);
        //大技能第一次达到发射条件时显示引导
        if (bigSkillGuide != null) {
            if (PlayerData.Instanc.anger >= PlayerData.Instanc.maxAnger)
                bigSkillGuide.SetActive(true);
            else if (bigSkillGuide.activeInHierarchy)
                Destroy(bigSkillGuide);
        }
    }
    //如果条件满足,则释放小技能
    public void Skill()
    {
        if (Input.GetKeyDown(KeyCode.N) && skill && playerAnima.doubleHit == 0) {
            skill = false;
            Util.Instance.Delay(1, () => skill = true);
            //真气值足够则释放小技能
```

```csharp
            if (PlayerData.Instanc.gas > gasCost) {
                PlayerData.Instanc.SubGas(gasCost, gasSlider);
                playerAnima.PlaySkillAnima();
                if (skillGuide != null)
                    Destroy(skillGuide);
            }
        }
    }
    //发射技能的子弹
    public void ShootSkill()
    {
        Instantiate(bullet, muzzle.position, muzzle.rotation).AddComponent<Bullet>().Init(this, skillAttack);
    }
    //释放大技能
    private void BigSkill()
    {
        if (PlayerData.Instanc.anger == PlayerData.Instanc.maxAnger) {
            fireImage.SetActive(true);
            angerAnima.enabled = true;
            if (Input.GetKeyDown(KeyCode.U)) {
                Time.timeScale = 0.1f;
                Util.Instance.Delay(1, () => Time.timeScale = 1);
                superArmor = true;
                bigSkill1.Play();
                playerAnima.PlayBigSkillAnima();
                PlayerData.Instanc.SubAnger(angerSlider);
            }
        }
        else
        {
            fireImage.SetActive(false);
            angerAnima.enabled = false;
        }
    }
    //被打
    public void Hit(Enemy enemy)
    {
        if (PlayerData.Instanc.hp > 0) {
            skill = true; //刷新小技能
            Vector3 pos = new Vector3(enemy.transform.position.x, transform.position.y, enemy.transform.position.z);//面向攻击者
            transform.rotation = Quaternion.LookRotation(pos - transform.position);
            playerAnima.PlayHitAnima();//播放被打动画
        }
    }
    //减少气血值
    public void Damage(float damage)
    {
        //减少气血值并同步显示在游戏界面
        PlayerData.Instanc.SubHp(damage, hpSlider);
        //增加怒气值并同步显示在游戏界面
        PlayerData.Instanc.AddAnger(damage * 10, angerSlider);
        //气血值为0或小于0时,执行死亡方法
        if (PlayerData.Instanc.hp <= 0)
            Death();
    }
    //死亡
```

```csharp
        void Death()
        {
            playerAnima.PlayDeathAnima();    //播放死亡动画
        }
        //濒死状态
        void NearDeath()
        {
            if (PlayerData.Instanc.hp / PlayerData.Instanc.maxHp < 0.2f) {
                PlayerData.Instanc.AddGas(Time.deltaTime * 10, gasSlider);
                PlayerData.Instanc.AddAnger(Time.deltaTime * 10, angerSlider);
                hpAnima.enabled = true;
            }
            else
                hpAnima.enabled = false;
        }
        //扇形射线检测敌人并攻击的方法,由动画控制脚本中的动画事件调用
        public void _RayCheckEnemy(Action<Collider> action, float _attRange, float _angle = 360)
        {
            //根据半径(攻击长度)获取周长,如果发射角度<360度,则获取弧长
            float length = _attRange * 2 * Mathf.PI / (360 / _angle);
            //长度除以检测物体的碰撞器直径得到所需射线数(这里的物体宽度为1,所以不用再除)
            int rayCount = (int)length;
            float space = _angle / rayCount;    //间隔角度

            List<Collider> enemys = new List<Collider>();
            //从右往左逆时针发射射线(扇形射线增加一根射线)
            for (int i = 0; i < rayCount + Convert.ToInt32(_angle != 360); i++) {
                Vector3 dir = Quaternion.AngleAxis(_angle / 2 - space * i, Vector3.up) * transform.forward;
                RaycastHit[] hit = Physics.RaycastAll(transform.position + Vector3.up, dir, _attRange, LayerMask.GetMask("Enemy"));
                foreach (var item in hit) {
                    if (!enemys.Contains(item.collider)) {
                        enemys.Add(item.collider);
                        action(item.collider);    //具体攻击效果
                    }
                }
            }
        }
        //攻击敌人(回调函数)
        public void AttackEnemy(Collider item)
        {
            //大技能造成更多伤害
            float damage = superArmor ? bigSkillAttack : commonAttack;
            item.GetComponent<Enemy>().Hit(damage);
            PlayerData.Instanc.AddGas(damage / 50, gasSlider);//增加真气值
        }
        //击飞敌人(回调函数)
        public void HitFlyEnemy(Collider item)
        {
            //大技能的击飞力度不同于小技能的击飞力度,伤害也不同
            float force = superArmor ? 15 : 10;
            float damage = superArmor ? bigSkillAttack : heavyAttack;
            item.GetComponent<Enemy>().HitFly(transform, force, damage);
            PlayerData.Instanc.AddGas(damage / 100, gasSlider);
        }
    }
```

（7）可以看到角色的逻辑脚本中有发射子弹的方法，该游戏使用的子弹是一个特效，在"Assets\Resources\Prefab\Effect"文件夹中有一个名为"Bullet"的粒子预制体，将该预制体及其他需要赋值的游戏物体一起拖动赋值，如图 6-39 所示。

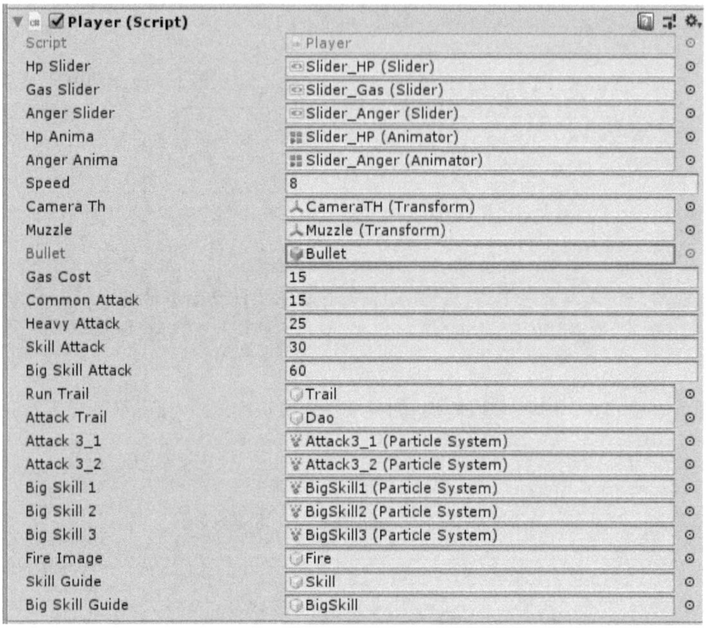

图 6-39

（8）游戏物体 Bullet 还需要一个脚本 Bullet.cs，该脚本用于控制子弹的行为，如往前飞、碰撞、消亡等。子弹的脚本代码如下。

代码位置：见源代码目录下 Assets\Scripts\Other\Bullet.cs。

```csharp
public class Bullet : MonoBehaviour
{
    Player player;
    float attack;
    void Start()
    {
        GetComponent<Rigidbody>().AddForce(transform.forward * 30 + Vector3.up * 10, ForceMode.Impulse);
    }
    public void Init(Player _player, float _attack)
    {
        player = _player;
        attack = _attack;
    }
    void OnCollisionEnter(Collision other)  //碰撞
    {
        Destroy(gameObject);
    }
    void OnDisable()
    {
        //加载另一个爆炸特效,该特效在 2 秒后销毁
        GameObject effect = Resources.Load<GameObject>("Prefab/Effect/Boom");
        effect = Instantiate(effect, transform.position, effect.transform.rotation);
        Destroy(effect, 2);
```

```
            //将范围内碰到的敌人击飞
            Collider[] collids = Physics.OverlapSphere(transform.position, 3, 
LayerMask.GetMask("Enemy"));
            for (int i = 0; i < collids.Length; i++) {
                collids[i].GetComponent<Enemy>().HitFly(transform, 5, attack);
            }
        }
    }
```

（9）游戏中的摄像机需要跟随角色移动而移动，摄像机的移动通过脚本 CameraMove.cs 来控制，为了使摄像机在跟随的过程中避免抖动，关于摄像机的移动需要在每帧计算结束之后的生命周期 LateUpdate 中执行。脚本代码如下。

代码位置：见源代码目录下 Assets\Scripts\Other\CameraMove.cs。

```
public class CameraMove : MonoBehaviour
{
    Player player;
    float angle = 180; //摄像机角度
    void Start()
    {
        player = FindObjectOfType<Player>();
    }
    void LateUpdate()
    {
        if (MainGame.Instanc.second <= 0)//游戏结束
            return;
        if (Time.timeScale != 1)  //时间缩放时(放大招),快速围绕角色旋转
            angle += Time.deltaTime * 2750;
        if (PlayerData.Instanc.hp == 0)  //角色死亡时围绕角色旋转
            angle += Time.deltaTime * 20;
        FollowPlayer(Input.GetAxis("Horizontal") * Time.deltaTime * 90); //角色
左右移动时跟随旋转
    }
    void FollowPlayer(float x)
    {
        transform.position = player.transform.position + Vector3.up * 4 + 
Quaternion.AngleAxis(angle, Vector3.up) * Vector3.forward * 6;//确定摄像机位置
        //角色移动时旋转
        if (player.playerAnima.animaState.IsName("run"))
            angle += x;
        Vector3 cameraLookPos = new Vector3(player.transform.position.x, 
transform.position.y, player.transform.position.z);//摄像机需要看向的点(角色头上)
        transform.rotation = Quaternion.LookRotation(cameraLookPos - 
transform.position);//摄像机看向点的方向
        //手动控制摄像机旋转
        if (Time.timeScale == 1)
        {
            if (Input.GetKey(KeyCode.F))
                angle += Time.deltaTime * 180;
            if (Input.GetKey(KeyCode.H))
                angle -= Time.deltaTime * 180;
        }
    }
}
```

（10）下面制作敌人的动画状态机控制脚本。敌人的动画状态机控制脚本和角色的差不多，其主要提供了动画切换的方法和动画事件方法，后续操作也和角色的一样。脚本代码如下。

代码位置：见源代码目录下 Assets\Scripts\Enemy\EnemyAnima.cs。

```csharp
public class EnemyAnima : MonoBehaviour
{
    [HideInInspector]
    public AnimatorStateInfo animaState; //动画状态
    Animator anim;
    [HideInInspector]
    public Enemy enemy; //敌人类
    void Start()
    {
        anim = GetComponentInChildren<Animator>();
    }
    void Update()
    {
        //获取动画状态
        animaState = anim.GetCurrentAnimatorStateInfo(0);
    }
    //修改 State 的值，动画控制器会改变动画状态
    public void SwitchAnimaForDis(float dis)
    {
        anim.SetFloat("State", dis);
    }
    //攻击动画，设置不同的参数，播放不同的攻击动画
    public void PlayAttackAnim(int attNum)
    {
        anim.SetInteger("Attack", attNum);
    }
    //被打动画
    public void PlayHitAnim()
    {
        anim.SetTrigger("Hit");
    }
    //被打飞动画
    public void PlayHitFlyAnim()
    {
        anim.SetTrigger("HitFly");
    }
    //倒地动画
    public void PlayFallDownAnim()
    {
        anim.SetTrigger("FallDown");
        Util.Instance.Delay(1, () => anim.SetTrigger("GitUp"));//1秒后爬起来
    }
    //起身动画
    public void PlayGieUpAnim()
    {
        anim.SetTrigger("GitUp");
    }
    //死亡动画
    public void PlayDeathAnim()
    {
        anim.SetTrigger("Death");
    }
    //动画事件_普通攻击
    public void Attack()
    {
        if (enemy.player.superArmor)
            return;
        if (Physics.Raycast(transform.position + Vector3.up, transform.forward, 3.5f, LayerMask.GetMask("Player"))) {
```

```
            float att = enemy.attack;
            //如果是重击，则播放被打动画，伤害*2
            if (animaState.IsName("attack3")) {
                enemy.player.Hit(enemy);
                att *= 2;
            }
            enemy.player.Damage(att);
            enemy.bloodEffect.Play();
        }
    }
    //动画事件_死亡
    public void Death()
    {
        enemy.DestoryBody(false);
    }
}
```

（11）与角色不同的是，敌人不是被玩家控制的，敌人会根据自身与角色的距离来行动，并且敌人的血条显示在各自的头顶位置，当敌人不被摄像机拍到时，是不显示的。脚本代码如下。

代码位置：见源代码目录下 Assets\Scripts\Enemy\Enemy.cs。

```
public class Enemy : MonoBehaviour
{
    /**省略字段声明代码，如有需要可以自行查看源代码**/
    void Start()
    {
        InitHpSlider();//将敌人的血条初始化在游戏界面上
    }
    void Update()
    {
        if (MainGame.Instanc.second <= 0)
            return;
        //掉落到一定距离销毁敌人尸体
        if (transform.position.y < -20)
        {
            Destroy(gameObject);
            total--;
            ShowKillCount();
        }
        //判断和角色距离,不同距离播放不同动画
        float dis = (player.transform.position - transform.position).magnitude;
        enemyAnima.SwitchAnimaForDis(dis);
        //播放跑步动画时敌人面向角色前进
        if (enemyAnima.animaState.IsName("run")) {
            LookAtPlayer(player.transform.position);
            Run();
        }
        //播放准备动画时敌人面向角色攻击
        if (enemyAnima.animaState.IsName("readyAttack") && PlayerData.Instanc.hp > 0) {
            LookAtPlayer(player.transform.position);
            AtWillAttack();
        }
        else
            attCD = 0;
        HideEnemyHpSlider();
    }
    //面向角色
    public void LookAtPlayer(Vector3 position)
```

```csharp
        {
            Vector3 pos = new Vector3(position.x, transform.position.y, position.z);
            Vector3 dir = pos - transform.position; //角色方向
            transform.rotation = Quaternion.Lerp(transform.rotation, 
Quaternion.LookRotation(dir), Time.deltaTime * 5);
        }
        //前进
        public void Run()
        {
            transform.Translate(transform.forward * Time.deltaTime * speed, 
Space.World);
        }
        //随机一种攻击或不攻击
        void AtWillAttack()
        {
            attCD += Time.deltaTime;
            //每 2 秒决策一次是否攻击
            if (attCD >= 2) {
                attCD = 0;
                enemyAnima.PlayAttackAnim(Random.Range(0, 5)); //3/5 的攻击概率
                Util.Instance.Delay(0.1f, () => enemyAnima.PlayAttackAnim(0));
            }
        }
        //被打
        public void Hit(float damage)
        {
            Damage(damage);
            if (hp > 0)
                enemyAnima.PlayHitAnim();
            else
                enemyAnima.PlayDeathAnim();
        }
        //被打飞
        public void HitFly(Transform target, float force, float damage)
        {
            hitFly = true;
            enemyAnima.PlayHitFlyAnim();
            Vector3 pos = new Vector3(target.position.x, transform.position.y, 
target.position.z);
            rig.AddForce((Vector3.up + (transform.position - pos).normalized) * force, 
ForceMode.Impulse);
            Damage(damage);
        }
        //受伤
        void Damage(float damage)
        {
            if (hp > damage)
                hp -= damage;
            else {
                hp = 0;
                Death();
                ShowKillCount();
            }
            if (hpSlider != null)
                hpSlider.value = hp / maxHp;
        }
        void Death() //死亡方法
        {
            if (!hitFly) //没有被打飞时才播放死亡动画
                enemyAnima.PlayDeathAnim();
            if (hpSlider != null)
```

```csharp
            Destroy(hpSlider.gameObject);
    }
    public void DestoryBody(bool enab)  //销毁敌人尸体
    {
        GetComponent<CapsuleCollider>().enabled = enab;
    }
    void ShowKillCount()  //显示击败数
    {
        if (killText != null) {
            killText.text = "击败 <color=yellow>" + ++killCount + "</color>";
            killText.GetComponent<Animator>().SetTrigger("ShowCount");
            killText = null;
        }
    }
    void OnCollisionEnter(Collision other)  //开始碰撞
    {
        if (enemyAnima.animaState.IsName("hitFly")) {
            //如果在飞行中碰到其他敌人,则将其撞倒(播放倒地动画),被撞的敌人面向撞他的敌人
            if (other.collider.tag == tag) {
                Vector3 pos = transform.position;
                other.transform.LookAt(new Vector3(pos.x,
other.transform.position.y, pos.z));
other.collider.GetComponent<Enemy>().enemyAnima.PlayFallDownAnim();
            }
            if (other.collider.CompareTag("Ground") && hitFly) {
                rig.AddForce((Vector3.up + -transform.forward) * 6,
ForceMode.Impulse);
                hitFly = false;
            }
        }
    }
    float FallDownTime;  //倒地时间
    void OnTriggerStay(Collider other)  //每帧触发
    {
        //被打飞落地后如果落地,则1秒后起身
        if (other.CompareTag("Ground"))
        {
            isGround = true;
            if (enemyAnima.animaState.IsName("hitFly"))
            {
                FallDownTime += Time.deltaTime;
                if (FallDownTime >= 1)
                {
                    FallDownTime = 0;
                    //没死起身,死了则销毁尸体
                    if (hp > 0)
                    {
                        enemyAnima.PlayGieUpAnim();
                        hitFly = true;
                    }
                    else
                        DestoryBody(false);
                }
            }
        }
        //踩到其他敌人自行错开位置,防止重叠
        if (other.tag == tag)
        {
            if (isGround)
                transform.Translate(-Time.deltaTime, 0, -Time.deltaTime);
```

```
            else
                transform.Translate(Time.deltaTime, 0, Time.deltaTime);
        }
    }
    void OnTriggerExit(Collider other)  //离开触发
    {
        if (other.CompareTag("Ground"))
        {
            isGround = false;
            FallDownTime = 0;
        }
    }
}
```

（12）敌人血条的显示和隐藏用到了生命周期 OnBecameVisible 和 OnBecameInvisible，这两个生命周期需要游戏物体挂载渲染组件才会触发，用于判断游戏物体是否在摄像机的视锥内。脚本代码如下。

代码位置：见源代码目录下 Assets\Scripts\Enemy\Enemy.cs。

```
//进入镜头显示血条,离开则隐藏
bool onCamera;  //是否进入摄像机
void OnBecameVisible()
{
    onCamera = true;
}
void OnBecameInvisible()
{
    onCamera = false;
}
float maxHp;  //满血血量
float hp = 100;  //当前血量
Slider hpSlider;  //血条
void InitHpSlider()  //初始化血条
{
    hpSlider = Instantiate(Resources.Load<Slider>("Prefab/HPSlider"),
GameObject.Find("EnemyHps").transform);
    maxHp = hp;
    hpSlider.value = hp / maxHp;
}
RaycastHit hit;
//隐藏血条
void HideEnemyHpSlider()
{
    Vector3 pos = transform.position + Vector3.up * 2.5f;  //射线点
    Physics.Raycast(pos, cameraTH.transform.position - pos, out hit, 100);
    //当敌人进入视锥且未被遮挡时显示血条
    if (hpSlider != null) {
        if (hit.collider == cameraTH && onCamera)
            hpSlider.gameObject.SetActive(true);
        else
            hpSlider.gameObject.SetActive(false);
        hpSlider.transform.position = Camera.main.WorldToScreenPoint(pos);  //血条跟随
    }
}
```

（13）最后制作敌人的孵化器脚本，该脚本提供了两个字段，可以设置需要生成的敌人的预制体和场上敌人的最大数。该脚本的内容比较简单，就是当场上敌人的数量小于最大的敌人数量时就调用生成敌人方法来生成敌人。具体脚本代码如下。

代码位置：见源代码目录下 Assets\Scripts\Enemy\EnemySystem.cs。

```
public class EnemySystem : MonoBehaviour
{
    [SerializeField]
    private GameObject enemy;
    [SerializeField]
    private int enemyCount;
    void Update()
    {
        //如果场上敌人的数量小于最大可容纳的敌人数量，则生成新的敌人
        if (Enemy.total < enemyCount)
            CreateEnemy();
    }
    RaycastHit hit;
    //生成敌人
    void CreateEnemy()
    {
        //随机选择一个位置，由这个位置向地面发射射线，如果可以顺利打到地面，则生成敌人
        transform.position = new Vector3(Random.Range(-65, 56), transform.position.y, Random.Range(-65, 71));
        if (Physics.Raycast(transform.position, -transform.up, out hit, 100))
        {
            Debug.DrawRay(transform.position, hit.point - transform.position, Color.red);
            if (hit.collider.tag == "Ground")
            {
                Instantiate(enemy, hit.point, Quaternion.identity);
                Enemy.total++;
            }
        }
    }
}
```

（14）本章实例的制作过程介绍完毕。单击 Unity 上方的"播放"按钮运行游戏，可以查看游戏的运行效果。

第 7 章　鸟群模拟

很多人都喜欢欣赏漂亮的动物，如猫、狗、鸟、鱼等。其中，最特别的要数鸟和鱼了，因为它们不仅可以单独欣赏，还可以观赏鸟群飞翔、鱼群游动的壮观景象，如图 7-1 所示为一群鸟集体飞翔的场景。

图 7-1

鸟群属于一种典型的群体 AI 在游戏中的应用，看似复杂的群体运动可以用分层次、分模块的一系列算法实现。下面使用 Unity 实现一个鸟群飞行的场景，并且鸟群会飞向用户单击的位置，具有一定的互动性。

7.1　鸟群行为模式的理论与实现

本节从理论出发，有条理、分层次地分析鸟群的行为模式和每只鸟的具体行为模式，并依次用代码实现每种行为模式，最终实现对鸟群效果的模拟。

7.1.1　鸟群行为模式的分析

要模拟鸟群，首先要思考"鸟群"与每只鸟的关系。显然，鸟群的本质是由一只只鸟组成的，每只鸟都是独立行动的，其只能通过视觉、听觉等与外界进行有限的交互，然后做出恰当的行为。有个专有名词"自主主体"（Autonomous Agent），用来描述这种群体中的个体。

顺着这种思路，我们就知道了要模拟鸟群，既要有整体设计，也要考虑每一只鸟的具体行为逻辑。这个问题如果从零开始考虑，则会较难找到突破口，好在人们已经对自主主体有了很多研究，我们只需要理解一些概念和算法就能达到模拟鸟群的目的。

研究发现：虽然群体中的个体是自主行动的，但是只要使这些个体遵守某些简单规则，就可以满足群体的集体目标，这些集体目标包括集体觅食、躲避捕食者或守卫领地等。

也就是说，在通过编程实现鸟群行为时，具体的代码总是应用在每只鸟上的，但每只鸟的行为又时时刻刻受到总体目标的指导。具体来说，在个体有多种选择时，应尽可能选择倾向总体目标的行动；而在个体处于紧急情况时（比如即将发生碰撞），个体又应当优先应对紧急情况。对每只鸟来说，它的行为应分为以下三层考虑。

（1）最高层：行为选择。当前时刻是应当前进、盘旋还是躲避敌人呢？我们要确定当前行动的目标。确定这一目标要考虑整体目标，但又与整体目标不完全一致。比如整体目标是移动到某个远处的位置，但个体在遇到障碍时要优先进行规避，规避方向与整体移动方向不一定相同。

（2）中间层：引导。这一步将目标细化为具体的飞行方向和速度。作为群体中的个体，要考虑的问题有很多，比如：离周围的鸟是否太近（容易碰到）？离周围的鸟是否太远（容易脱离群体）？是否和群体的方向一致（修正方向）？是否应远离危险的区域？每个时刻，所有的因素互相影响、互相作用，最终可以得出一个引导的方向和大小。通过这一步，就把高层目标转化为了具体的方向和速度。

（3）具体行动层。把引导层的目标方向和目标速度转化为实际行动。也就是通过加速、减速和转弯动作，让自身的运动状态更接近引导层要求的状态。

由于真实的鸟类会受到惯性的影响，所以本实例借助 Unity 物理系统来实现具体的鸟类行为，以达到较真实的模拟效果。

7.1.2　创建工程

新建 Unity 工程，将工程模版设为"3D"即可。使用本书配套的模型素材，可以将资源目录下的"SEAGULL"文件夹和"Stadium"文件夹复制到新的工程中。

1. 导入和设置素材

本实例只需要使用简单的鸟类模型和飞行动画，但某些素材可能因为版本较老，在使用时会遇到问题，下面介绍修改方法。

在 Unity 的工程窗口（Project）中找到"Assets/SEAGULL"文件夹，然后找到其中的模型文件 SEAGULL.fbx 与动画文件 SEAGULL@fly.fbx，选中其中一个文件后，会看到检视窗口（Inspector）的 Rig 标签页中，动画类型（Animation Type）为 Legacy。标记为 Legacy 的动画素材，无法被动画状态机使用，应将动画类型改为通用模式（Generic），并将 Avartar Definition 属性设为 Create From This Model。模型与动画文件需要做同样的改动，修改后的参数如图 7-2 所示。

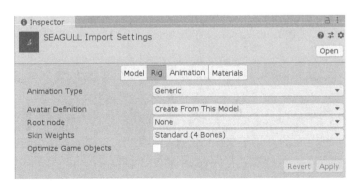

图 7-2

2. 制作鸟的预制体

将模型文件 SEAGULL.fbx 拖动到场景中，为它添加组件。必要的组件包括动画状态机

Animator 和刚体 Rigidbody，脚本组件稍后添加。

制作动画时，需要在工程窗口（Project）中创建一个动画控制器文件（Animator Controller），并将动画文件 SEAGULL@fly.fbx 拖动到其中。此动画不需要添加动画参数控制，因为可以直接通过改变动画速度来控制飞行的动作。鸟飞行的动画状态机如图 7-3 所示。

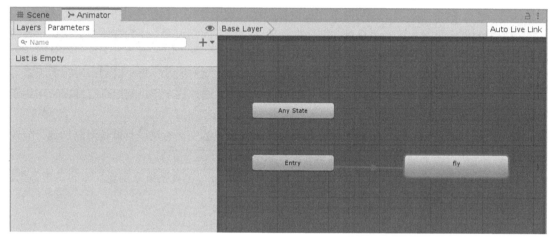

图 7-3

设置好动画状态机后，给鸟添加刚体，去掉刚体的重力（Gravity），其他参数可保留默认值。设置好的预制体组件如图 7-4 所示。

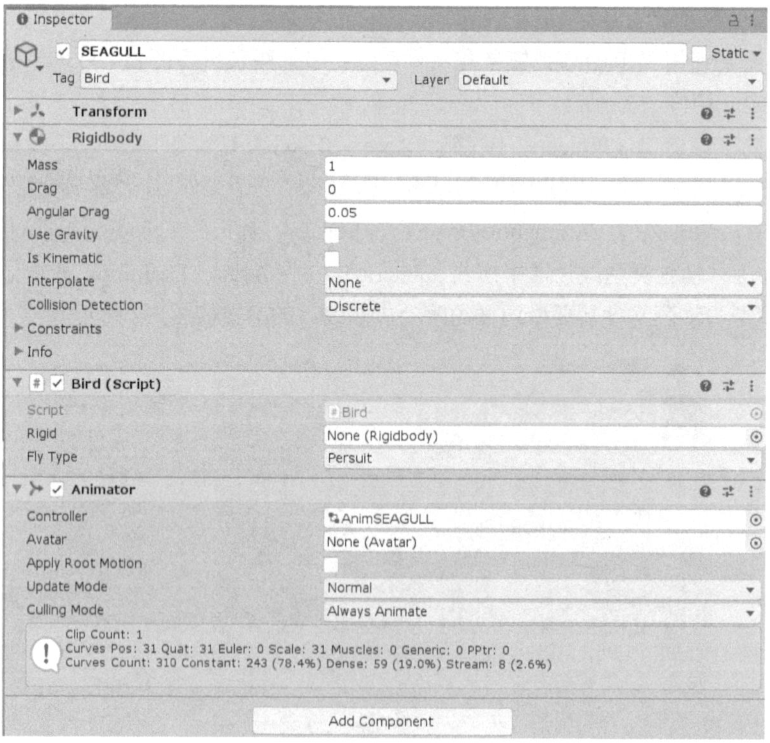

图 7-4

之后可以用一个绿色平面作为背景，然后进行后续开发。

7.1.3 编辑脚本

本实例需要编辑两个脚本：一个是每只鸟的行为脚本，另一个是通过鼠标控制鸟群飞行目标的脚本。其中，核心是每只鸟的行为脚本。

将 7.1 节所述的自主主体行为方式细化，可分解为如下这些行动类型。

```
public enum FlyType
{
Seek,              // 飞向指定目标
CustomSeek,        // 改进的 Seek 模式
    Arrive,        // 接近目标时减速的行为
    Flee,          // 逃跑
    Wander,        // 无目的漫游
Pursuit,           // 追逐
    Flocking,      // 基本集群行为。集群行为是以上各种行为的综合结果
    Flocking2,     // 有目标时的集群行为。集群行为是以上各种行为的综合结果
}
```

要模拟现实中的鸟群，必须同时考虑飞向指定目标、减速和漫游等各类行为，但在实现代码时，应当对每种行为单独实现，最后再结合到一起进行测试。上述行为中最后的 Flocking 模式和 Flocking2 模式，就是对各种基本行为的综合处理。

在所有模式中，Seek 模式是最基本的，所以下面先重点介绍 Seek 模式，再解释综合的 Flocking 模式。

1. Seek模式

Seek 模式是最基本的，它返回一个力（向量），引导鸟飞向目标，代码如下所示。

```
Vector3 Seek(Vector3 targetPosition)
{
    Vector3 diff = targetPosition - transform.position;
    Vector3 desiredVelocity = diff.normalized * maxSpeed;
    return desiredVelocity - rigid.velocity;
}
```

这里仅用到了基本的向量运算，diff 是从当前位置到目标点的向量。desiredVelocity 是希望获得的速度，最终 Seek 函数返回的是预期的速度与当前速度之间的差异。这个差异就可以作为下一帧运动的参考，代码如下所示。

```
void Update () {
    Vector3 steeringForce = new Vector3();
    switch (flyType)
    {
        case FlyType.Seek:
            steeringForce = Seek(Manager.targetPosition);
            break;
// ......略......
    rigid.AddForce(steeringForce);
// ......略......
```

可以看出，Seek 函数会对每一帧算出一个参考的引导力，然后使用这个引导力去修改刚体的运动状态。这就是修改鸟类运动状态的基本架构，其他每种考虑都会直接或间接修改引导力，用这种行为将所有的行为整合起来。

2. Flocking（集群）模式

Flocking 模式相比 Seek 模式更复杂一些，对于群体中的每只鸟，需要考虑三个基本因素：分散（Separation）、统一方向（Alignment）和聚合（Cohension）。Flocking 模式中的三种因素如图 7-5 所示。

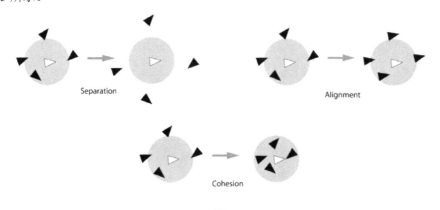

图 7-5

简单来说，分散和聚合是一对矛盾的因素，它们就像弹簧一样，聚合负责压紧弹簧，分散负责弹开弹簧。当弹力比压力大时，会弹开弹簧；当压力比弹力大时，会压紧弹簧。

这与群体中的个体行为非常相似：比如一支在公路上行驶的车队，如果车与车离得太近，则有追尾的风险；如果离得太远，则有脱离队伍的危险。鸟类的本能会让每只鸟在飞行时与群体保持适当的距离，我们的代码就是要模拟出这一点。只要合理调整这两种因素的比例，就能实现一个大小适中、密度合理的群体。

为了防止出现某些鸟的飞行方向与整体方向偏差过大的情况，要再补充统一方向因素，以保证所有的鸟尽可能朝同一个方向前进。

将上述整体思想用代码表达出来，就得到了 Flocking 模式的总体结构，如下所示。

```
float flockingDist = 5.0f;
Vector3 Flocking()
{
    // 相邻物体列表，保存所有周围的鸟
    List<Transform> neighbours = new List<Transform>();
    // 找到所有标签为"Bird"的鸟
    GameObject[] birds = GameObject.FindGameObjectsWithTag("Bird");
    foreach (var bird in birds)
    {
        // 排除自身
        if (bird == gameObject) { continue; }
        // 距离小于一定范围，则加入列表
        if (Vector3.Distance(transform.position, bird.transform.position) < flockingDist)
        {
            neighbours.Add(bird.transform);
        }
    }
    // 添加三种因素的影响：分离、统一方向和聚合，形成合力
    // 其中，聚合力有双倍效果，可以通过乘数的大小调节比例
    Vector3 force = Vector3.zero;
    force += Separation(neighbours);
    force += Alignment(neighbours);
```

```
        force += Cohesion(neighbours)*2;
        return force;
    }
```

可以看出，每一只鸟在决定自己行为之前，要先观察所有周围的鸟，这需要把周围所有鸟的位置和朝向加入 neighbours 列表，然后统计 Separation、Alignment 与 Cohesion 三种因素的影响，最终得到引导力。

下面分别实现这三种因素的函数。首先是分散力，思路是远离所有周围的鸟，代码如下所示。

```
    Vector3 Separation(List<Transform> birds)
    {
        if (birds.Count == 0)
        {
            return Vector3.zero;
        }
        // 返回值：分离的力
        Vector3 ret = Vector3.zero;
        foreach (var bird in birds)
        {
            // 从这只鸟到另一只鸟的向量
            Vector3 to = transform.position - bird.position;
            // 意图：两只鸟离得越近，分散力要越大
            ret += to.normalized / to.magnitude;
        }
        return ret;
    }
```

其次是聚合力，思路是尽量飞向群体的"质心"，代码如下所示。

```
    Vector3 Cohesion(List<Transform> birds)
    {
        if (birds.Count == 0)
        {
            return Vector3.zero;
        }
        // 统计所有鸟位置的平均值，就是整体的"质心"
        Vector3 center = Vector3.zero;
        int num = 0;
        foreach (var bird in birds)
        {
            center += bird.position;
            num++;
        }
        center /= num;
        // 朝质心运动，借用了 Seek 函数
        Vector3 force = Seek(center);
        return force;
    }
```

最后是统一方向，思路是只看别人的速度方向，不考虑速度的大小，然后尽量朝向该方向运动，代码如下所示。

```
    Vector3 Alignment(List<Transform> birds)
    {
        if (birds.Count == 0)
        {
            return Vector3.zero;
        }
        // 返回值：附近所有鸟的方向向量的平均值
```

```
        Vector3 average = Vector3.zero;
        int num = 0;
        foreach (var bird in birds)
        {
            // 得到周围另一只鸟的速度向量，并归一化
            average += bird.GetComponent<Rigidbody>().velocity.normalized;
            num++;
        }
        return average / num;
    }
```

做到这里，Seek 模式和 Flocking 模式的基本算法就实现完毕了。只要同时应用 Flocking 模式和 Seek 模式，就能实现良好的集群效果。

将编写好的脚本挂载到鸟的预制体上即可，其完整代码路径为：工程目录/Assets/Bird.cs。

7.1.4 编辑控制脚本

为了最终实现完整的集群功能，这里还需要添加一个管理器脚本 Manager.cs，它的作用有两个：一是创建大量的鸟来形成鸟群，二是通过鼠标操作给鸟群指定飞行的目标点。

```
using UnityEngine;

// 鸟群管理器
public class Manager : MonoBehaviour
{
    // 目标点的位置
    public static Vector3 targetPosition;
    // 目标点物体（方便测试时确认目标点位置）
    public GameObject targetObject;
    // 鸟的总数
    public int numBirds = 1;
    // 鸟的预制体
    public GameObject prefabBird;
    // 鸟的行为类型，方便测试不同的鸟类行为
    public FlyType birdFlyType;
    // 初始目标点高度
    float basePosY = 20;
    // 摄像机离鸟群中心的距离
    float camDist = 8.0f;

    void Start () {
        // 一开始创建所有的鸟
        for (int i = 0; i < numBirds; ++i) {
            GameObject objBird = Instantiate(prefabBird, null);
            // 鸟的初始位置是在一个半径为 1 的球体范围中随机选取
            objBird.transform.position = Random.insideUnitSphere+new Vector3(0, basePosY, 0);
            // 指定鸟的行为类型
            objBird.GetComponent<Bird>().flyType = birdFlyType;
        }
        targetPosition = new Vector3(1, basePosY, 1);
    }

    void Update () {
        // 每一帧处理输入
        InputChangeTarget();
```

```
        // 自动移动摄像机位置
        MoveCamera();
    }

    void InputChangeTarget()
    {
        // 按下鼠标左键时，指定新的目标点位置
        if (Input.GetMouseButtonDown(0)) {
            Vector3 mousePos = Input.mousePosition;
            mousePos.z = 10.0f + Random.Range(0.0f,10.0f);
            Vector3 pos = Camera.main.ScreenToWorldPoint(mousePos);
            targetPosition = pos;
            targetObject.transform.position = pos;
        }
        // 按下键盘的上、下方向键，改变摄像机离鸟群的距离
        float inputY = Input.GetAxis("Vertical");
        camDist -= inputY * 0.1f;
    }

    // 摄像机移动函数
    void MoveCamera()
    {
        // 统计鸟群中心点 center
        Vector3 center = Vector3.zero;
        int num = 0;
        GameObject[] birds = GameObject.FindGameObjectsWithTag("Bird");
        foreach (var bird in birds)
        {
            center += bird.transform.position;
            num++;
        }
        center /= num;
        // 修改摄像机位置，并对准鸟群中心点
        Camera.main.transform.position = center - Camera.main.transform.forward * camDist;
        Camera.main.transform.LookAt(center);
    }
}
```

准备好鸟群管理器脚本后，将其挂载到主摄像机上，就可以进行测试了。管理器脚本的初始参数如图 7-6 所示，可以修改脚本组件的 Bird Fly Type 参数，尝试采用不同的行为类型，看看鸟群行为是如何变化的。

图 7-6

7.1.5 完成工程并测试

至此，鸟群模拟的功能就算是基本完成了，程序的运行效果如图 7-7 所示。

图 7-7

7.1.6 鸟的其他行为模式

在演示项目中,鸟的最重要的行为模式是集群飞行(Flocking),但也有其他值得实现的行为模式,下面进行简要说明。

(1)接近目标,并考虑减速,代码如下所示。

```
Vector3 Arrive(Vector3 targetPosition)
{
    Vector3 diff = targetPosition - transform.position;
    float dist = diff.magnitude;
    float speed = dist / 1.5f;
    if (speed>maxSpeed) speed=maxSpeed;
    return diff.normalized * speed - rigid.velocity;
}
```

(2)逃跑,远离目标,代码如下所示。

```
Vector3 Flee(Vector3 targetPosition)
{
    Vector3 diff = targetPosition - transform.position;
    if (diff.magnitude > 3)
    {
        return Vector3.zero;
    }
    // 得到目标的反方向
    Vector3 desiredVelocity = -diff.normalized * maxSpeed;
    return desiredVelocity - rigid.velocity;
}
```

(3)在当前位置附近随机漫游,代码如下所示。

```
Vector3 Wander()
{
    // 在附近一个球体范围内,随机选取一个点
```

```
        Vector3 v = Random.onUnitSphere;
        Vector3 wanderTarget = transform.forward + v;
        wanderTarget += transform.position;
        // 朝随机点飞行
        Vector3 wanderForce = Seek(wanderTarget);
        return wanderForce;
    }
```

(4) 追逐目标，并且目标也在运动，代码如下所示。

```
    Vector3 Persuit(Transform evader)
    {
        // 追逐目标的算法，会参考被追逐者的速度
        Vector3 diff = evader.position - transform.position;
        Rigidbody evaderRigid = evader.GetComponent<Rigidbody>();
        float predictTime = diff.magnitude / (rigid.velocity - evaderRigid.velocity).magnitude;
        // 预测位置
        Vector3 predictPos = predictTime * evaderRigid.velocity + evader.position;
        // 朝预测位置飞行
        return Seek(predictPos);
    }
```

鸟群的调整与完善

初步完成工程后，还有一些细节问题需要处理，它们对最终的视觉效果有较大影响。

7.2.1　调整每只鸟的具体行为

在初步完成前面的步骤后，并简单限制一下速度，你会发现一个明显的问题：某些鸟可能会在原地悬停，甚至出现后退的现象，这离模拟现实差得太远。针对类似的问题，需要做出以下调整。

（1）最关键的是，鸟是不会悬停或反向飞行的，鸟是靠持续的转弯实现掉头飞行的。所以，我们将引导力的向后分量完全取消，代码如下所示。

```
        // 限制掉头的力
        Vector3 velocityNormalized = rigid.velocity.normalized;
        Vector3 f1 = Vector3.Dot(steeringForce, velocityNormalized) * velocityNormalized;    // 沿速度方向的大小
        if (Vector3.Dot(steeringForce, velocityNormalized) < 0)
        {
            // 直接取消向后的力
            steeringForce -= f1;
        }
```

（2）引导力有时会剧烈变化方向，但鸟指向的角度不要迅速变化，应尽量做平滑处理，代码如下所示。

```
        // 设定角度，用线性插值实现平滑
        Vector3 mid = Vector3.Lerp(transform.forward, rigid.velocity.normalized, 0.1f);
        transform.LookAt(transform.position + mid);
```

（3）鸟的速度不宜过大，需要限制最大飞行速度，代码如下所示。

```
// 速度限制
if (rigid.velocity.sqrMagnitude > maxSpeed * maxSpeed)
{
    rigid.velocity = rigid.velocity.normalized * maxSpeed;
}
```

（4）根据引导力的大小来控制鸟扇动翅膀的速度，虽然与实际不完全一致，但也比较合理，相关代码如下。

```
// 根据力的大小，修改动画播放速度
anim.speed = Mathf.Lerp(0.3f, 1.5f, steeringForce.magnitude / 8.0f);
```

7.2.3 小结和扩展

通过以上修改，已经达到了演示本实例的目的，能够初步体现出鸟类集群飞行的美感。如果我们的游戏中需要用到鸟群作为画面的点缀，使用本实例的实现方式就能够基本满足要求。但是深究的话，还有以下值得修改的问题。

（1）当引导力指向后方时，我们直接取消引导力的向后分量，会导致出现很大的转弯半径，作为演示来说可以接受，但是不符合实际，请参考飞机转弯的例子。如果能模拟鸟类的急转弯，则会更好看了。

（2）动画方面，鸟会综合使用扑翼和滑翔等动作，在本章中只是简单地修改了扑翼的速度，并没有完全实现滑翔动作，如有必要，值得继续改进。

第 8 章　程序建模——三维网格生成

在众多的游戏类型中，有些游戏不仅需要各式各样的三维模型素材，还需要能与玩家进行交互、外形可任意变化的三维模型。这些游戏需要让模型在游戏运行过程中动态地创建和修改，相关的技术被称为"程序建模"。具体来说，就是一种用代码生成三维网格的方法。本章将用一系列程序建模的实例来展示和讲解相关技术。

8.1　三维网格生成概述

本节将介绍三维网格生成的原理，以及这种技术在实践中的应用。

8.1.1　三维网格的原理

从结构上看，三维模型是由很多的三角面组成的，而每个三角面又是由 3 个顶点和 3 条边组成的。图 8-1 展示了一个三维圆柱体及组成它的三角面。

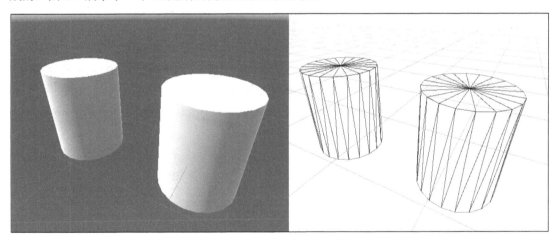

图 8-1

在制作 3D 游戏时，一般是由专业的美术设计师制作一些三维素材，然后由游戏设计师或软件工程师将三维素材导入到游戏素材目录里，最终在游戏场景中展示出来。美术设计师提供的原始素材，一般是 fbx、obj 等格式的模型文件，以及相关的图片文件。其中，与模型有关的图片文件被叫做"贴图"，贴图最终被贴在模型的表面，为模型赋予色彩和图案。用 3DMax 软件制作的三维模型效果如图 8-2 所示。

在制作模型时，会使用大量的三角面表示一个曲面。而在一个曲面中，两个相邻三角面的顶点会被重复使用，即多个三角面可能会包含同一个顶点。

一个完整的模型就像这样，由一系列三角面组成，形成完整的物体外形，被称为"网格（Mesh）"。

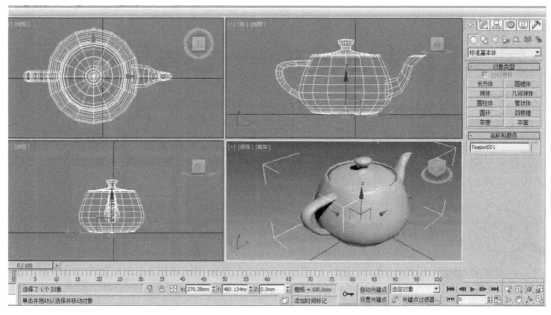

图 8-2

8.1.2 与网格有关的Unity组件

在 Unity 中有两个常见的组件,分别为网格过滤器(Mesh Filter)和网格渲染器(Mesh Renderer),在常用的立方体、球体等游戏物体上都可以看到这两个组件。

网格过滤器有一个属性——网格(Mesh),也就是本章所说的三维网格,在 Unity 中它是一个独立的数据对象,比如你可以给立方体换一个球体的网格,它的外形就变成了球体,如图 8-4 所示。

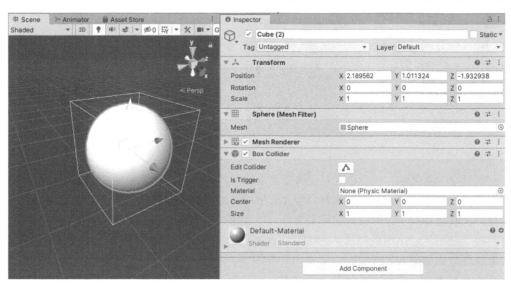

图 8-4

在制作游戏时常用的材质(Material)是网格渲染器的属性。也就是说,网格过滤器负责表现游戏物体的几何形状,网格渲染器负责表现游戏物体的颜色、光滑度等表面特性。

网格过滤器和网格渲染器适合表现不产生形变的硬质物体，比如茶壶、桌子、建筑等。而像人物、动物等三维角色，有个重要的功能——可以根据"骨骼"动态做出相应的动作。

一般来说，三维人物的动作是由骨骼驱动的。骨骼是一种藏在模型里面的架构，没有实体。骨骼要在制作模型时进行定义，并与模型的各个部分进行绑定。在骨骼运动时模型的各部分就会跟着骨骼运动，比如骨骼做出举手的动作，模型的手和手臂也会跟着做出相同的动作。

显然，我们做各种动作时，皮肤或衣服会出现"拉扯"的情况，也就是让皮肤或衣服进行适度伸缩，保持人物的外形。网格过滤器不支持这种功能，需要换成支持骨骼动画的"蒙皮网格渲染器（Skinned Mesh Renderer）"。蒙皮网格渲染器将网格过滤器和网格渲染器的功能合二为一，支持随动画伸缩。但制作复杂的人物模型不属于本章重点，不再深入探讨。

8.1.3 三维网格技术的应用

所有需要动态生成、动态改变网格的场合都需要用到三维网格技术，比如：

（1）使用三维网格技术最知名的游戏是《我的世界》，其游戏世界是由固定大小的立方体组成的，而且每一个立方体都是可破坏、可创造的。

（2）在很多游戏中，调整角色面部外观（俗称"捏脸"）的系统使用了三维网格技术。

（3）在大型户外场景中自动生成的地形使用了三维网格技术。

（4）模拟陶艺、做蛋糕等休闲游戏使用了三维网格技术。

8.2 用脚本生成三维网格

本节将用一系列实例说明使用脚本生成三维网格的具体方法。

8.2.1 创建第一个三角面

下面演示如何创建第一个三角面。

1. 创建空游戏物体，添加网格相关组件

创建一个空游戏物体，添加网格渲染器（Mesh Renderer）、网格过滤器（Mesh Filter）、网格碰撞体（Mesh Collider）这三个组件，组件属性全部保持默认状态，如图 8-5 所示。

图 8-5

如果给网格过滤器设置了 Mesh 字段,并给游戏物体赋予一个材质,则游戏物体就会显示出来。但这里不用手工操作,而是用脚本给网格等属性赋值。

2. 编写网格脚本

编辑 Simple.cs 脚本,脚本代码如下。

代码位置:见源代码目录下 Assets\Scripts\Simple.cs。

```csharp
using System.Collections.Generic;
using UnityEngine;

public class Simple : MonoBehaviour
{
    // 网格渲染器
    MeshRenderer meshRenderer;
    // 网格过滤器
    MeshFilter meshFilter;
    // 网格碰撞体
    MeshCollider meshCollider;

    // 用来存放顶点数据
    List<Vector3> verts;            // 顶点列表
    List<int> indices;              // 序号列表

    private void Start()
    {
        verts = new List<Vector3>();
        indices = new List<int>();

        meshRenderer = GetComponent<MeshRenderer>();
        meshFilter = GetComponent<MeshFilter>();
        meshCollider = GetComponent<MeshCollider>();

        Generate();
    }

    public void Generate()
    {
        ClearMeshData();

        // 把顶点和序号数据填写在列表里
        AddMeshData();

        // 用列表数据创建网格 Mesh 对象
        Mesh mesh = new Mesh();
        mesh.vertices = verts.ToArray();
        //mesh.uv = uvs.ToArray();
        mesh.triangles = indices.ToArray();

        // 自动计算法线
        mesh.RecalculateNormals();
        // 自动计算游戏物体的整体边界
        mesh.RecalculateBounds();

        // 将 Mesh 对象赋值给网格过滤器,就完成了
        meshFilter.mesh = mesh;
        // 最后还可以设置碰撞体外形,不影响物体外观
        meshCollider.sharedMesh = mesh;
    }
```

```
// 清空列表
void ClearMeshData()
{
    verts.Clear();
    indices.Clear();
}

// 填写顶点和序号列表
void AddMeshData()
{
    verts.Add(new Vector3(0, 0, 0));
    verts.Add(new Vector3(0, 0, 1));
    verts.Add(new Vector3(1, 0, 1));
    indices.Add(0);  indices.Add(1);  indices.Add(2);
}
```

3. 运行并测试

编写好 Simple.cs 脚本后,将该脚本拖动到空游戏物体上,运行游戏,可以看到如图 8-6 所示的效果。如果游戏物体没有挂载材质球,则会显示为紫红色,可以先创建一个材质球并将其挂载到游戏物体上,再运行游戏即可。

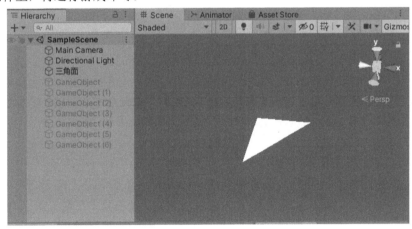

图 8-6

8.2.2 对三角面程序的解释

阅读生成三角面程序,可以看到生成模型的几个步骤:

(1) 创建顶点列表,元素类型为 Vector3,即顶点的空间位置。
(2) 创建序号列表,序号列表表示顶点之间的连接顺序。序号很重要,稍后会详细介绍。
(3) 将顶点依次填写到顶点列表中。
(4) 将序号按某种顺序填写到序号列表中。
(5) 创建网格对象(Mesh),将顶点列表赋值给网格的 vertices 属性,序号列表赋值给网格的 triangles 属性。
(6) 自动计算网格法线,自动计算网格边界,将网格对象赋值给网格过滤器的 mesh 属性。
(7) 最后可以设置网格碰撞体的 Mesh 属性。这一步可以省略。

（8）模型创建完成。如果调整坐标后再次创建模型，则可以在清空顶点和序号列表后，重复操作上述第（3）步至第（7）步。

在生成模型的多个步骤中，大部分都是"套路化"的代码，无论创建怎样的模型，只需要按照范例依次填写即可。但其中最重要的是理解如何填写顶点列表和序号列表。

首先，创建任何模型时，都要先填写所有的顶点列表。每个顶点只有一个位置信息，用 Vector3 表示。其次，"边"是由顶点之间的关系定义的。比如说，一般 2 个三角面有 6 个顶点。但如果考虑重复使用其中的 2 个顶点，则可以用 4 个顶点表示 2 个相邻的三角面。一些常用的三角面序号列表如图 8-7 所示。

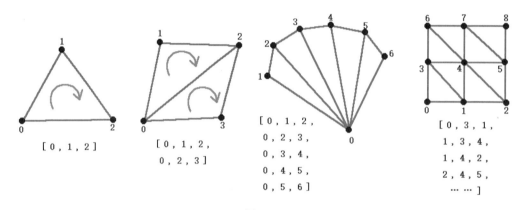

图 8-7

可以看出，序号列表里每 3 个下标为一组，所以长度一定是 3 的倍数。序号列表不仅表示出有哪些三角面，而且序号的顺序也非常重要。在 Unity 和大部分三维软件中，序号顺序遵循"左手定则"。上图中的序号都是顺时针的顺序，三角面的法线是垂直于纸面，朝向读者方向的。

> **小知识：三角面具有正反两面**
>
> 三维模型的每个三角面都分为正反两面，顶点顺序决定了三角面的朝向。为了提高渲染效率，Unity 默认采用"单面渲染"的方式进行渲染，所以三角面的背面不渲染，也看不到。读者可以通过查看三角面的正反两面来确认顶点顺序是否正确。

8.2.3 常用三维模型举例

1. 立方体

从几何角度看，立方体具有 8 个顶点。但制作立方体模型时，如果我们只用 8 个顶点，虽然也能做出正确的立方体网格，但加入光照以后就会得到奇怪的光照效果。其主要原因是立方体的相邻两个面具有相互垂直的法线，在光照后有一个"硬边"。如果重复使用顶点，则只能有一个法线信息，无法表示出两个面的方向。

详细解释涉及三维模型的法线是如何存储的，这里不做进一步说明。

所以要做出正确的立方体，需要分别制作立方体的 6 个面。这里的"分别制作"不是做 6

个独立的模型，而是依次填写每个面的顶点和序号信息。一共需要填写 24 个顶点和 36 个序号，如图 8-8 所示。

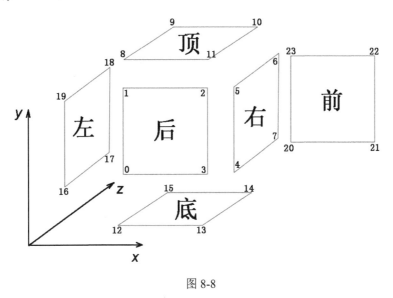

图 8-8

生成立方体的代码如下，因为该程序的大部分代码与前面的 Simple.cs 脚本相同，所以仅展示 AddMeshData 函数。

代码位置：见源代码目录下 Assets\Scripts\SimpleCube.cs。

```csharp
// 立方体模型代码
void AddMeshData()
{
    // 后面
    verts.Add(new Vector3(0, 0, 0));
    verts.Add(new Vector3(0, 1, 0));
    verts.Add(new Vector3(1, 1, 0));
    verts.Add(new Vector3(1, 0, 0));
    indices.Add(0); indices.Add(1); indices.Add(2);
    indices.Add(0); indices.Add(2); indices.Add(3);
    // 右面
    verts.Add(new Vector3(1, 0, 0));
    verts.Add(new Vector3(1, 1, 0));
    verts.Add(new Vector3(1, 1, 1));
    verts.Add(new Vector3(1, 0, 1));
    indices.Add(4); indices.Add(5); indices.Add(6);
    indices.Add(4); indices.Add(6); indices.Add(7);
    // 顶面
    verts.Add(new Vector3(0, 1, 0));
    verts.Add(new Vector3(0, 1, 1));
    verts.Add(new Vector3(1, 1, 1));
    verts.Add(new Vector3(1, 1, 0));
    indices.Add(8); indices.Add(9); indices.Add(10);
    indices.Add(8); indices.Add(10); indices.Add(11);
    // 底面
    verts.Add(new Vector3(0, 0, 0));
    verts.Add(new Vector3(1, 0, 0));
    verts.Add(new Vector3(1, 0, 1));
    verts.Add(new Vector3(0, 0, 1));
    indices.Add(12); indices.Add(13); indices.Add(14);
```

```
        indices.Add(12); indices.Add(14); indices.Add(15);
        // 前面
        verts.Add(new Vector3(0, 0, 1));
        verts.Add(new Vector3(1, 0, 1));
        verts.Add(new Vector3(1, 1, 1));
        verts.Add(new Vector3(0, 1, 1));
        indices.Add(16); indices.Add(17); indices.Add(18);
        indices.Add(16); indices.Add(18); indices.Add(19);
        // 左面
        verts.Add(new Vector3(0, 0, 0));
        verts.Add(new Vector3(0, 0, 1));
        verts.Add(new Vector3(0, 1, 1));
        verts.Add(new Vector3(0, 1, 0));
        indices.Add(20); indices.Add(21); indices.Add(22);
        indices.Add(20); indices.Add(22); indices.Add(23);
    }
```

以上示例代码写得比较烦琐，但容易看出顶点和序号的规律。值得说明的是，要注意立方体的顶面与底面、前面与后面的法线方向相反，所以顶点的顺序也是相反的。

2. 正方形平面

下面制作一种更具有实际意义的三维模型——正方形平面。

正方形平面看起来是一个非常普通的正方形，就像是立方体的顶面，它的特殊之处在于：其整个平面是由 N×N 个小的正方形平面组成的，所有相邻的三角面都重复使用顶点。其中，N 的数量可调，正方形平面边长=小正方形边长×N。

在 Unity 中创建一个平面，然后单击场景窗口左上角的下拉按钮，选择"着色线框（Shaded Wireframe）"，就可以在看到该平面的同时，看到它的三角面是如何构成的，如图 8-9 所示。

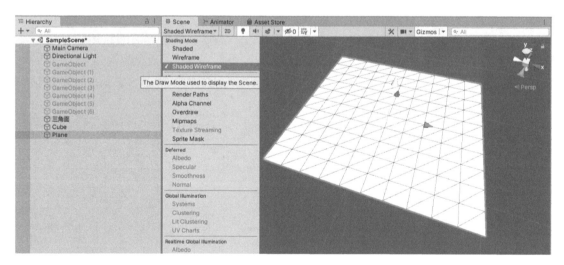

图 8-10

接下来制作类似网格的常用平面，要满足平面每一边的小正方形数量 N 可调，并且模型大小可调。

这样的大型平面的用途有很多，它不仅是游戏地形生成的基础，也是沙盒类游戏构建世界的基本单元。

大型平面的大小不确定，所以应当先画出几个简单的大型平面，寻找它们的规律，然后编写代码，如图 8-10 所示。

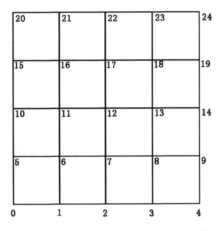
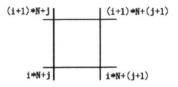

设行为i，列为j
推导每个小正方形的顶点序号

图 8-10

根据规律编写代码，脚本名称为 SimplePlane.cs。因为该程序的大部分代码与前面的 Simple.cs 脚本相同，所以仅展示 AddMeshData 函数。

代码位置：见源代码目录下 Assets\Scripts\SimplePlane.cs。

```csharp
// 小正方形数量
public int N = 5;
// 每个小正方形边长
public float width = 0.5f;

// 填写顶点和序号列表
void AddMeshData()
{
    int M = N + 1;
    for (int z = 0; z < M; z++)
    {
        for (int x = 0; x < M; x++)
        {
            float y = 0;
            verts.Add(new Vector3(x * width, y, z * width));
        }
    }

    // 按规律填入序号，注意最后一行和最后一列
    for (int k = 0; k < M - 1; k++)
    {
        for (int j = 0; j < M - 1; j++)
        {
            indices.Add(k * M + j);
            indices.Add((k + 1) * M + j);
            indices.Add(k * M + j + 1);

            indices.Add((k + 1) * M + j + 1);
            indices.Add(k * M + j + 1);
            indices.Add((k + 1) * M + j);
        }
    }
}
```

3. 扇形平面

在某些游戏中，扇形平面常用来表示敌人的视野范围，有比较广泛的应用。制作扇形平面的关键是利用圆的极坐标表达式：

$$\begin{cases} x = r \cdot \cos\theta \\ y = r \cdot \sin\theta \end{cases}$$

当 θ 取值为 $0 \sim 2\pi$ 时，就可以画出整个圆。仅绘制一部分角度就可以得到圆弧，圆弧与圆心连接就形成扇形了，如图 8-11 所示。

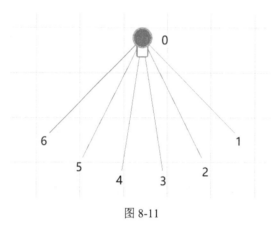

图 8-11

扇形代码的脚本名称为 SimpleFan.cs，因为该程序的大部分代码与前文的 Simple.cs 脚本相同，所以仅展示 AddMeshData 函数。相关代码如下。

代码位置： 见源代码目录下 Assets\Scripts\SimpleFan.cs。

```csharp
// 扇形半径
public float radius = 5;
// 扇形张开的角度
public float degree = 100.0f;
// 将圆弧分成 N 段
public float N = 10;

// 填写顶点和序号列表
void AddMeshData()
{
    // 角度转弧度
    float rad = degree * Mathf.Deg2Rad;
    verts.Add(Vector3.zero);

    for (float d = 0; d <= rad; d += rad / N)
    {
        float x = radius * Mathf.Sin(d);
        float z = radius * Mathf.Cos(d);
        verts.Add(new Vector3(x, 0, z));
    }

    // 逐个加入三角面，每个三角面都从圆心开始
    for (int i = 1; i < verts.Count - 1; i++)
    {
        indices.Add(0);      // 起点，角色位置
        indices.Add(i);
```

```
            indices.Add(i + 1);
        }
    }
```

4. 圆柱体

了解了扇形平面的画法，画圆柱体也就不难了。下面简单讲一下思路：先画出两个圆面，分别为顶部圆面和底部圆面，然后用长条状的矩形连成一个圆柱体。

> **注意**：圆柱体与立方体类似，顶面与侧面不能重复使用顶点，但在侧面圆柱体中相邻矩形的顶点是重复使用的。圆柱体网格如图 8-12 所示。

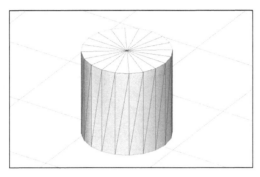

图 8-12

8.3 三维模型贴图

本章将讲解三维模型贴图的原理和实现方法。

8.3.1 简单贴图实例

在现实中，我们可以把一个有弹性的平面"蒙"在物体上，比如将剪开的气球贴在物体表面，或者给电子设备贴膜等，三维模型贴图的原理也是类似的。三维模型的顶点位于三维空间中，而贴图是一张二维图片，由于贴图是可以任意拉伸和扭曲的，所以只要定义好模型的每个顶点分别对应贴图的哪个位置，那么贴图就会沿模型的表面"蒙"上去。

所以，实现三维模型贴图的关键，就是定义每个顶点对应贴图的哪个位置。由于贴图存在不同的大小和形状（长方形或正方形），为了统一起见，无论多大的贴图都可以用横坐标 0~1，以及纵坐标 0~1 表示，一般将这种坐标系称为 UV 坐标系，如图 8-13 所示。

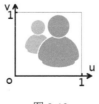

图 8-13

在程序中，UV 坐标用 Vector2 表示，想要贴图，只需要填写一系列 UV 坐标值（类型为

Vector2），让这些 UV 坐标与顶点一一对应，就可以正常显示贴图了。下面先做一个演示。

1. 创建空游戏物体，添加相关组件

该步骤与 8.2.1 节相同，不再赘述。

2. 创建材质

首先准备任意一张大小在 2048 像素×2048 像素以内的图片（格式为 psd、png 等游戏常用格式）。然后在工程窗口（Project）中创建一个材质球（Material），将该材质球的漫反射贴图（Albedo）设为准备好的图片，可以通过将准备好的图片拖动到如图 8-14 所示的方框中实现。

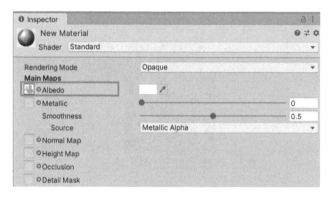

图 8-14

准备好材质球以后，将材质球挂载到游戏物体上即可。由于场景中暂时还看不到游戏物体，可以将材质球拖动到网格渲染器的 Materials 属性中，如图 8-15 所示。

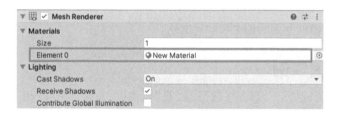

图 8-15

3. 编辑脚本

代码位置：见源代码目录下 Assets\Scripts\SimpleUV.cs。

```
using System.Collections.Generic;
using UnityEngine;

public class SimpleUV : MonoBehaviour
{
    // 网格渲染器
    MeshRenderer meshRenderer;
    // 网格过滤器
    MeshFilter meshFilter;
    // 网格碰撞体
    MeshCollider meshCollider;

    // 用来存放顶点数据
```

```csharp
List<Vector3> verts;            // 顶点列表
List<int> indices;              // 序号列表

// 用来存放贴图坐标（UV）
List<Vector2> uvs;

private void Start()
{
    verts = new List<Vector3>();
    indices = new List<int>();
    uvs = new List<Vector2>();

    meshRenderer = GetComponent<MeshRenderer>();
    meshFilter = GetComponent<MeshFilter>();
    meshCollider = GetComponent<MeshCollider>();

    Generate();
}

public void Generate()
{
    ClearMeshData();

    // 把顶点、序号和 UV 数据填写在列表里
    AddMeshData();

    // 用列表数据创建网格 Mesh 对象
    Mesh mesh = new Mesh();
    mesh.vertices = verts.ToArray();
    mesh.triangles = indices.ToArray();

    // 设置网格的 UV 数据
    mesh.uv = uvs.ToArray();

    // 自动计算法线
    mesh.RecalculateNormals();
    // 自动计算游戏物体的整体边界
    mesh.RecalculateBounds();

    // 将 Mesh 对象赋值给网格过滤器，就完成了
    meshFilter.mesh = mesh;
    // 最后还可以设置碰撞体外形，不影响物体外观
    meshCollider.sharedMesh = mesh;
}

// 清空列表
void ClearMeshData()
{
    verts.Clear();
    indices.Clear();
}

// 填写顶点和序号列表，做一个正方形平面
void AddMeshData()
{
    verts.Add(new Vector3(0, 0, 0));
    verts.Add(new Vector3(0, 0, 1));
    verts.Add(new Vector3(1, 0, 1));
    verts.Add(new Vector3(1, 0, 0));

    indices.Add(0); indices.Add(1); indices.Add(2);
```

```
            indices.Add(0);  indices.Add(2);  indices.Add(3);

            // UV 坐标与顶点一一对应。注意：不是与顶点序号对应
            uvs.Add(new Vector2(0,0));
            uvs.Add(new Vector2(0,1));
            uvs.Add(new Vector2(1,1));
            uvs.Add(new Vector2(1,0));
        }
    }
```

运行并测试，可以看出，这段代码实现了一个正方形平面，并且能正确显示出材质和贴图，如图 8-16 所示。

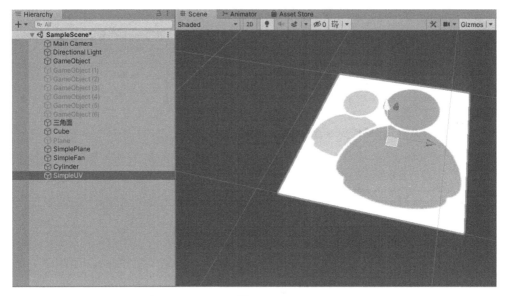

图 8-16

8.3.2 贴图代码详解

8.3.1 节的实例代码与前面创建三角面的代码类似，只是多了与填写 UV 数据相关的逻辑。与顶点数据类似，UV 数据也用一个列表或数组保存，元素类型为 Vector2。

```
            List<Vector2> uvs;
```

填写 UV 数据时注意，UV 数据与顶点一一对应。每个 UV 数据都代表对应的顶点与图片坐标的对应关系。

```
            // 4 个顶点数据
    verts.Add(new Vector3(0, 0, 0));
        verts.Add(new Vector3(0, 0, 1));
        verts.Add(new Vector3(1, 0, 1));
    verts.Add(new Vector3(1, 0, 0));
        // 4 个 UV 坐标
        uvs.Add(new Vector2(0,0));
        uvs.Add(new Vector2(0,1));
        uvs.Add(new Vector2(1,1));
        uvs.Add(new Vector2(1,0));
```

在填写好 UV 列表之后，在 Generate 函数中将它赋值给网格的 mesh.uv 属性。

```
// 设置网格的 UV 数据
mesh.uv = uvs.ToArray();
```

填写好 UV 数据之后，每次渲染三维模型时，渲染器会用插值的方式计算每一个像素对应的图片上的位置。无论模型和贴图的大小关系如何，贴图都会正确地贴在模型的表面。

8.3.3 立方体贴图

随着《我的世界》等游戏的流行，由立方块组成场景的技术变得比较常见，下面介绍用尽可能简单的代码实现一个完整的、带有贴图的立方体模型。

1. 创建立方体的代码，含UV

代码位置：见源代码目录下 Assets\Scripts\CubeMesh.cs。

```csharp
using System.Collections.Generic;
using UnityEngine;

public class CubeMesh : MonoBehaviour
{
    MeshRenderer meshRenderer;
    MeshFilter meshFilter;
    MeshCollider meshCollider;

    // 用来存放顶点数据的列表
    List<Vector3> verts;
    List<int> indices;

    // 存放 UV 数据的列表
    List<Vector2> uvs;

    [Range(1, 16)]          // [Range]标签方便在Unity编辑器中改变参数
    public int type;        // 可选择贴图种类

    private void Start()
    {
        verts = new List<Vector3>();
        indices = new List<int>();
        uvs = new List<Vector2>();

        meshRenderer = GetComponent<MeshRenderer>();
        meshFilter = GetComponent<MeshFilter>();
        meshCollider = GetComponent<MeshCollider>();

        Generate();
    }

    public void Generate()
    {
        ClearMeshData();

        // 填写网格数据
        AddMeshData();

        // 填写 UV 数据
        AddUVData(type);
```

```csharp
        // 把数据传递给Mesh，生成真正的网格
        Mesh mesh = new Mesh();
        mesh.vertices = verts.ToArray();
        mesh.uv = uvs.ToArray();
        mesh.triangles = indices.ToArray();

        // 自动计算法线
        mesh.RecalculateNormals();
        // 自动计算物体的整体边界
        mesh.RecalculateBounds();

        meshFilter.mesh = mesh;
        // 碰撞体专用的Mesh，只负责游戏物体的碰撞外形
        meshCollider.sharedMesh = mesh;
    }

    void ClearMeshData()
    {
        verts.Clear();
        indices.Clear();
        uvs.Clear();
    }

    void AddMeshData()
    {
        // 后面
        verts.Add(new Vector3(0, 0, 0));
        verts.Add(new Vector3(0, 1, 0));
        verts.Add(new Vector3(1, 1, 0));
        verts.Add(new Vector3(1, 0, 0));
        indices.Add(0); indices.Add(1); indices.Add(2);
        indices.Add(0); indices.Add(2); indices.Add(3);
        // 右面
        verts.Add(new Vector3(1, 0, 0));
        verts.Add(new Vector3(1, 1, 0));
        verts.Add(new Vector3(1, 1, 1));
        verts.Add(new Vector3(1, 0, 1));
        indices.Add(4); indices.Add(5); indices.Add(6);
        indices.Add(4); indices.Add(6); indices.Add(7);
        // 顶面
        verts.Add(new Vector3(0, 1, 0));
        verts.Add(new Vector3(0, 1, 1));
        verts.Add(new Vector3(1, 1, 1));
        verts.Add(new Vector3(1, 1, 0));
        indices.Add(8); indices.Add(9); indices.Add(10);
        indices.Add(8); indices.Add(10); indices.Add(11);
        // 底面
        verts.Add(new Vector3(0, 0, 0));
        verts.Add(new Vector3(1, 0, 0));
        verts.Add(new Vector3(1, 0, 1));
        verts.Add(new Vector3(0, 0, 1));
        indices.Add(12); indices.Add(13); indices.Add(14);
        indices.Add(12); indices.Add(14); indices.Add(15);
        // 前面
        verts.Add(new Vector3(0, 0, 1));
        verts.Add(new Vector3(1, 0, 1));
        verts.Add(new Vector3(1, 1, 1));
        verts.Add(new Vector3(0, 1, 1));
        indices.Add(16); indices.Add(17); indices.Add(18);
        indices.Add(16); indices.Add(18); indices.Add(19);
```

```
        // 左面
        verts.Add(new Vector3(0, 0, 0));
        verts.Add(new Vector3(0, 0, 1));
        verts.Add(new Vector3(0, 1, 1));
        verts.Add(new Vector3(0, 1, 0));
        indices.Add(20); indices.Add(21); indices.Add(22);
        indices.Add(20); indices.Add(22); indices.Add(23);
    }

    void AddUVData(int idx)
    {
        // 贴图横向有 8 个立方体，纵向有 16 个立方体。UV 的贴图边长是标准化的 1.0
        // 用除法就可以确定每个立方体在贴图中的位置
        float h = 1.0f / 16;
        float w = 1.0f / 8;

        float y = (idx - 1) * h;

        uvs.Add(new Vector2(0 * w, y + h));
        uvs.Add(new Vector2(0 * w, y));
        uvs.Add(new Vector2(0 * w + w, y));
        uvs.Add(new Vector2(0 * w + w, y + h));

        uvs.Add(new Vector2(1 * w, y + h));
        uvs.Add(new Vector2(1 * w, y));
        uvs.Add(new Vector2(1 * w + w, y));
        uvs.Add(new Vector2(1 * w + w, y + h));

        uvs.Add(new Vector2(4 * w, y));
        uvs.Add(new Vector2(4 * w + w, y));
        uvs.Add(new Vector2(4 * w + w, y + h));
        uvs.Add(new Vector2(4 * w, y + h));

        uvs.Add(new Vector2(5 * w, y));
        uvs.Add(new Vector2(5 * w + w, y));
        uvs.Add(new Vector2(5 * w + w, y + h));
        uvs.Add(new Vector2(5 * w, y + h));

        uvs.Add(new Vector2(2 * w + w, y + h));
        uvs.Add(new Vector2(2 * w, y + h));
        uvs.Add(new Vector2(2 * w, y));
        uvs.Add(new Vector2(2 * w + w, y));

        uvs.Add(new Vector2(3 * w + w, y + h));
        uvs.Add(new Vector2(3 * w, y + h));
        uvs.Add(new Vector2(3 * w, y));
        uvs.Add(new Vector2(3 * w + w, y));
    }
}
```

2. 准备贴图与材质

该实例用到的贴图如图 8-17 所示，包含了 16 种样式的立方体贴图。

该游戏的贴图是类似《我的世界》游戏风格的贴图，它的分辨率为 256 像素×512 像素，每行有 6 个正方形，代表立方体的 6 个面；每列有 16 个正方形，可以实现 16 种不同的样式。注意，该贴图的右侧还包含宽度为 2 个正方形边长的空白区域。

通过简单计算可得，每个正方形的边长为 512 / 16 = 32 像素。但由于 UV 坐标是归一化的，无论贴图是什么形状，都可以认为贴图的长和宽为 1.0。所以，每个正方形的宽度为 1.0/8 = 0.125

像素，高度为 1.0/16 = 0.0625 像素，需要用此数据作为参考，填写 UV 坐标。

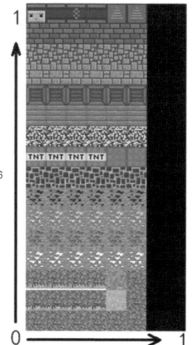

图 8-17

由于立方体的 6 个面的朝向均不相同，在实际制作时需要反复调整 UV 坐标到合适的角度，否则会导致贴图的方向不正确。前面展示的代码已经是调试完毕的结果。

准备好贴图以后，按照 8.3.1 节的方法创建材质球，并赋予立方体，运行游戏就可以看到如图 8-18 所示的效果了。通过改变脚本的 type 参数，可以生成 16 种不同样式的立方体。

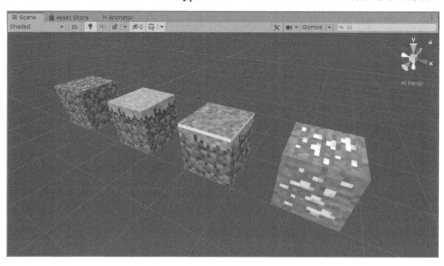

图 8-18

8.4 噪声与地形

地形（Terrain）也是一类非常典型的三维网格，专门用来表现宽阔的室外场景的地面，包括地面的高低起伏和地面的植被等。

8.4.1 地形建模

什么是地形呢？简单来看，地形就是一个由很多三角面组成的大型平面。在这个大型平面中可以加入一些起伏变化，如图 8-19 所示，左图为大型平面网格，右图为有起伏变化的大型网格。

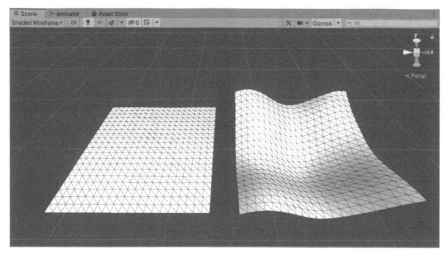

图 8-19

有了前文制作各种网格的基础，再来看平面的制作就不算太难了。制作地形网格的关键是找到顶点序号的规律。为了更好地说明，下面用一系列图片来展示寻找顶点序号的规律的过程。如图 8-20 所示，大平面的顶点是位于 *XZ* 平面上的一系列坐标点。

首先，如果一个大平面有 6×6 共 36 个顶点，那么添加这些顶点的坐标非常容易，用双重循环即可。难点在于，如何将这些顶点连接为三角面。为了找到顶点序号与行列之间的规律，我们需要逐步分析。首先分析坐标点在顶点数组中的下标，如图 8-21 所示。

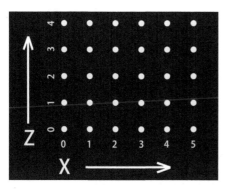

图 8-20

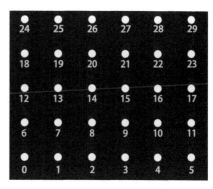

图 8-21

通过顶点序号图,去找任意一个局部相邻的 4 个顶点并观察它们的序号规律。比如 14、15、20、21 是相邻的 4 个顶点,考虑到每行有 6 个顶点,那么序号可以依次写作 2×6+2,2×6+3,3×6+2,3×6+3,如图 8-22 所示。

多找几组数据就很容易发现规律:网格沿 z 轴看作行,沿 x 轴看作列,那么每个顶点的序号等于行号×总列数+列号。假设网格有 N×N 个顶点,如果在相邻的 4 个顶点中,左下角起点是第 z 行第 x 列,那么相邻 4 个顶点序号分别为 z×N+x, z×N+x+1, (z+1)×N+x, (z+1)×N+x+1。

发现这个规律以后,在填写序号列表时就容易得多了。对整个平面来说,每相邻的 4 个顶点,都需要用 2 个三角面连成正方形。如图 8-23 所示,以左下角为起点,连接左下、左上、右上 3 个顶点,就成功得到第一个三角面。

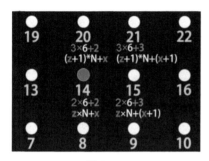

图 8-22

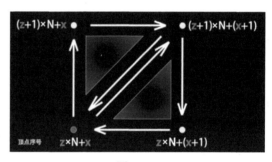

图 8-23

同理,从左下角起点出发,连接左下、右上、右下 3 个顶点,可以得到第二个三角面。

如果一个平面有 6×6 共 36 个顶点,那么它的边长为 5 个单位,最右边的一列、最上面的一行的顶点属于边缘。只需要对除最右边、最上面外的所有顶点做上述操作,就能连接好该平面的所有三角面。

代码位置:见源代码目录下 Assets\Scripts\SimplePlane.cs。

```csharp
using System.Collections.Generic;
using UnityEngine;

public class SimplePlane : MonoBehaviour
{
    // 小正方形数量
    public int N = 5;
    // 每个小正方形的边长
    public float width = 0.5f;

    // 网格渲染器
    MeshRenderer meshRenderer;
    // 网格过滤器
    MeshFilter meshFilter;
    // 网格碰撞体
    MeshCollider meshCollider;

    // 用来存放顶点数据
    List<Vector3> verts;            // 顶点列表
    List<int> indices;              // 序号列表

    private void Start()
    {
```

```
        // 省略，初始化方法与前面章节的代码相同
        // ……
            Generate();
        }

    public void Update()
    {
    // 按下空格键时重新生成网格
        if (Input.GetButtonDown("Jump"))
        {
            Generate();
        }
    }

    public void Generate()
    {
    // 省略，与前面章节的代码相同
    // ……
        }

    // 重点：填写顶点和序号列表
    void AddMeshData()
    {
        int M = N + 1;
        for (int z = 0; z < M; z++)
        {
            for (int x = 0; x < M; x++)
            {
                float y = 0;
                verts.Add(new Vector3(x * width, y, z * width));
            }
        }

        // 按规律填入序号，注意排除最后一行和最后一列
        for (int k = 0; k < M - 1; k++)
        {
            for (int j = 0; j < M - 1; j++)
            {
                indices.Add(k * M + j);
                indices.Add((k + 1) * M + j);
                indices.Add(k * M + j + 1);

                indices.Add((k + 1) * M + j + 1);
                indices.Add(k * M + j + 1);
                indices.Add((k + 1) * M + j);
            }
        }
    }
}
```

以上代码仍然是在创建三维网格的模板上修改的，重点参考 AddMeshData 函数即可。

运行游戏测试，会生成一个由参数 N 和 Width 指定大小的地形平面，可以随时修改 N 和 Width 的值，按下空格键时会重新生成地形平面。

8.4.2 柏林噪声简介

如何制作一个随机起伏的地形呢？说到随机，第一个可能想到的方法是使用均匀分布随机函数 Random.Range。但 Random.Range 函数的变化剧烈且没有任何规律，如果以 Random.Range 函

数的结果作为地形中每个顶点的高度，则会得到尖锐而毫无规律的地形效果，如图 8-24 所示。

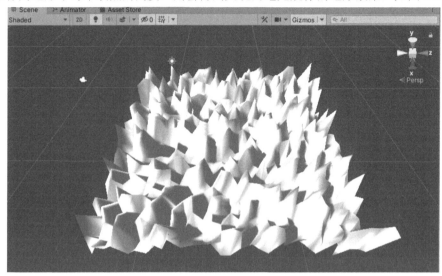

图 8-24

在现实世界中，尽管很多自然现象（如山脉起伏、大理石纹理等）是随机的，但在随机之中蕴含着规律，普通的线性随机噪声很难体现出这种乱中有序的效果。而比起线性随机函数，有更好的方法来生成这些既随机又有规律的自然现象，那就是柏林噪声。

柏林噪声是由 Ken Perlin 发明的一种噪声生成算法，这种噪声生成的算法自发明之日起就被广泛应用于电影和游戏等领域。发明者本人还因此在 1997 年获得了奥斯卡科技成果奖。

柏林噪声的算法可以很容易地应用于一维、二维、三维和更高空间维度。直接理解这一点比较抽象，举两个例子：生成一个三维空间中的云雾，属于三维柏林噪声的应用；而修改一个平面中很多顶点的高度形成起伏地形，属于二维柏林噪声的应用。

Unity 内置了常用的二维柏林噪声函数：

```
// 柏林噪声函数
// 参数：两个浮点数。比如地形平面的坐标
// 返回值：浮点数，取值范围 0~1 之间
float Mathf.PerlinNoise(float x, float y);
```

8.4.3　将噪声应用于地形建模

柏林噪声的使用方法比较简单，在本例中，只需要输入顶点的 *x* 和 *z* 坐标，然后用柏林噪声的结果改变该点的 *y* 轴高度即可。只需微调之前 SimplePlane.cs 脚本的 AddMeshData 函数，就能很容易生成一个起伏的地形。

```
// 地形起伏参数
[Range(0.0f,10.0f)]
public float height = 5;     // 起伏高度
[Range(0.001f, 0.2f)]
public float steep = 0.1f;   // 起伏陡峭程度
void AddMeshData()
    {
        int M = N + 1;
        for (int z = 0; z < M; z++) {
```

```
            for (int x = 0; x < M; x++)   {
                float y = 0;
                y = Mathf.PerlinNoise(x * steep, z * steep);
                y = (y - 0.5f) * height;
                verts.Add(new Vector3(x * width, y, z * width));
            }
        }
        // ......
    }
```

只需要改变每个顶点位置的 y 值，就可以生成光滑且连绵起伏的地形了。其中，有两点值得注意：

（1）虽然柏林噪声有一定的随机性，但对于相同地输入 x 和 y 值，其结果是固定的。也就是说，只要参数相同，无论调用多少次函数，得到的结果都一样。

（2）利用数学的函数知识可知，只要对函数的两个参数进行缩放，就可以对地形的起伏频率进行缩放；而对结果乘以一个系数，就能调整整体的高度。这两点分别对应字段 steep 和 height。

用柏林噪声就可以生成各种随机起伏的光滑地形，如图 8-25 所示。

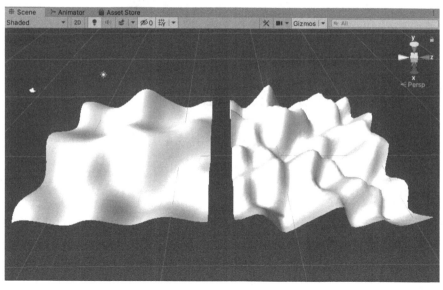

图 8-25

第 9 章　三维沙盒游戏——《方块世界》

本章将利用第 8 章介绍的程序建模技术，制作一个大型三维沙盒游戏——《方块世界》，游戏效果如图 9-1 所示。

图 9-1

9.1　游戏简介与功能概述

该游戏的世界由大量的方块组成，玩家可以控制角色在该游戏的世界中随意走动和跳跃，也可以销毁该世界中的方块，或者创建新的方块。

9.1.1　无限大的世界

从理论上来说，该游戏的世界的大小在数亿米以上，玩家几乎无法走到世界的边缘。面对理论上几乎无限大的世界，玩家所能看到的永远只是世界的一部分，因为离玩家控制的角色较远的地形会被自动隐藏，离玩家控制的角色较近的地形会被自动显示。如图 9-2 所示，根据角色的当前位置，仅显示其附近几百米的地形。使用这种方式，就实现了用有限的计算量实现大型三维沙盒游戏世界的需求。

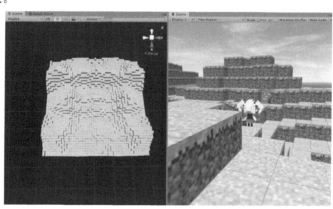

图 9-2

9.1.2 删除和创建地形方块

该游戏支持玩家删除或创建地形方块,以及搭建砖块、木箱等方块,并且可以改变该世界的样貌。在进行游戏时,玩家可以在游戏界面底部选择删除工具或者创建不同方块的工具,然后在该世界中选择对应的位置进行删除或创建方块。

在删除或创建方块时,会有一个黄色的指示物显示具体位置,方便定位,游戏效果如图 9-3 所示。

图 9-3

9.2 无限网格的生成方法

本节会对"生成方块世界"这个复杂问题进行分析,然后逐步完善该世界的游戏功能。

9.2.1 问题分析

根据一些技术常识可知:无法用单独一个模型表示整个世界。具体来说,技术上无法实现的原因有以下几点。

(1) Unity 限制每个模型的顶点数量不能超过 65000 个,超过此数量的模型无法正确生成。

(2) 整体渲染超大地形,不做隐藏处理,会无谓增大系统负担。实际上,玩家能看到、交互的场景只有角色附近的场景,没有必要完全展示整个世界。

顺着这个思路,可以将该世界分成一个个单独的组块(Chunk),然后将组块拼在一起,就能形成世界的地形,而每个组块又是由许多方块组成的。这种思路的整体结构如图 9-4 所示。

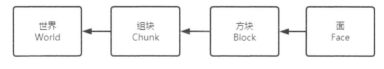

图 9-4

在图 9-4 所展示的结构中,每个组块是一个单独的三维模型,而方块(Block)不是模型。虽然方块不是模型,但从玩家主观感觉来说,玩家控制的角色是与一个个方块交互的,因为玩家是在创建一个方块或者删除一个方块。而在技术层面看,其实玩家修改的是整体组块模型,而非方块模型。

也就是说,从技术层面看,组块是组成世界的基本单位。而从逻辑和玩法层面看,方块是实际游戏玩法的基本单位。

9.2.2 创建组块

组块(Chunk)是由很多方块(Block)组成的三维模型,如图 9-5 所示。

图 9-5

严格来说,组块是由很多方块表面拼接而成的,组块具有一定的长、宽、高,并且其长、宽、高都是方块边长的整数倍。其中,每个方块可以具有不同的外观,并且无论组块表面还是组块内部,都允许出现缺失的方块(例如,玩家可以在组块中间挖出山洞和隧道)。

明白了组块的构造,下一步是思考如何用程序建模技术构建出这样一个特殊的模型。

像这种比较复杂的问题,可以从容易入手的地方开始逐步思考:第一步可以直接生成每个方块的每个面。假设组块大小为 10×10×10,总共由 1000 个方块组成,每个方块有 6 个面,那么可以直接创建这 6000 个面。为了正确显示效果,每两个正方形平面之间都不能共用顶点,所以一共要创建 6000×4 = 24000 个顶点。

这种思路的伪代码如下:

```
public int N = 10;
void AddMeshData()
{
    for (int x = 0; x < N; x++)
    {
        for (int y = 0; y < N; y++)
        {
            for (int z = 0; z < N; z++)
            {
                // 画 6 个面,分别是上、下、左、右、前、后
                AddFace(x, y, z, Face.Up);
                AddFace(x, y, z, Face.Down);
                AddFace(x, y, z, Face.Left);
                AddFace(x, y, z, Face.Right);
```

```
                    AddFace(x, y, z, Face.Front);
                    AddFace(x, y, z, Face.Back);
                }
            }
        }
    }
    void AddFace(int x, int y, int z, Face face)
    {
        // 画出位于 x、y、z 位置的方块中，参数 face 指定的面
        // 略……
    }
```

对上述思路进行尝试后发现，确实能得到初步的效果。但最大的问题在于：顶点和三角面的数量过多，而且绝大多数内部方块的表面是不需要绘制的。实际上，玩家只需要看到最外面一层的表面就足够了。

具体来说，如果某个方块的上面有其他方块，那么此方块的顶面就不需要绘制；如果某个方块的右边有其他方块，那么此方块的右面就不需要绘制。以此类推，方块的 6 个面都有不需要绘制的情况，如图 9-6 所示。

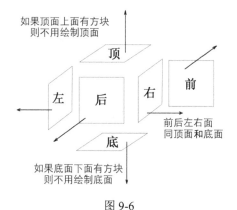

图 9-6

将这个思路应用到组块的所有方块上，就会发现，其实绝大多数方块的周围都是有其他方块的，所以大部分位于中间的方块，其 6 个面都不需要绘制。这样一来，绝大多数的面都不需要绘制，整体效率得到了巨大提升。

这种优化思路的伪代码如下：

```
public int N = 10;
void AddMeshData()
{
    for (int x = 0; x < N; x++)
    {
        for (int y = 0; y < N; y++)
        {
            for (int z = 0; z < N; z++)
            {
                // 画 6 个面
                // 上、下、左、右、前、后有其他方块都不画
                if (y == N - 1 || blocks[x, y + 1, z].IsEmpty())
                {
                    AddFace(x, y, z, Face.Up);
                }
                if (y == 0 || blocks[x, y - 1, z].IsEmpty())
```

```
                {
                    AddFace(x, y, z, Face.Down);
                }
                if (x == 0 || blocks[x - 1, y, z].IsEmpty())
                {
                    AddFace(x, y, z, Face.Left);
                }
                if (x == N - 1 || blocks[x + 1, y, z].IsEmpty())
                {
                    AddFace(x, y, z, Face.Right);
                }
                if (z == N - 1 || blocks[x, y, z + 1].IsEmpty())
                {
                    AddFace(x, y, z, Face.Front);
                }
                if (z == 0 || blocks[x, y, z - 1].IsEmpty())
                {
                    AddFace(x, y, z, Face.Back);
                }
            }
        }
    }
}

void AddFace(int x, int y, int z, Face face)
{
    // 画出位于 x、y、z 位置的方块中, 参数 face 指定的面
    // 略……
}
```

按照上面的思路可以看出，在绘制每个面之前都有一个条件判断，通过这些简单的判断过滤掉了大部分不需要绘制的面，极大地提高了程序运行效率。

9.2.3 编辑组块代码

下面介绍编辑组块代码，其中的难点主要是 AddFace 函数的编辑方法，其挑战在于：如何实现能够根据位置和表面朝向绘制方块的面，并且这些面属于同一个大的组块。

在具体实现之前，可以先定义方块结构体（Block），以方便后续代码的编辑。

```
// 简单定义方块结构体, 数据只有 type, type 为 0 代表空（没有方块）
// type 为 1~16, 代表 16 种方块外观
public struct Block
{
    public byte type;

    public Block(byte t)
    {
        type = t;
    }

    public bool IsEmpty()
    {
        return type == 0;
    }

    public void Clean()
    {
        type = 0;
    }
```

```
}
// 定义方块的6个面的朝向
public enum Face
{
    Up,
    Down,
    Left,
    Right,
    Front,
    Back,
}
```

代码位置：工程目录 Assets/Scripts/Chunk1.cs。

```
using System.Collections.Generic;
using UnityEngine;

public class Chunk1 : MonoBehaviour
{
    public const int N = 12;
    public const int NY = 12;
    MeshRenderer meshRenderer;
    MeshFilter meshFilter;
    MeshCollider meshCollider;

    Block[,,] blocks = new Block[N, NY, N];

    // 用来存放顶点数据
    List<Vector3> verts;
    List<int> indices;

    void Start()
    {
        verts = new List<Vector3>();
        indices = new List<int>();

        meshRenderer = GetComponent<MeshRenderer>();
        meshFilter = GetComponent<MeshFilter>();
        meshCollider = GetComponent<MeshCollider>();

        // 测试：初始化所有方块
        for (int x = 0; x < N; x++)
        {
            for (int y = 0; y < NY; y++)
            {
                for (int z = 0; z < N; z++)
                {
                    blocks[x, y, z] = new Block(1);
                }
            }
        }
        Redraw();
    }

    void AddMeshData()
    {
        verts.Clear();
        indices.Clear();

        for (int x = 0; x < N; x++)
```

```csharp
            {
                for (int y = 0; y < NY; y++)
                {
                    for (int z = 0; z < N; z++)
                    {
                        if (blocks[x, y, z].IsEmpty())
                        {
                            continue;
                        }
                        // 画 6 个面
                        // 上、下、左、右、前、后有其他方块，所以都不画
                        if (y == NY - 1 || blocks[x, y + 1, z].IsEmpty())
                        {
                            AddFace(x, y, z, Face.Up);
                        }
                        if (y == 0 || blocks[x, y - 1, z].IsEmpty())
                        {
                            AddFace(x, y, z, Face.Down);
                        }
                        if (x == 0 || blocks[x - 1, y, z].IsEmpty())
                        {
                            AddFace(x, y, z, Face.Left);
                        }
                        if (x == N - 1 || blocks[x + 1, y, z].IsEmpty())
                        {
                            AddFace(x, y, z, Face.Right);
                        }
                        if (z == N - 1 || blocks[x, y, z + 1].IsEmpty())
                        {
                            AddFace(x, y, z, Face.Front);
                        }
                        if (z == 0 || blocks[x, y, z - 1].IsEmpty())
                        {
                            AddFace(x, y, z, Face.Back);
                        }
                    }
                }
            }
        }

        void AddFace(int x, int y, int z, Face face)
        {
            int n = verts.Count;
            indices.AddRange(new int[] { n, n + 2, n + 1, n, n + 3, n + 2 });

            Vector3[] vs = null;

            int type = blocks[x, y, z].type;

            switch (face)
            {
                case Face.Up:
                    {
                        vs = new Vector3[] { new Vector3(x, y + 1, z), new Vector3(x + 1, y + 1, z), new Vector3(x + 1, y + 1, z + 1), new Vector3(x, y + 1, z + 1) };
                        break;
                    }
                case Face.Down:
                    {
                        vs = new Vector3[] { new Vector3(x, y, z), new Vector3(x, y, z
```

```
+ 1), new Vector3(x + 1, y, z + 1), new Vector3(x + 1, y, z) };
                        break;
                    }
                case Face.Left:
                    {
                        vs = new Vector3[] { new Vector3(x, y + 1, z), new Vector3(x,
y + 1, z + 1), new Vector3(x, y, z + 1), new Vector3(x, y, z) };
                        break;
                    }
                case Face.Right:
                    {
                        vs = new Vector3[] { new Vector3(x + 1, y + 1, z + 1), new Vector3(x
+ 1, y + 1, z), new Vector3(x + 1, y, z), new Vector3(x + 1, y, z + 1) };
                        break;
                    }
                case Face.Front:
                    {
                        vs = new Vector3[] { new Vector3(x, y + 1, z + 1), new Vector3(x
+ 1, y + 1, z + 1), new Vector3(x + 1, y, z + 1), new Vector3(x, y, z + 1), };
                        break;
                    }
                case Face.Back:
                    {
                        vs = new Vector3[] { new Vector3(x + 1, y + 1, z), new Vector3(x,
y + 1, z), new Vector3(x, y, z), new Vector3(x + 1, y, z) };
                        break;
                    }
            }
            verts.AddRange(vs);
        }

        public void Redraw()
        {
            AddMeshData();

            Mesh mesh = new Mesh();
            mesh.vertices = verts.ToArray();
            mesh.triangles = indices.ToArray();
            mesh.RecalculateBounds();
            mesh.RecalculateNormals();

            meshFilter.mesh = mesh;
            meshCollider.sharedMesh = mesh;
        }
    }
```

为了方便说明，以上 Chunk1.cs 脚本是简化过的组块代码。实际工程中的组块代码名为 Chunk.cs，与 Chunk1.cs 的内容类似，但是添加了贴图与地形等功能。

9.2.4 组块贴图

现在组块模型已经实现，但它还没有贴图，下面将灵活运用第 8 章所讲的模型贴图知识，为组块配上贴图，如有基础操作不清楚的地方，可以参考前文的内容。

首先观察组块贴图文件 block_texture（文件路径为 Assets/Raw/block_texture.psd），会发现它是由很多小方格贴图拼在一起的，如图 9-7 所示。其中，每个小方格的边长为 32 像素，横向有 6 张贴图，代表同一种方块的 6 个面，纵向有 16 张贴图，表示总共可以做出 16 种不同的方块。

此图高为 512 像素，宽为 256 像素，右侧空白的部分为透明区域。

> **小知识：** 贴图的像素尺寸一般为 2 的幂
>
> 游戏中用到的贴图素材有大有小，但一般长和宽往往都是 16、32、64 或 1024 这样的数字，即 2 的幂。
>
> 从技术规范上讲，现代的游戏引擎并不要求贴图尺寸必须是 2 的幂，可以是任意大小。但尺寸符合 2 的幂的贴图，在做 mipmap、纹理存储和纹理采样等计算时都能得到一定的优化，执行效率略高，效果也略好。所以在实际工作中，大部分游戏项目都会保持这一规范。

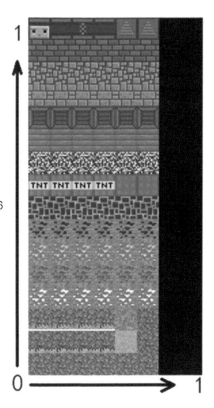

图 9-7

要使用贴图，必须在顶点上设置坐标，而 UV 坐标的取值与贴图大小无关，UV 坐标(0, 0) 代表贴图左下角，(1, 1)代表右上角。所以贴图中每张小贴图的宽度为 1/8 = 0.125，高度为 1/16 = 0.0625。举个例子，木箱方块共有 6 个，它们的纵坐标都是从 11/16 到 12/16，即从 11×0.0625 到 12×0.0625，第一个木箱的横坐标是从 0 到 0.125，第二个木箱的横坐标是从 0.125 到 0.250，以此类推。

使用这种方式就可以计算出每一张小贴图的 UV 坐标，在编辑指定 UV 坐标时，将它们与定点对应起来即可。下面重写 Chunk.cs 脚本的 AddFace 和 Redraw 函数。

```
        void AddFace(int x, int y, int z, Face face)
        {
            int n = verts.Count;
            // 在添加这个表面之前，已经有了 n 个顶点。所以该表面 4 个顶点序号是从 n 到 n+3
            indices.AddRange(new int[] { n, n + 2, n + 1, n, n + 3, n + 2 });

            Vector3[] vs = null;
            // UV 坐标的横向起点
            Vector2 u = Vector2.zero;

            int type = blocks[x, y, z].type;
            float uy = (type - 1) * 0.0625f;

            switch (face)
            {
                case Face.Up:
                    {
                        vs = new Vector3[] { new Vector3(x, y + 1, z), new Vector3(x + 1, y + 1, z), new Vector3(x + 1, y + 1, z + 1), new Vector3(x, y + 1, z + 1) };
                        u = new Vector2(0.125f * 4, uy);
                        break;
                    }
                case Face.Down:
                    {
                        vs = new Vector3[] { new Vector3(x, y, z), new Vector3(x, y, z + 1), new Vector3(x + 1, y, z + 1), new Vector3(x + 1, y, z) };
                        u = new Vector2(0.125f * 5, uy);
                        break;
                    }
                case Face.Left:
                    {
                        vs = new Vector3[] { new Vector3(x, y + 1, z), new Vector3(x, y + 1, z + 1), new Vector3(x, y, z + 1), new Vector3(x, y, z) };
                        u = new Vector2(0.125f * 0, uy);
                        break;
                    }
                case Face.Right:
                    {
                        vs = new Vector3[] { new Vector3(x + 1, y + 1, z + 1), new Vector3(x + 1, y + 1, z), new Vector3(x + 1, y, z), new Vector3(x + 1, y, z + 1) };
                        u = new Vector2(0.125f * 2, uy);
                        break;
                    }
                case Face.Front:
                    {
                        vs = new Vector3[] { new Vector3(x, y + 1, z + 1), new Vector3(x + 1, y + 1, z + 1), new Vector3(x + 1, y, z + 1), new Vector3(x, y, z + 1), };
                        u = new Vector2(0.125f * 1, uy);
                        break;
                    }
                case Face.Back:
                    {
                        vs = new Vector3[] { new Vector3(x + 1, y + 1, z), new Vector3(x, y + 1, z), new Vector3(x, y, z), new Vector3(x + 1, y, z) };
                        u = new Vector2(0.125f * 3, uy);
                        break;
                    }
            }
            verts.AddRange(vs);
            // 将 UV 坐标与顶点坐标一一对应起来
```

```
        uvs.Add(u);
        uvs.Add(u + new Vector2(0.125f, 0));
        uvs.Add(u + new Vector2(0.125f, 0.0625f));
        uvs.Add(u + new Vector2(0, 0.0625f));
    }

    public void Redraw()
    {
        AddMeshData();

        Mesh mesh = new Mesh();
        mesh.vertices = verts.ToArray();
        mesh.uv = uvs.ToArray();
        mesh.triangles = indices.ToArray();
        mesh.RecalculateBounds();
        mesh.RecalculateNormals();

        meshFilter.mesh = mesh;
        meshCollider.sharedMesh = mesh;
    }
```

以上代码是在 9.2.3 节的基础上加入 UV 坐标计算得到的,可以清楚地看到关于 UV 坐标的计算方式。

以上代码读起来可能比较费解,这是因为指定 UV 坐标不仅需要考虑贴图的朝向,还需要考虑顶点的顺序。顶点的顺序和贴图的朝向一起决定了最终方块的朝向,由于变量较多,所以不太容易写对。

在实际项目中,为了防止出现不必要的错误,应当在绘制贴图之前定义好贴图的朝向和布局,同时规定方块的顶点顺序,避免在今后的工作中遇到麻烦。调试好组块代码,并赋予材质后,效果如图 9-8 所示。

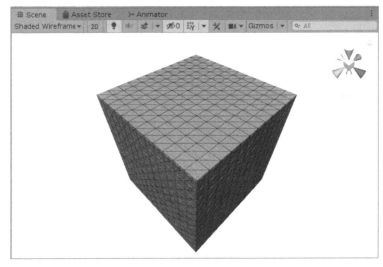

图 9-8

9.2.5 组块与地形

到此为止,组块已经具有了正确的外形和贴图,但它依然是一个完整的立方体或长方体(改变代码中 N 或 y 的值可以调整组块高度)。接下来,通过加入柏林噪声,让组块的表面具有起伏变化，同时体现出地形在没有被完全填满组块时的效果。

首先添加地形随机参数，包括地形变化频率 noiseParam、起伏幅度 heightAmplify 和基准高度 heightBase。之后再调整一下 Start 函数，调用 GenerateGoldMine 函数，在该函数中修改表示方块内容的 blocks 数组。

```
// 地形随机参数
public float noiseParam = 0.01f;
public float heightAmplify = 10f;
public float heightBase = 3f;

void Start()
{
    verts = new List<Vector3>();
    indices = new List<int>();
    uvs = new List<Vector2>();

    meshRenderer = GetComponent<MeshRenderer>();
    meshFilter = GetComponent<MeshFilter>();
    meshCollider = GetComponent<MeshCollider>();

    // 生成金矿和地形
    GenerateGoldMine();
    Redraw();
}
```

下面编辑生成随机地形的 GenerateGoldMine 函数。

```
// 生成金矿和地形，仅修改 blocks 数组即可
public void GenerateGoldMine()
{
    // 将所有 block 设为 0
    ClearBlocks();

    // 获取此组块所在的位置
    int worldx = Mathf.RoundToInt(transform.position.x);
    int worldz = Mathf.RoundToInt(transform.position.z);

    // 游戏世界的每一个位置（xz）都具有不同的高度
    for (int x = 0; x < N; x++)
    {
        for (int z = 0; z < N; z++)
        {
            // 柏林噪声转化为高度
            float noise = Mathf.PerlinNoise((x+worldx) * noiseParam, (z+worldz) * noiseParam);
            float height = noise * heightAmplify + heightBase;

            // 防止高度越界
            height = height >= blocks.GetLength(1) ? blocks.GetLength(1) : height;

            // 填满此高度以下的方块
            for (int y = 0; y < height; y++)
            {
                if (y >= height - 1)
                {
                    // 最高处是一个草地方块
```

```
                blocks[x, y, z] = new Block(2);
                continue;
            }
            // 最高处以下，都是泥土方块
            blocks[x, y, z] = new Block(1);
        }
    }
}

void ClearBlocks()
{
    for (int x = 0; x < blocks.GetLength(0); x++)
    {
        for (int y = 0; y < blocks.GetLength(1); y++)
        {
            for (int z = 0; z < blocks.GetLength(2); z++)
            {
                blocks[x, y, z].Clean();
            }
        }
    }
}
```

GenerateGoldMine 函数利用柏林噪声实现了地形的起伏变化，但最小单位依然是一个方块，不是连续变化的。这样形成了独特的艺术风格，效果如图 9-9 所示。

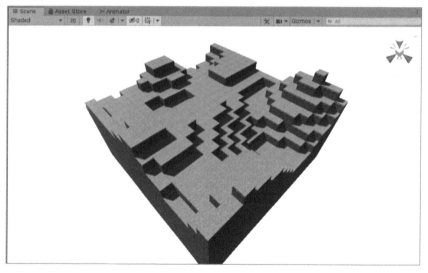

图 9-9

9.3 将组块组合成世界

通过执行 9.2 节介绍的步骤,已经准备好了功能完整的组块。一个组块的大小是非常有限的，下面介绍把很多组块拼接在一起，组合成一个完整世界的方法。

"拼接组块"如字面意思，就是把多个组块放在一起即可，如图 9-10 所示。这个思路涉及以下两个要点：

第一，为了减少复杂度，这里仅让组块在 X 方向和 Z 方向拼接，即组块只在前后左右拼接其他组块，组块的顶部和底部不再拼接其他组块。这种做法极大降低了世界的复杂度，也降低了编辑代码的难度。在之前的组块代码中，特意将组块的 Y 轴高度独立出来，也是为这一步做铺垫，只需要调整 Chunk.cs 脚本中 N 或 y 的值，就可以做出任意高度的组块。

第二，拼接组块之后，地形是连续的吗？这一点也可以保证，显然，只要柏林噪声函数的参数是连续的，那么形成的地形也是连续的。之前的代码已经考虑到了这一点，读者可以详细阅读 Chunk.cs 脚本的随机地形函数 GenerateGoldMine，会看到在 PerlinNoise 函数的参数计算中，已经确保了坐标在 X 方向和 Z 方向的连续性。

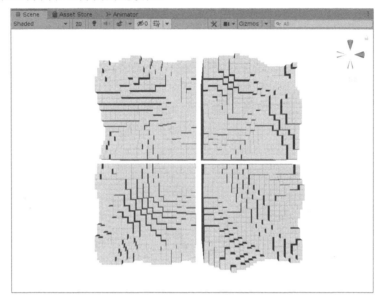

图 9-10

下面思考 World.cs 脚本如何编辑。显然，该世界需要管理大量的组块，按照一般思路，由于组块是按行和列整齐排列的，可以用二维数组来管理所有组块。用二维数组是可行的，但这里考虑到组块的无限延展特性，所以采用字典管理大量组块。

```
// 用字典管理所有的 Chunk
Dictionary<long, Chunk> chunks;
```

用字典管理的好处有很多，例如组块下标可以是任意数字，而不一定从 0 开始，而且在添加和删除组块时也比较容易。

这里涉及一个小问题：字典的键与组块的位置如何对应？解决此问题有一个小技巧：整齐排列组块以后，用组块的世界坐标除以组块边长，就可以得到此组块的 X 方向和 Z 方向的下标，即该组块沿着 X 方向和 Z 方向分别是第几个组块，两个下标可以定位一个组块。又由于字典的键只能有一个，所以用二进制位运算将两个整数转化为一个长整数（long 型）即可。相关代码如下：

```
// 世界坐标除以组块边长 Chunk.N，就是组块沿 X 方向或 Z 方向的下标
int x = Mathf.FloorToInt(worldx * 1.0f / Chunk.N);
int z = Mathf.FloorToInt(worldz * 1.0f / Chunk.N);
// 位置（下标）转为 Key
```

```
    long key = KEY(x, z);

// 位置转为字典的Key
long KEY(int x, int z)
{
    long lx = x;
    long lz = z;
    return (lx << 32) + lz;
}

// 字典的Key转为位置
Pos POS(long key)
{
    Pos p = new Pos();
    p.x = (int)(key >> 32);
    p.z = (int)(key & 0xFFFFFFFF);
    return p;
}
```

初始阶段,世界中没有组块,Chunks 字典为空。之后每当世界刷新时,都要显示或隐藏某些组块。具体思路是:以角色位置为中心,检查从中心往前3个组块、往后3个组块、往左3个组块和往右3个组块所组成的矩形范围,显示该矩形范围内的所有组块,隐藏其他所有组块,如图9-11所示。此矩形范围可通过视野距离参数 viewDistance 调整,如果该参数为3,那么一次显示的组块有36个(每边有6个组块的矩形区域)。

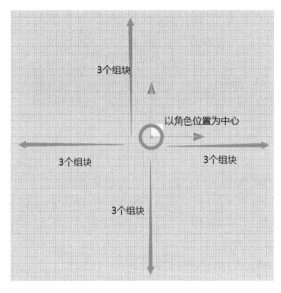

图 9-11

搞清楚了相关的思路以后,就可以编辑 World.cs 脚本了,相关代码如下。

代码位置:工程目录 Assets/Scripts/World.cs。

```
using System.Collections;
using System.Collections.Generic;
using UnityEngine;

// 定义二维位置结构体
struct Pos
```

```csharp
{
    public int x;
    public int z;
}

// 世界对象，管理所有的组块
public class World : MonoBehaviour
{
    public GameObject prefabChunk;

    // chunks 字典，管理所有的 Chunk
    Dictionary<long, Chunk> chunks;

    // 从一个方向看过去能看多远，以 Chunk 为单位。5 代表能往前看到 5 个 Chunk
    int viewChunk = 3;

    void Start()
    {
        chunks = new Dictionary<long, Chunk>();
    }

    // 位置转为字典的 key
    long key(int x, int z)
    {
        long lx = x;
        long lz = z;
        return (lx << 32) + lz;
    }

    // 字典的 key 转为位置
    Pos POS(long key)
    {
        Pos p = new Pos();
        p.x = (int)(key >> 32);
        p.z = (int)(key & 0xFFFFFFFF);
        return p;
    }

    // 功能：根据世界坐标，获取对应的组块
    public Chunk GetChunk(int worldx, int worldz)
    {
        // 世界坐标除以组块边长 Chunk.N，就是组块沿 X 方向或 Z 方向的下标
        int x = Mathf.FloorToInt(worldx * 1.0f / Chunk.N);
        int z = Mathf.FloorToInt(worldz * 1.0f / Chunk.N);

        long key = KEY(x, z);
        if (!chunks.ContainsKey(key))
        {
            Debug.LogWarning("GetChunk Error." + worldx +" " + worldz);
            return null;
        }
        return chunks[key];
    }

    // 由角色调用，随着角色的移动，显示和隐藏组块
    public void ShowChunks(Vector3 position)
    {
        // 将该世界坐标位置转化为组块编号
        int cx = (int)position.x / Chunk.N;
        int cz = (int)position.z / Chunk.N;
```

```csharp
            // 优化，遍历所有组块，隐藏离得较远的组块
            foreach (var pair in chunks)
            {
                Pos p = POS(pair.Key);
                if (p.x < cx - viewChunk || p.x >= cx + viewChunk || p.z < cz -viewChunk || p.z >= cz + viewChunk)
                {
                    pair.Value.gameObject.SetActive(false);
                }
            }

            // 显示近处的chunk
            for (int i=cx- viewChunk; i<cx+ viewChunk; i++)
            {
                for (int j=cz- viewChunk; j<cz+ viewChunk; j++)
                {
                    long key = KEY(i, j);
                    if (!chunks.ContainsKey(key))
                    {
                        // 如果字典中没有，则创建该组块
                        Chunk c = Instantiate(prefabChunk, transform).GetComponent<Chunk>();
                        chunks[key] = c;
                        c.transform.position= new Vector3(i*Chunk.N, c.transform.position.y, j*Chunk.N);
                    }
                    else if (!chunks[key].gameObject.activeInHierarchy)
                    {
                        // 如果字典中有，则显示组块
                        chunks[key].gameObject.SetActive(true);
                    }
                }
            }
        }
```

下面介绍 World.cs 脚本测试方法。

（1）将做好的组块物体做成预制体，将其命名为"Chunk"。

（2）在场景中新建一个空游戏物体，将其命名为"World"，并为其挂载 World.cs 脚本。

（3）将 Chunk 预制体拖动到 World.cs 脚本组件的 Prefab Chunk 字段上。

（4）由于角色控制器未完成，在测试时需要修改 World.cs 脚本，在 Start 函数中调用 ShowChunks (Vector3.zero)，即可显示原点附近的所有组块。

（5）如果原点附近的组块都能正常显示，则测试成功。

9.4 创建游戏角色

本节将介绍添加游戏角色的方法。该角色以第三人称方式操作，摄像机随鼠标转动，角色具有行走、跳跃、创建方块和销毁方块的动作。

9.4.1 添加角色

该游戏的画面独特，称之为"像素（Voxel）"风格。Unity 的资源商店中也有一些类似风

格的免费素材可供使用。推荐读者在 Unity 的资源商店中下载 "Free Voxel Girl" 角色素材，如图 9-12 所示。

图 9-12

下载并导入该素材后，在工程中会出现一个 FreeVoxelGirl 文件夹，该文件夹中具有完整的角色模型、动画、贴图和预制体，可供直接使用。

这里选择 FreeVoxelGirl/KadukiPrefab.prefab 预制体文件，将它拖动到场景中，可以看到一个像素风格的角色。观察它的组件，会发现该素材已经包含了动画状态机组件，如图 9-13 所示。

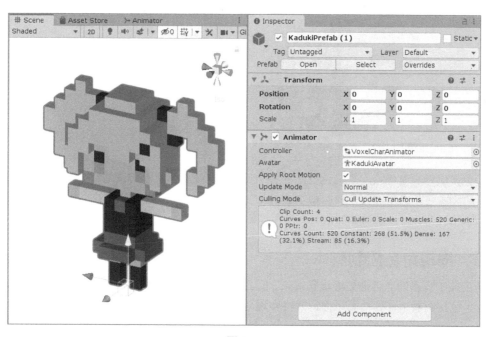

图 9-13

选中角色后打开动画状态机（Animator）窗口，会看到该素材的动画已经做好了，动画变量也已经添加完毕，如图 9-14 所示。动画变量分别是控制跳跃动画的 Jump、控制走跑动作的 Velocity、表示是否在空中的 IsGround，以及控制建造动作的 Build，在编辑角色控制器时只需要正确设置这些变量，就能让角色动起来。

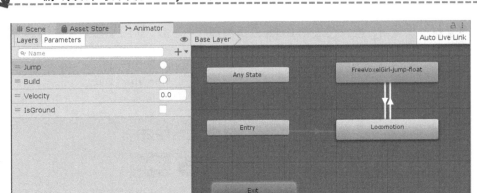

图 9-14

9.4.2 添加角色控制器组件

为了控制角色运动,首先添加角色控制器组件(Character Controller),其参数如图 9-15 所示。在调整参数时,大部分参数可以保留默认值,重点是角色要有合适的大小和高度,相关属性有 Center(角色中心点)、Radius(角色半径)和 Height(角色高度),在场景中根据参考线框进行微调即可。

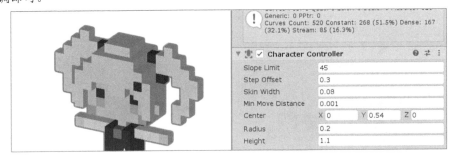

图 9-15

角色控制器只是间接实现角色控制的一个组件,要让角色运动起来还需要另外编辑脚本。这里介绍的脚本包括通用的角色控制脚本 PlayerCharacterCommon.cs 和该游戏专用的角色功能脚本 Player.cs,9.4.3 节将详细讲解如何编辑角色控制脚本。

9.4.3 编辑角色控制脚本

角色控制脚本的职责是处理玩家输入、检测角色是否在空中和计算角色移动量,并将计算结果传给角色控制器组件和动画组件,最终实现角色的运动和动画。

代码位置: 工程目录下 Assets/Scripts/PlayerCharacterCommon.cs。

```
using System.Collections;
using System.Collections.Generic;
using UnityEngine;

// 3D 角色控制脚本,有一定的通用性
public class PlayerCharacterCommon : MonoBehaviour
{
```

```csharp
    public float moveSpeed;              // 移动速度
    public float gravity;                // 重力
    public float jumpSpeed;              // 跳跃初速度
    public float rotateSpeed;            // 转身速度
    public Transform transCam;           // 摄像机的Transform

    Animator animator;                   // 动画状态机组件
    CharacterController cc;              // 角色控制器组件

    bool isGrounded = false;             // 是否在地面上

    float h,v;                           // 横向、纵向输入
    float turnAmount, forwardAmount;     // 转身量,前进量
    float verticalSpeed = 0;             // 竖直方向速度,即Y轴速度

    void Start()
    {
        // 获取组件
        animator = GetComponent<Animator>();
        cc = GetComponent<CharacterController>();
    }

    private void Update()
    {
        // 更新角色是否在地面的状态
        isGrounded = CheckGround();

        // 用户输入,横向和纵向
        h = Input.GetAxis("Horizontal");
        v = Input.GetAxis("Vertical");

        // 输入"前进"代表沿摄像机方向前进,输入"右"代表摄像机的右方
        // 由于摄像机可转动,必须以摄像机方向为准。
        Vector3 move = v 
            * Vector3.ProjectOnPlane(transCam.forward, Vector3.up).normalized + h
            * Vector3.ProjectOnPlane(transCam.right, Vector3.up).normalized;

        // 防止斜前方输入时向量长度大于1的情况
        if(move.magnitude>1f)
        {
            move.Normalize();
        }

        // 将move向量转换到角色的局部坐标系
        move = transform.InverseTransformDirection(move);
        move = Vector3.ProjectOnPlane(move, Vector3.up);
        // move 转换到局部坐标系后, move.z 为前进量, move.x 与 move.z 的比值为旋转量
        turnAmount = Mathf.Atan2(move.x, move.z);
        forwardAmount = move.z;

        // 按住空格键时修改垂直速度,在 MovementUpdate 函数中进行跳跃
        if(Input.GetKeyDown(KeyCode.Space) && isGrounded)
        {
            verticalSpeed = jumpSpeed;
        }
```

```csharp
        // 移动状态更新
        MovementUpdate();
        // 动画更新
        AnimationUpdate();
    }

    // 更新角色的移动状态
    void MovementUpdate()
    {
        // 根据转身量和转身速度,进行旋转
        transform.Rotate(0, turnAmount * rotateSpeed * Time.deltaTime, 0);

        // 不在地面时,因重力下坠
        if (!isGrounded) {
            verticalSpeed -= gravity;
        }
        else {
            if (verticalSpeed < 0) {
                verticalSpeed = 0;
            }
        }

        // 将各分量合并为这一帧的移动向量v
        Vector3 v = transform.forward * forwardAmount * moveSpeed + transform.up * verticalSpeed;
        // 将移动向量v应用到角色控制器组件,实现移动
        cc.Move(v * Time.deltaTime);
    }

    void AnimationUpdate()
    {
        // 设置动画变量
        animator.SetBool("IsGround", isGrounded);
        animator.SetFloat("Velocity",forwardAmount);
    }

    bool CheckGround()
    {
        // 发射Box射线,检测角色是否接触地面
        Vector3 p = transform.position - new Vector3(0, 0.05f, 0);
        return Physics.CheckBox(p, new Vector3(0.05f, 0.05f, 0.05f), Quaternion.identity, LayerMask.GetMask("Ground"));
    }
}
```

角色控制脚本的篇幅较长,但具有一定的通用性。只要是第三人称视角,并且摄像机可转动的3D游戏,均可参考该脚本的编辑方法,值得读者花时间搞懂每一行代码的作用。

9.4.4 添加摄像机脚本

该游戏的摄像机是可以旋转的,摄像机脚本的编辑有一定难度且比较烦琐,主要难点在于旋转的计算、鼠标输入的转换等问题。

所以本节不展开讲解摄像机脚本的具体编辑方法,想要学习的读者可以参考工程目录下的脚本(Assets/Scripts/Third Person Camera.cs)。

找到 Third Person Camera.cs 脚本并将其挂载到主摄像机上，即可实现一个可旋转的、跟随角色的摄像机。至此，角色就可以正常运动了。下面测试角色运动。

（1）确保角色已经挂载了角色控制器，以及控制脚本 Player Character Common.cs。

（2）确保主摄像机已挂载了第三人称摄像机脚本 Third Person Camera.cs。

（3）在角色控制脚本中设置合适的参数（可用默认值），并将主摄像机拖动到 Trans Cam 属性上，如图 9-16 所示。

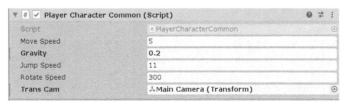

图 9-16

（4）在第三人称摄像机脚本组件中设置合适的参数，并将角色拖动到 Cam Transform 属性上，将主摄像机拖动到 Cam Transform 属性上，如图 9-17 所示。

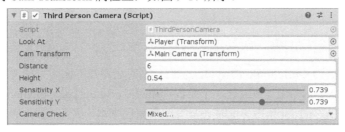

图 9-17

设置好所有参数以后，就可以进行角色运动测试了。

9.4.5 添加工具界面

该游戏的角色不仅可以在该世界中运动，还具备建造方块、销毁方块的能力。这些功能需要角色与地形组块的互动才可以实现。下面先完成工具界面的制作。

首先，在游戏界面底部添加一排工具，并赋予不同的外形。其中，最左边"删除"样式的按钮代表角色删除方块的能力，其他不同外形的方块表示建造各种方块的能力，如图 9-18 所示。

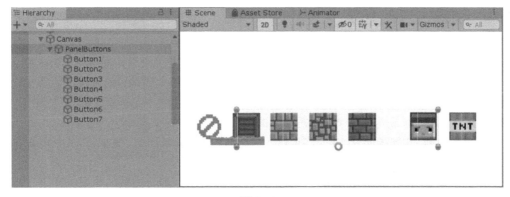

图 9-18

创建按钮时，可以让所有工具具有一个空的父物体，该父物体挂载了一个脚本 ToolButtons.cs，专门用来响应各个工具的单击事件。该脚本只是一个过渡脚本，相关代码如下。

代码位置：工程目录下 Assets/Scripts/ToolButtons.cs。

```
using UnityEngine;

public class ToolButtons : MonoBehaviour
{
    public Player player;

    // 每个按钮对应不同种类的方块
    public void OnButton1() { OnButtonToolCommon(0); }
    public void OnButton2() { OnButtonToolCommon(12); }
    public void OnButton3() { OnButtonToolCommon(13); }
    public void OnButton4() { OnButtonToolCommon(14); }
    public void OnButton5() { OnButtonToolCommon(15); }
    public void OnButton6() { OnButtonToolCommon(16); }
    public void OnButton7() { OnButtonToolCommon(9); }

    void OnButtonToolCommon(int tool)
    {
        player.SetTool(tool);
    }
}
```

该脚本有很多名为 OnButtonX 的函数，它们分别对应游戏界面下方的 7 个工具。将工具的响应函数绑定在这 7 个函数上。最终这 7 个函数会调用 OnButtonToolCommon 函数，进而再调用角色脚本 Player.cs 的 SetTool 函数。此时还没有编辑角色脚本，因为该脚本涉及创建和销毁方块的功能，将在 9.5 节详细讲解。

9.5 动态改变组块

在该游戏中，角色不仅可以在世界上任意探索，还可以随时销毁方块和创建方块，以此改变整个世界的样貌。创建和销毁方块是该游戏的核心玩法之一，也需要相应的算法支持。本节主要探讨创建和销毁方块的算法，并且在最后将这些算法与角色控制相结合，达到动态改变组块的目的。

9.5.1 销毁方块的算法

要实现销毁方块的功能，我们在一开始不知道要从何入手。面对比较复杂的问题要从两方面入手：一是从最终的使用场景看，即玩家如何操作；二是从实现原理看，即组块如何调整。

从玩家角度看：该游戏的设计是让玩家通过鼠标操作，先指向要销毁的方块，然后单击鼠标左键实现销毁。从实现原理看：组块作为一个完整的三维模型，本身不支持修改部分顶点的功能。要想修改这个模型，重新构建整个组块是必要的。

单击鼠标左键，销毁指向的方块，实现这一点会遇到一些算法问题，在 9.5.2 节会详细讲解，本节先讲解销毁方块并重建组块的功能。

由于在制作组块时，我们已经做到了将数据与模型相分离，每个方块的类型保存在三维数组 blocks 中，而只要调用 Redraw 函数，就可以重建整个模型。稍加思考会发现，只要搞懂了创建组块的方法，那么销毁方块也就轻而易举了。

销毁方块的 Dig 函数代码如下：

代码位置：工程目录下 Assets/Scripts/Chunk.cs。

```
public void Dig(int x, int y, int z)
{
    if (x < 0 || x >= blocks.GetLength(0)
        || y < 0 || y >= blocks.GetLength(1)
        || z < 0 || z >= blocks.GetLength(2))
    {
        Debug.LogWarning("要销毁的位置超过了组块边界" + x + " " + y + " " + z);
        return;
    }

    blocks[x, y, z].type = 0;
    // 重新绘制
    Redraw();
}
```

有了这个函数后，只要获取某一个组块，并指定具体的方块下标，就能销毁一个方块了。

9.5.2 通过射线定位要销毁的方块

指定具体某一个方块，需要由玩家单击鼠标决定。这时我们还没有编辑玩家单击操作的脚本，相关代码如下。

代码位置：工程目录 Assets/Scripts/Player.cs。

```
// 挖坑逻辑
void UpdateDig()
{
    // 发射射线，目标是场景中的地形
    Ray ray = Camera.main.ScreenPointToRay(Input.mousePosition);
    RaycastHit hit = new RaycastHit();
    Physics.Raycast(ray, out hit, 1000, LayerMask.GetMask("Ground"));
    if (hit.transform != null)
    {
        // 如果击中了地形，则先获取击中的游戏物体
        Transform trans = hit.transform;
        // 将击中点的坐标从世界坐标转为被击中游戏物体的局部坐标
        //（由于不存在旋转，坐标转换可以用减法实现）
        Vector3 v = hit.point - trans.position;

        // 击中点取整。方块是按照单位1为间距摆放的
        int x = (int)v.x;
        int y = (int)v.y;
        int z = (int)v.z;

        // 击中点的法线
        Vector3 normal = trans.InverseTransformVector(hit.normal);

        // 根据法线方向，确定要销毁的是击中点哪一边的方块（共有6个表面6种情况）
        if (normal.y > 0.01f) {
            //Debug.Log("顶面");
            y = (int)(v.y - 0.5f);
        }
        else if (normal.y < -0.01f) {
```

```
        //Debug.Log("底面");
        y = (int)(v.y + 0.5f);
    }
    else if (normal.x < -0.01f) {
        //Debug.Log("左面");
        x = (int)(v.x + 0.5f);
    }
    else if (normal.x > 0.01f) {
        //Debug.Log("右面");
        x = (int)(v.x - 0.5f);
    }
    else if (normal.z > 0.01f) {
        //Debug.Log("前面");
        z = (int)(v.z - 0.5f);
    }
    else if (normal.z < -0.01f) {
        //Debug.Log("后面");
        z = (int)(v.z + 0.5f);
    }
    // 改变黄色立体方框指示器的位置
    cubePointer.parent = trans;
    cubePointer.localPosition = new Vector3(x + 0.5f, y + 0.5f, z + 0.5f);

    // 这时如果玩家按下了鼠标左键,则调用方块的销毁函数
    if (Input.GetButtonDown("Fire1")) {
        Debug.Log("hit.point=" + v);
        // 调用方块的 Dig 函数
        Chunk chunk = trans.GetComponent<Chunk>();
        chunk.Dig(x, y, z);
        // 播放粒子,增强表现力
        Instantiate(particleDestroy, hit.point, Quaternion.identity);
    }
}
}
```

该脚本的操作步骤已经在注释中说明,可以看到有以下两个难点:

(1)发射一条从摄像机到场景的射线后,可能击中了地形。击中的游戏物体是一个组块,同时可以获得击中点的世界坐标 hit.point。这时要把世界坐标转化为相对于组块的局部坐标,这个局部坐标才是方块在组块中的下标。

(2)射线击中的点可能是方块的 6 个面之一。而击中这 6 个面的情况又略有区别,需要分开讨论。

如图 9-19 所示,根据击中点的法线,可以判断出击中的是立方体的哪个面,而"击中哪个面"与"销毁哪个方块"有密切联系。

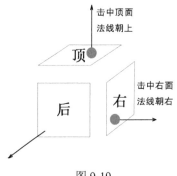

图 9-19

射线击中了顶面，销毁击中点下方的方块。
射线击中了底面，销毁击中点上方的方块。
射线击中了前面，销毁击中点后方的方块。
射线击中了后面，销毁击中点前方的方块。
射线击中了左面，销毁击中点右边的方块。
射线击中了右面，销毁击中点左边的方块。

理解了这些对应关系，再看前面的代码就很清楚了。代码中间针对法线方向的 6 种判断与这里的解释一一对应。

总之，射线击中的游戏物体就是组块，击中点的局部坐标对应方块下标，而击中点法线的方向又对下标进行了偏移。经过这几步，销毁方块的 Dig 函数的参数与对象都明确了，可以调用它进行销毁方块的操作。

9.5.3 创建方块的算法

创建方块的算法与销毁方块的算法类似，但又有区别。先看看组块脚本中创建方块的函数 Build：

```
public void Build(int x, int y, int z, int tool)
{
    blocks[x, y, z].type = (byte)tool;
    Redraw();
}
```

该函数非常简单，与销毁方块的函数类似，只需要先修改 blocks 数组，再调用 Redraw 函数重新构建组块即可。

再看如何通过射线定位创建方块的位置，与销毁方块的定位方法类似，但要考虑的细节更多。

代码位置：工程目录 Assets/Scripts/Player.cs。

```
// 创建方块逻辑
void UpdateBuild()
{
    // 发射射线，目标是场景中的地形
    // 从这里开始的十多行代码与 UpdateDig 函数一致，不再赘述
    Ray ray = Camera.main.ScreenPointToRay(Input.mousePosition);
    RaycastHit hit = new RaycastHit();
    Physics.Raycast(ray, out hit, 1000, LayerMask.GetMask("Ground"));
    if (hit.transform != null)
    {
        Transform trans = hit.transform;
        Vector3 v = hit.point - trans.position;
        v = trans.InverseTransformVector(v);

        int x = (int)v.x;
        int y = (int)v.y;
        int z = (int)v.z;

        // 法线相关的算法
        // 创建方块的算法比销毁方块的算法更复杂，细节看似相似又有不同
        Vector3 normal = trans.InverseTransformVector(hit.normal);
```

```csharp
            if (normal.y > 0.01f) {
                //Debug.Log("顶面");
                y = (int)(v.y + 0.5f);
            }
            else if (normal.y < -0.01f) {
                //Debug.Log("底面");
                y = (int)(v.y - 0.5f);
            }
            else if (normal.x < -0.01f) {
                //Debug.Log("左面");
                // 由于负数取整是有歧义的, 比如 -0.5 取整这里应该是 -1
                // 所以不能用(int)取整, 负数必须用 Mathf.FloorToInt()
                x = Mathf.FloorToInt(v.x - 0.5f);
            }
            else if (normal.x > 0.01f) {
                //Debug.Log("右面");
                x = (int)(v.x + 0.5f);
            }
            else if (normal.z > 0.01f) {
                //Debug.Log("后面");
                z = (int)(v.z + 0.5f);
            }
            else if (normal.z < 0.01f) {
                //Debug.Log("前面");
                z = Mathf.FloorToInt(v.z - 0.5f);
            }
            // 改变黄色立体方框指示器的位置
            cubePointer.parent = trans;
            cubePointer.localPosition = new Vector3(x + 0.5f, y + 0.5f, z + 0.5f);

            if (Input.GetButtonDown("Fire1"))
            {
                // 由于新的位置有可能进入了另一个 chunk 的范围, 所以要再算一次, 确定是哪一个 chunk
                int worldx = Mathf.RoundToInt(trans.position.x) + x;
                int worldz = Mathf.RoundToInt(trans.position.z) + z;
                Chunk chunk = world.GetChunk(worldx, worldz);
                int x2 = worldx - Mathf.RoundToInt(chunk.transform.position.x);
                int z2 = worldz - Mathf.RoundToInt(chunk.transform.position.z);
                // 调用组块的 Build 函数
                chunk.Build(x2, y, z2, currentToolIndex);
                Instantiate(particleBuild, hit.point, Quaternion.identity);
            }
        }
    }
```

上述代码除了与销毁方块的算法类似的部分,关键在于创建方块时,要创建的方块未必属于当前组块。因为如果在某个组块最外面再创建一个方块,那么这个方块已经越界了,它应属于相邻的另一个组块。

可以再与销毁方块的算法进行对比——在销毁方块时,指定销毁的方块一定属于当前射线指向的组块。

这一重要区别导致在计算下标、确定组块时要更为慎重,下标的一点偏移会造成计算失误。而且由于负数取整的底层技术问题,在处理负数坐标时要考虑得更细致一些。

9.5.4 编辑角色操作脚本

有了前面的铺垫，接下来可以编写完整的角色操作脚本了。

应该将角色操作脚本 Player.cs 挂载到角色身上，它主要完成以下三个功能。

（1）与世界管理器 World 配合，显示或隐藏角色周围的组块。
（2）与工具界面配合，实现选中不同工具的功能（销毁方块或创建各种方块）。
（3）与组块 Chunk 配合，实现创建和销毁方块的功能。

```csharp
using UnityEngine;
using UnityEngine.EventSystems;

public class Player : MonoBehaviour
{
    // 引用世界管理器
    World world;
    // 用来指示销毁位置、创建位置的指示器
    Transform cubePointer;
    // 指示器预制体
    public GameObject prefabCubePointer;

    // 销毁或创建方块时播放的粒子
    public ParticleSystem particleDestroy, particleBuild;

    // 当前工具，0 代表销毁模式
    int currentToolIndex = 0;

    void Start()
    {
        // 获得世界管理器
        world = GameObject.Find("World").GetComponent<World>();
        // 创建指示器
        cubePointer = Instantiate(prefabCubePointer, null).transform;
    }

    void Update()
    {
        // 每一帧要通知世界管理器，显示或隐藏周围的组块
        world.ShowChunks(transform.position);
        // 使用工具，销毁或者创建方块的逻辑
        UpdateUseTool();
    }

    public void SetTool(int tool)
    {
        // 设置当前工具，由 ToolButtons 脚本调用
        print("setTool " + tool);
        currentToolIndex = tool;
    }


    void UpdateUseTool()
    {
        // 小技巧：判断鼠标是否在 UI 元素上面，比如在按钮上
        if (EventSystem.current.IsPointerOverGameObject()) {
            // 如果鼠标在 UI 元素上，则返回
```

```
            return;
        }

        if (currentToolIndex == 0) {
            // 销毁逻辑
            UpdateDig();
        }
        else {
            // 创建逻辑
            UpdateBuild();
        }
    }

    // 销毁逻辑
    void UpdateDig()
    {
        // 前面的小节已展示，略……
    }

    // 创建方块逻辑
    void UpdateBuild()
    {
        // 前文已展示，略……
    }
}
```

9.5.5 完善游戏并测试

　　至此，整个游戏的主体部分基本完成，该游戏涉及的功能模块较多，可以对创建组块的部分、世界管理部分与角色操作部分分别进行检查和测试，以确保各项功能可以正常运行。

　　希望本章的内容能够帮助读者理解复杂游戏的制作思路，让读者做出更有趣、更有创意的游戏。

反侵权盗版声明

电子工业出版社依法对本作品享有专有出版权。任何未经权利人书面许可，复制、销售或通过信息网络传播本作品的行为；歪曲、篡改、剽窃本作品的行为，均违反《中华人民共和国著作权法》，其行为人应承担相应的民事责任和行政责任，构成犯罪的，将被依法追究刑事责任。

为了维护市场秩序，保护权利人的合法权益，我社将依法查处和打击侵权盗版的单位和个人。欢迎社会各界人士积极举报侵权盗版行为，本社将奖励举报有功人员，并保证举报人的信息不被泄露。

举报电话：(010)88254396；(010)88258888
传　　真：(010)88254397
E - mail：dbqq@phei.com.cn
通信地址：北京市万寿路 173 信箱
　　　　　电子工业出版社总编办公室
邮　　编：100036